浙江省普通高校“十三五”新形态教材配套教学用书

物理化学解题指南

主　编　张立庆

副主编　成　忠　姜华昌　李　音

图书在版编目(CIP)数据

物理化学解题指南 / 张立庆主编. --杭州：浙江大学出版社,2022.7(2023.7 重印)
ISBN 978-7-308-22282-2

Ⅰ.①物… Ⅱ.①张… Ⅲ.①物理化学—高等学校—题解 Ⅳ.①O64-44

中国版本图书馆 CIP 数据核字(2022)第 101508 号

物理化学解题指南

张立庆 主编

责任编辑 徐素君
责任校对 丁佳雯
封面设计 雷建军
出版发行 浙江大学出版社
(杭州市天目山路 148 号 邮政编码 310007)
(网址:http://www.zjupress.com)
排　　版 杭州隆盛图文制作有限公司
印　　刷 杭州高腾印务有限公司
开　　本 710mm×1000mm 1/16
印　　张 18
字　　数 370 千
版 印 次 2022 年 7 月第 1 版 2023 年 7 月第 2 次印刷
书　　号 ISBN 978-7-308-22282-2
定　　价 55.00 元

前　言

物理化学是研究化学变化及其有关物理变化的基本原理，主要研究平衡和变化速率的规律，它是高等学校化工、制药、材料、食品、生工、环境、轻化等近化类专业必修的专业基础课，同时也是后续专业课程的基础。

初学物理化学的学生在学习过程中往往会感到本课程中概念多、原理多、公式多，而且这些概念、原理和公式的使用条件又颇为严格，因此，学生在如何准确理解和正确运用这些概念、原理和公式解决物理化学问题的过程中常常会产生一些困难。

学习物理化学一定要多做习题。通过解题，加深对物理化学原理的理解与掌握，通过解题提高解决问题的能力与思维水平，通过解题培养学生的创新意识。因此，物理化学习题就成为这种交流的纽带。这也是大部分物理化学教材重视习题及解答的原因。

为了帮助学生更好地学习这门课程，本书对由浙江大学出版社出版的，浙江科技学院张立庆、成忠、姜华昌、李音等编写的浙江省普通高校“十三五”新形态教材《物理化学》的全部习题与测验题做了解答。

本书在编排上每一章都分为学习目标、知识结构、基本概念、主要公式、习题详解、测验题解答等六个部分。作为教材的配套辅导书，具有较强的针对性、启发性、指导性和补充性，旨在帮助学生学会基本的解题方法与解题技巧，进而提高学生解决物理化学问题的能力。

本书可作为化学化工及其相关专业学生学习物理化学课程和备考研究生入学考试的参考教材，也可供高等学校物理化学课程教师参考。

全书由浙江科技学院张立庆（第二章、第三章、第四章、第九章）、成忠（第五章、第七章、第十章）、姜华昌（第六章、第八章、第十一章）、李音（第一章）编写。本书由张立庆担任主编，成忠、姜华昌、李音担任副主编。全书由张立庆统稿和定稿。

在本书的编写过程中，参阅了兄弟高校的相关教学参考书，吸取了许多宝贵的内容与经验，主要参考文献列于书后，在此一并说明与致谢。

由于编者水平有限，书中难免有不足之处，恳请读者不吝批评指正。

编　者

2021年8月于杭州

目　录

第一章　气体的 pVT 关系
（Chapter 1　The pVT Relationship of Gas）

学习目标

通过本章的学习，要求掌握：

1. 理想气体状态方程及模型；
2. 道尔顿（Dalton）定律与阿马加（Amagat）定律；
3. 真实气体的液化与临界性质；
4. 真实气体状态方程；
5. 对应状态原理与压缩因子图及有关计算。

一、知识结构

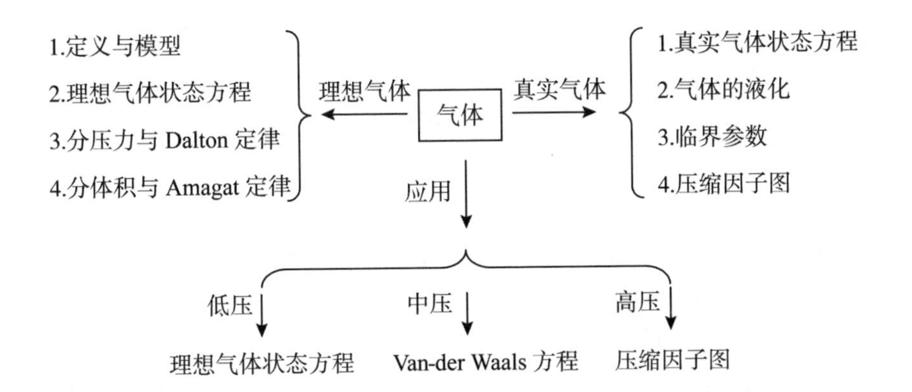

二、基本概念

1.理想气体定义与模型

定义:在任何温度、压力下均服从理想气体状态方程($pV=nRT$)的气体。

模型:(1)分子本身无体积;

(2)分子间无相互作用力。

2. Dalton 定律与分压力

(1)Dalton 定律:低压混合气体的总压力=各组分单独存在于混合气体的温度、体积条件下产生压力的总和(适用于理想气体)。

(2)分压力 p_B:气体混合物中组分 B 的摩尔分数 y_B 与混合气体的总压力 p 之积。

$$p_B = y_B p$$

3. Amagat 定律与分体积

(1)Amagat 定律:理想混合气体的总体积=各组分单独存在于混合气体的温度、压力条件下产生体积的总和(适用于理想气体)。

(2)理想混合气体的分体积 V_B:是 B 物质单独存在于混合气体的温度、压力条件下占有的体积。

$$V_B = y_B V$$

4.饱和蒸气压

(1)定义:在一定温度下与液体成平衡的饱和蒸气所具有的压力称饱和蒸气压。

(2)特点:

①不同物质在同一温度下,可具有不同的饱和蒸气压。

②同一物质,在不同的温度下,具有不同的饱和蒸气压。

$p^* = f(T)$　饱和蒸气压随温度上升而增大,$T\uparrow$,$p\uparrow$。

③当液体的饱和蒸气压=外界压力时,液体沸腾,这时的温度称为沸点(b. p.)。

④将 101.325 kPa 外压下的液体沸点称为正常沸点,将 100 kPa 外压下的

液体沸点称为标准沸点。

5. 临界参数

(1)临界温度 T_c：使气体能够液化所允许的最高温度。

(2)临界压力 p_c：临界温度下气体液化所需要的最低压力。

(3)临界摩尔体积 $V_{m,c}$：临界温度、临界压力下物质的摩尔体积。

6. 压缩因子

(1)定义：

$$Z=\frac{pV_m}{RT}=\frac{(pV_m)_{f.g}}{(pV_m)_{p.g}}=\frac{(V_m)_{f.g}}{(V_m)_{p.g}}$$

(2)特点：

①$Z<1$，表示真实气体的 V_m 小于同样条件下的理想值，即比理想气体容易压缩。

②$Z>1$，表示真实气体的 V_m 大于同样条件下的理想值，即比理想气体难压缩。

③$Z=1$，理想气体。

④临界压缩因子：$Z_c=0.26\sim0.29$（真实气体）。

7. 对应状态原理

(1)对比参数

各种真实气体在临界点有一个共同性质：气液不分。因此，一定状态下，气体的对比压力 p_r、对比温度 T_r 和对比体积 V_r 定义如下：

$$p_r=\frac{p}{p_c},\quad T_r=\frac{T}{T_c},\quad V_r=\frac{V_m}{V_{m,c}}$$

p_r、T_r、V_r 又统称为气体的对比参数。对比参数反映了气体所处状态偏离临界点的倍数。

(2)对应状态原理

当两种气体有两个对比参数相同时，第三个对比参数也将大致相等，即 $f(p_r,T_r,V_r)=0$。

三、主要公式

1.理想气体状态方程

$$pV=nRT$$

2.范德华方程

$$\left(p+\frac{a}{V_m^2}\right)(V_m-b)=RT$$

3.分压力与分体积

(1)$p_B=y_Bp$

(2)$V_B=\frac{n_BRT}{p}=\frac{n_B}{n}V=y_BV$

4.从临界参数求范德华常数

$$a=\frac{27R^2T_c^2}{64p_c}$$

$$b=\frac{RT_c}{8p_c}$$

5.高压下气体的 pVT 计算

(1)已知 T,p,求 V

①查 T_c,p_c

②求 T_r,p_r

③查压缩因子图,得到 Z

④通过 $pV=nRT$,求得 V

(2)已知 T,V,求 p

①查 T_c,p_c

②求 $p_r=p/p_c,T_r=B$(常数)

③$Z=\frac{pV}{nRT}=\frac{p_rp_cV}{nRT}=Ap_r$

④通过 $Z\sim p_r$作图,求得 p_r

⑤$p=p_r \cdot p_c$

(3)已知 p,V,求 T

①查 T_c,p_c

②求 $T_r=T/T_c,p_r=B$(常数)

③$Z=\dfrac{pV}{nRT}=\dfrac{pV}{nRT_rT_c}=\dfrac{A}{T_r}$

④在 $p_r=B$ 条件下查 Hougen-Watson 图,求得 $T_r \sim Z$ 的数据

⑤根据③④分别作 $Z \sim T_r$图,则其交点就为 T_r

⑥$T=T_r \cdot T_c$

四、习题详解

1.1　试求 N_2在 20 ℃、66.7 kPa 下的密度,此时 N_2可近似为理想气体处理。

解　N_2的摩尔质量为 28.013 g・mol^{-1},根据理想气体状态方程,密度计算如下:

$$\rho=\frac{m}{V}=\frac{pM}{RT}=\frac{66.7\times10^3\times28.013\times10^{-3}}{8.314\times(20+273.15)}=0.767(\text{kg}\cdot\text{m}^{-3})$$

1.2　两个体积相等的抽空球泡通过可忽略体积的微管连接。一个球泡放置在 200 K 恒温浴中,另一个放入 300 K 恒温浴中,然后将 1.00 mol 理想气体注入系统。求每个球泡中最终的气体摩尔数。

解　设 200 K 恒温浴中最终气体的体积为 V_1,压力为 p_1,温度为 T_1,摩尔数为 n_1,$T_1=200$ K;300 K 恒温浴中最终气体的体积为 V_2,压力为 p_2,温度为 T_2,摩尔数为 n_2,$T_2=300$ K;气体总摩尔数为 n。

两个球泡体积相等,因此 $V_1=V_2$,球泡通过微管连接,因此 $p_1=p_2$,根据理想气体状态方程 $pV=nRT$:

$n_1 \cdot T_1=n_2 \cdot T_2$,因此 $n_1/n_2=T_2/T_1=300/200=3/2$

$n_1=\dfrac{3}{5}n=0.6$ mol,$n_2=\dfrac{2}{5}n=0.4$ mol

1.3　在 0 ℃下测得的某种气态胺的密度与压力的关系如下表所示:

p/kPa	20.265	50.663	81.060
ρ/(kg・m^{-3})	0.2796	0.7080	1.1476

绘制 p/ρ 与 p 的关系曲线并外推至 $p=0$,求该气体的分子质量。

解　该气态胺 p/ρ 与 p 的关系计算结果如下:

p/kPa	20.265	50.663	81.060
$(p/\rho)/(\text{kPa}\cdot\text{m}^3\cdot\text{kg}^{-1})$	72.48	71.56	70.63

绘制 p/ρ 与 p 的关系曲线：

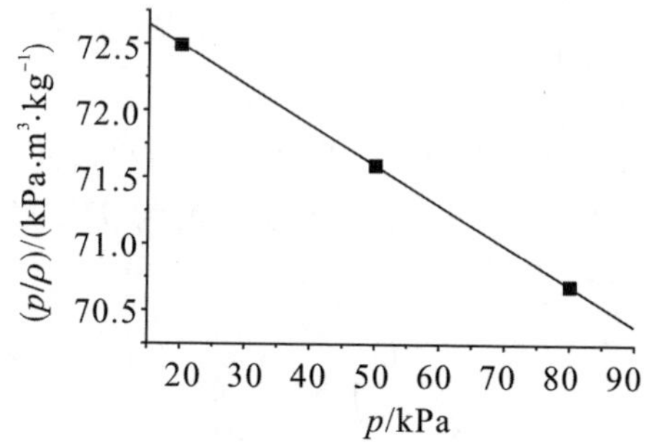

外推至 $p=0$ 处，$p/\rho=73.10\ \text{kPa}\cdot\text{m}^3\cdot\text{kg}^{-1}$，此时的气态胺可看作理想气体，根据理想气体状态方程 $\rho=\dfrac{m}{V}=\dfrac{pM}{RT}$，分子质量数值上等于以 $\text{g}\cdot\text{mol}^{-1}$ 为单位时的摩尔质量：

$$M=RT/\left(\frac{p}{\rho}\right)=\frac{8.314\times(0+273.15)}{73.10\times10^3\div10^3}$$

$$=31.07(\text{g}\cdot\text{mol}^{-1})$$

1.4 某 N_2 和 O_2 的混合物在 25 ℃、101.3 kPa 时密度为 $1.185\ \text{kg}\cdot\text{m}^{-3}$，求该混合物中 O_2 的摩尔分数及分压。

解 对理想混合气体而言有：$\rho=\dfrac{m}{V}=\dfrac{pM_{\text{mix}}}{RT}$

$M_{\text{mix}}=y_{O_2}M_{O_2}+(1-y_{O_2})M_{N_2}$，重排后可得：

$$y_{O_2}=\frac{M_{\text{mix}}-M_{N_2}}{M_{O_2}-M_{N_2}}=\frac{\rho RT/p-M_{N_2}}{M_{O_2}-M_{N_2}}$$

$$=\frac{1.185\times8.314\times(25+273.15)/101.3\times10^3-28.01\times10^{-3}}{32.00\times10^{-3}-28.01\times10^{-3}}$$

$$=0.247$$

$p_{O_2}=y_{O_2}\cdot p=0.247\times101.3=25.02(\text{kPa})$

1.5 某一带隔板的容器中，两侧分别有同温的 N_2 与 O_2，N_2 侧体积为 6 dm^3，压力为 40 kPa；O_2 侧体积为 2 dm^3，压力为 20 kPa，两者均可视为理想气体。保持温度恒定时抽出隔板，隔板体积可忽略，试求两种气体混合后，体系的压力、两种气体的分压力及分体积。

解 $pV=nRT=(n_{O_2}+n_{N_2})\cdot RT=\left(\dfrac{p_{O_2}\cdot V_{O_2}}{RT}+\dfrac{p_{N_2}\cdot V_{N_2}}{RT}\right)\cdot RT$

$$=p_{O_2}\cdot V_{O_2}+p_{N_2}\cdot V_{N_2}$$

$$p=\frac{(p_{O_2}\cdot V_{O_2}+p_{N_2}\cdot V_{N_2})}{V}=\frac{(p_{O_2}\cdot V_{O_2}+p_{N_2}\cdot V_{N_2})}{V_{O_2}+V_{N_2}}$$

$$=\frac{20\times2+40}{2+6}=35(\text{kPa})$$

$$y_{N_2}=\frac{n_{N_2}}{n_{N_2}+n_{O_2}}=\frac{\dfrac{p_{N_2}\cdot V_{N_2}}{RT}}{\dfrac{p_{N_2}\cdot V_{N_2}}{RT}+\dfrac{p_{O_2}\cdot V_{O_2}}{RT}}=\frac{p_{N_2}\cdot V_{N_2}}{p_{N_2}\cdot V_{N_2}+p_{O_2}\cdot V_{O_2}}$$

$$=\frac{40\times6}{20\times2+40\times6}=\frac{6}{7}=0.857$$

$$y_{O_2}=1-y_{N_2}=1-\frac{6}{7}=\frac{1}{7}=0.143$$

$$p'_{N_2}=y_{N_2}\cdot p=\frac{6}{7}\times35=30(\text{kPa})$$

$$p'_{O_2}=y_{O_2}\cdot p=\frac{1}{7}\times35=5(\text{kPa})$$

$$V'_{N_2}=y_{N_2}\cdot V=y_{N_2}\cdot(V_{O_2}+V_{N_2})=\frac{6}{7}\times(2+6)=6.86(\text{dm}^3)$$

$$V'_{O_2}=y_{O_2}\cdot V=y_{O_2}\cdot(V_{O_2}+V_{N_2})=\frac{1}{7}\times(2+6)=1.14(\text{dm}^3)$$

1.6　20 ℃下，某球泡内充有质量为 0.1480 g 的 He 和 Ne 构成的混合气体，球泡体积为 356 cm^3，压力为 99.7 kPa，试求 He 的质量与摩尔分数。

解　对于理想混合气体有：$pV=\dfrac{m}{M_{mix}}RT$

$$M_{mix}=\frac{mRT}{pV}=\frac{0.1480\times8.314\times(20+273.15)}{99.7\times10^3\times356\times10^{-6}}$$

$$=10.16(\text{g}\cdot\text{mol}^{-1})$$

又因为　$M_{mix}=y_{He}M_{He}+y_{Ne}M_{Ne}=y_{He}M_{He}+(1-y_{He})M_{Ne}$

$$=y_{He}(M_{He}-M_{Ne})+M_{Ne}$$

因此　$y_{He}=\dfrac{M_{mix}-M_{Ne}}{M_{He}-M_{Ne}}=\dfrac{10.16-20.18}{4.00-20.18}=0.619$

$$m_{He}=n_{He}\cdot M_{He}=y_{He}\cdot\frac{m}{M_{mix}}\cdot M_{He}=0.619\times\frac{0.1480}{10.16}\times4.00$$

$$=0.0361(\text{g})$$

1.7　C_2H_3Cl、HCl 及 C_2H_4 构成的混合气体中，各组分的摩尔分数分别为 0.89，0.09 及 0.02。于恒定压力 101.325 kPa 下，用水吸收其中的 HCl，所得混合气体中增加了分压力为 2.670 kPa 的水蒸气。试求洗涤后的混合气体中 C_2H_3Cl及 C_2H_4的分压力。

解 洗涤后混合气体中 C_2H_3Cl 及 C_2H_4二组分的总压力为：

$$p_{C_2H_3Cl+C_2H_4}=p-p_{H_2O}=101.325-2.670=98.655(\text{kPa})$$

$$p_{C_2H_3Cl}=\frac{n_{C_2H_3Cl}}{n_{C_2H_3Cl}+n_{C_2H_4}}p_{C_2H_3Cl+C_2H_4}=\frac{y_{C_2H_3Cl}}{y_{C_2H_3Cl}+y_{C_2H_4}}p_{C_2H_3Cl+C_2H_4}$$

$$=\frac{0.89}{0.89+0.02}\times 98.655=96.487(\text{kPa})$$

$$p_{C_2H_4}=p_{C_2H_3Cl+C_2H_4}-p_{C_2H_3Cl}=98.655-96.487=2.168(\text{kPa})$$

1.8 室温下一个高压釜内有常压空气，为排除其中的氧气，采用同样温度的纯氮进行置换。具体操作为：向釜内通氮直到 4 倍于空气的压力，然后排出混合气体至常压，重复三次。求釜内最后排气至恢复常压时其气体含氧的摩尔分数。设空气中氧、氮摩尔分数之比为 0.21∶0.79。

解 设高压釜中原有气体的总摩尔数为 n_1，则氧摩尔数为 $0.21n_1$，氮摩尔数为 $0.79n_1$。

第一次充氮后，根据理想气体状态方程 $pV=nRT$，则气体总摩尔数 $n_2=4n_1$，氧摩尔分数：$y_{2,O_2}=\dfrac{n_{1,O_2}}{n_2}=\dfrac{0.21n_1}{4n_1}=0.0525$，气体排出至常压后，$p'_2=p_1$，因此 $n'_2=n_1$，则 $n'_{2,O_2}=y_{2,O_2}\cdot n'_2=0.0525n_1$。

同样的，第二次充氮后，氧摩尔分数为：$y_{3,O_2}=\dfrac{n'_{2,O_2}}{n_3}=\dfrac{0.0525n_1}{4n_1}=0.0131$，气体排出至常压后，$p'_3=p_1$，因此 $n'_3=n_1$，则 $n'_{3,O_2}=y_{3,O_2}\cdot n'_3=0.0131n_1$。

第三次充氮后，氧摩尔分数为：$y_{4,O_2}=\dfrac{n'_{3,O_2}}{n_4}=\dfrac{0.0131n_1}{4n_1}=0.328\%$，气体排出至常压不影响氧摩尔分数。

1.9 一密闭刚性容器中有空气和少量的水，当该容器处于 373.15 K 的沸水中且达到平衡时，容器中的压力为 222.92 kPa；若将容器置于 300 K 条件下，计算系统重新达到平衡时容器中的压力。设容器中始终有水存在，水的体积变化可忽略。300 K 时水的饱和蒸气压为 3.567 kPa。

解 373.15 K(100 ℃)是水的正常沸点，此时水的饱和蒸气压为101.325 kPa，因此空气分压为 121.595 kPa。

根据理想气体性质：$\dfrac{p_{1空气}}{p_{2空气}}=\dfrac{T_1}{T_2}$

因此 $$p_{2空气}=\frac{p_{1空气}T_2}{T_1}=\frac{121.595\times 300}{373.15}=97.758(\text{kPa})$$

$$p_2=p_{2空气}+p_{2水}=97.758+3.567=101.325(\text{kPa})$$

1.10　C_2H_6在 25 ℃下，第二维里系数 $B=-186\ \text{cm}^3\cdot\text{mol}^{-1}$，第三维里系数 $C=1.06\times10^4\ \text{cm}^6\cdot\text{mol}^{-2}$，用维里方程和普遍化压缩因子图计算 25 ℃下 28.8 g C_2H_6在 $1\times10^{-3}\ \text{m}^3$容器中的压力，并与同等条件下理想气体所产生的压力比较。

解　(1)用维里方程计算：

$$V_m=\frac{V}{n}=\frac{V}{m/M}=\frac{1\times10^{-3}}{28.8\div30.07}=1.044\times10^{-3}(\text{m}^3\cdot\text{mol}^{-1})$$

根据维里方程 $pV_m=RT\left(1+\frac{B}{V_m}+\frac{C}{V_m^2}\right)$：

$$p=RT\left(\frac{1}{V_m}+\frac{B}{V_m^2}+\frac{C}{V_m^3}\right)$$

$$=8.314\times(25+273.15)\times\left(\frac{1}{1.044\times10^{-3}}-\frac{186\times10^{-6}}{(1.044\times10^{-3})^2}+\frac{1.06\times10^4\times10^{-12}}{(1.044\times10^{-3})^3}\right)$$

$$=1.974\times10^3(\text{kPa})$$

(2)用压缩因子图计算：

查表得 C_2H_6的临界点参数为 $T_c=305.32\ \text{K}$，$p_c=4.872\ \text{MPa}$，

计算对比温度 $T_r=0.977$，根据压缩因子定义，有：

$$Z=\frac{pV}{nRT}=\frac{p_r p_c V}{nRT}=\frac{4.872\times10^6\times1.044\times10^{-3}}{8.314\times(25+273.15)}p_r$$

$$=2.052p_r$$

在普遍化压缩因子图上绘制以上直线，该线与 $T_r=0.977$ 等温线交点处，

$$p_r=0.40$$

$$p=p_r\cdot p_c=1.949\times10^3\ \text{kPa}$$

(2)按照理想气体计算：

$$p=\frac{RT}{V_m}=\frac{8.314\times(25+273.15)}{1.044\times10^{-3}}=2.374\times10^3(\text{kPa})$$

1.11　88 g CO_2气体在 40 ℃时的体积为 0.762 dm^3。设 CO_2为范德华气体，试求该条件下 1 mol CO_2所产生的压力，并比较与实验值 5066.3 kPa 的相对误差。

解　将范德华方程整理为：　$p=\frac{RT}{V_m-b}-\frac{a}{V_m^2}$

$T=313.15\ \text{K}$，$V_m=V/(m/M)=0.762/(88/44)=0.381\times10^{-3}(\text{m}^3\cdot\text{mol}^{-1})$，查手册知 CO_2气体的范德华常数 $a=0.366\ \text{Pa}\cdot\text{m}^6\cdot\text{mol}^{-2}$，$b=4.29\times10^{-5}\ \text{m}^3\cdot\text{mol}^{-1}$。将数据代入上式，得：

$$p=\frac{RT}{V_m-b}-\frac{a}{V_m^2}=\frac{8.314\times313.15}{0.381\times10^{-3}-4.29\times10^{-5}}-\frac{0.366}{(0.381\times10^{-3})^2}$$

$$=5179.1(\text{kPa})$$

相对偏差：$\frac{5179.1-5066.3}{5066.3}=2.2\%$

1.12 乙烷的临界参数 $p_c=4883.865$ kPa，$T_c=305.4$ K，分别用理想气体状态方程和范德华方程计算在 37.5 ℃下将 74.8 g 乙烷充入体积为 200 cm^3 的真空刚性容器所产生的压力。若已知乙烷的 $V_{m,c}$ 为 148 $cm^3\cdot mol^{-1}$，试采用普遍化范德华方程计算上述压力。

解 (1)按照理想气体计算

$$p=\frac{\frac{m}{M}RT}{V}=\frac{\frac{74.8}{30.07}\times8.314\times(37.5+273.15)}{200\times10^{-6}}=32123.3(\text{kPa})$$

(2)按照范德华方程计算

$$a=\frac{27R^2T_c^2}{64p_c}=\frac{27\times(8.314)^2\times(305.4)^2}{64\times4883.865\times10^3}=0.5569(\text{Pa}\cdot\text{m}^6\cdot\text{mol}^{-2})$$

$$b=\frac{RT_c}{8p_c}=\frac{8.314\times305.4}{8\times4883.865\times10^3}=6.499\times10^{-5}(\text{m}^3\cdot\text{mol}^{-1})$$

$$V_m=\frac{V}{n}=\frac{V}{m/M}=\frac{200\times10^{-6}\times30.07}{74.8}=8.040\times10^{-5}(\text{m}^3\cdot\text{mol}^{-1})$$

$$p=\frac{RT}{V_m-b}-\frac{a}{V_m^2}=\frac{8.314\times(37.5+273.15)}{8.040\times10^{-5}-6.499\times10^{-5}}-\frac{0.5569}{(8.040\times10^{-5})^2}$$

$$=81449.7(\text{kPa})$$

(3)按照普遍化范德华方程

$$p_r=\frac{8T_r}{3V_r-1}-\frac{3}{V_r^2}=\frac{8\frac{T}{T_c}}{3\frac{V_m}{V_{m,c}}-1}-\frac{3}{\left(\frac{V_m}{V_{m,c}}\right)^2}$$

$$=\frac{8\times(37.5+273.15)\div305.4}{3\times8.040\times10^{-5}\div(148\times10^{-6})-1}-\frac{3}{[8.040\times10^{-5}\div(148\times10^{-6})]^2}$$

$$=2.757$$

$$p=p_c\cdot p_r=2.757\times4883.865=13463.2(\text{kPa})$$

1.13 100 ℃下 1 kg CO_2 气体所产生的压力若为 5070 kPa，分别用理想气体状态方程和压缩因子图求算其体积。

解 (1)按照理想气体计算

$$V=\frac{\frac{m}{M}RT}{p}=\frac{\frac{1000}{44.01}\times8.314\times(100+273.15)}{5070\times10^3}=0.014(\text{m}^3)$$

(2)用压缩因子图计算

查表得 CO_2临界参数为：$p_c=7375\ \text{kPa}$，$T_c=304.13\ \text{K}$

$$p_r=\frac{p}{p_c}=\frac{5070}{7375}=0.687,\ T_r=\frac{T}{T_c}=\frac{(100+273.15)}{304.13}=1.227$$

查压缩因子图，$Z=0.88$

$$V=\frac{Z\frac{m}{M}RT}{p}=\frac{0.88\times\frac{1000}{44.01}\times 8.314\times(100+273.15)}{5070\times 10^3}$$
$$=0.012(\text{m}^3)$$

1.14　0 ℃时，1 mol 氮气的体积为 $7.05\times10^{-5}\ \text{m}^3$，分别用范德华方程和压缩因子图计算其产生的压力。

解　查表得氮气临界参数为：$p_c=3390\ \text{kPa}$，$T_c=126.21\ \text{K}$

(1)用范德华方程计算

$$a=\frac{27R^2T_c^2}{64p_c}=\frac{27\times(8.314)^2\times(126.21)^2}{64\times3390\times10^3}$$
$$=0.1370(\text{Pa}\cdot\text{m}^6\cdot\text{mol}^{-2})$$

$$b=\frac{RT_c}{8p_c}=\frac{8.314\times126.21}{8\times3390\times10^3}=3.869\times10^{-5}(\text{m}^3\cdot\text{mol}^{-1})$$

$$p=\frac{RT}{V_m-b}-\frac{a}{V_m^2}=\frac{8.314\times(0+273.15)}{7.05\times10^{-5}-3.869\times10^{-5}}-\frac{0.1370}{(7.05\times10^{-5})^2}$$
$$=43828(\text{kPa})$$

(2)用压缩因子图计算

计算对比温度 $T_r=2.164$，根据压缩因子定义，有：

$$Z=\frac{pV}{nRT}=\frac{p_rp_cV}{nRT}=\frac{3390\times10^3\times7.05\times10^{-5}}{8.314\times(0+273.15)}p_r$$
$$=0.105p_r$$

在普遍化压缩因子图上绘制以上直线，该线与 $T_r=2.164$ 等温线交点处，

$$p_r=12$$
$$p=p_r\cdot p_c=40680(\text{kPa})$$

1.15　某刚性容器中充有甲烷气体，压力 p 为 14.186 MPa，甲烷浓度为 $6.02\ \text{mol}\cdot\text{dm}^{-3}$，试用普遍化压缩因子图求其温度。

解　查表得甲烷临界参数为：$p_c=4599\ \text{kPa}$，$T_c=190.56\ \text{K}$

计算对比压力 $p_r=3.085$

在压缩因子图上作 $p_r=3.085$ 辅助线，读出不同温度下的 Z 值，得下表：

T_r	1.0	1.05	1.1	1.15	1.2	1.3	1.4	1.6	1.8	2.0
Z	0.42	0.46	0.49	0.52	0.57	0.63	0.76	0.87	0.94	0.99

再根据：

$$Z=\frac{pV}{nRT}=\frac{p}{cRT_rT_c}=\frac{14.186\times10^6}{6.02\times10^3\times8.314\times190.56}\times\frac{1}{T_r}=1.487\,\frac{1}{T_r}$$

将上述表中 T_r 与 Z 的数据和关系式绘制于同一张图上：

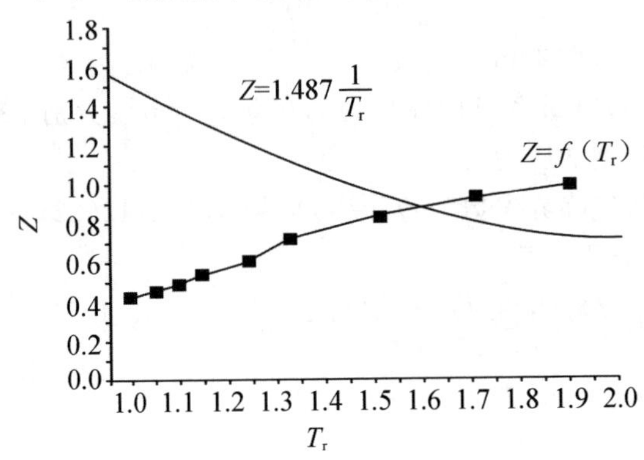

读取两曲线的交叉点：

$$T_r=1.67$$

$$T=T_r\cdot T_c=318.2(\text{K})$$

五、测验题

(一)选择题

1. 对于实际气体，波义耳温度 T_B 是一个重要的性质参数，当温度高于实际气体的 T_B 时，比值 $pV_m/(RT)$ 随压力 p 增加的变化特征是：(　　)。

(1)＝1　　(2)＜1

(3)先小于 1 而后大于 1　　(4)＞1

2. 温度越高、压力越低的真实气体，其压缩因子 Z(　　)1。

(1)→　　(2)＞　　(3)＜　　(4)＝

3. 实际气体处于下列哪种情况时，其行为与理想气体相近。(　　)

(1)高温低压　　(2)高温高压

(3)低温高压　　(4)低温低压

4. 理想气体的液化行为是：(　　)。

(1)不能液化　　(2)低温高压下才能液化

(3)低温下能液化　　　　　　(4)高压下能液化

5. 某制氧机每小时可生产 101.3 kPa,25 ℃的纯氧气 O_2 6000 m^3,试求每天能生产氧气多少千克?(已知 O_2 的摩尔质量为 32.00 g·mol^{-1})(　　)

(1)1.883×10^5 kg　　　　(2)1.883×10^6 kg

(3)1.883×10^7 kg　　　　(4)1.883×10^8 kg

6. 若空气的组成用体积分数表示为 $y(O_2)=0.21$,$y(N_2)=0.79$,若大气压力为 98.66 kPa,那么 O_2 的分压力最接近的数值为:(　　)。

(1)49.33 kPa　　　　(2)77.94 kPa

(3)32.89 kPa　　　　(4)20.72 kPa

7. 理想气体状态方程式实际上概括了三个实验定律,它们是:(　　)。

(1)波义耳定律,盖·吕萨克定律和阿伏伽德罗定律

(2)波义耳定律,分压定律和分体积定律

(3)波义耳定律,盖·吕萨克定律和分压定律

(4)波义耳定律,分体积定律和阿伏伽德罗定律

8. 温度为 27 ℃、压力为 98.7 kPa、体积为 100 cm^3 的理想气体,若处于 0 ℃,101.325 kPa 状态,则其体积为:(　　)。

(1)88.6 cm^3　　(2)100 cm^3　　(3)200 cm^3　　(4)170 cm^3

9. 若某实际气体的体积小于同温同压同量的理想气体的体积,则其压缩因子 Z 应为:(　　)。

(1)等于零　　　　(2)小于 1

(3)等于 1　　　　(4)大于 1

10. 1 mol 某真实气体在 $T<T_c$,$p=100$ kPa 下,摩尔体积为 V_m,其 RT/V_m 值等于 110 kPa。今在温度不变下将气体压力减至 50 kPa,则此时的体积将(　　) $V_m/2$。

(1)小于　　　　(2)等于

(3)大于　　　　(4)约等于

(二)填空题

1. 物质的沸点 T_b,临界温度 T_c 和波义耳温度 T_B,一般而言三者间的关系是________。

2. T、p 一定时,A、B 两物质组成理想气体混合物,则 B 物质的分体积可表示为________。

3. 在 100 kPa 下,当 1.0 dm^3 理想气体从 273 K 升温到 546 K 时,其体积将变为________。

4. 某理想气体的摩尔质量为 28.0 $g \cdot mol^{-1}$。在 27 ℃,100 kPa 下,体积为 300 cm^3的该气体的质量 $m=$________。

5. 某实际气体表现出比理想气体易压缩,则该气体的压缩因子 Z ________。

6. 在 273.15 K 和 101325 Pa 下,若 CCl_4的蒸气可近似作为理想气体处理,则其体积质量(密度)为________。(已知 C 和 Cl 的相对原子质量分别为 12.01 及 35.45。)

7. 在温度一定的抽空容器中,分别加入 0.3 mol N_2、0.1 mol O_2及 0.1 mol Ar,容器内总压力为 101.325 kPa,则此时 O_2的分压力为________。

8. 若不同的气体有两个对比状态参数(如 p_r和 T_r)彼此相等,则第三个对比状态参数,如 V_r值________。

9. 当真实气体分子间吸引力起主要作用时,则压缩因子 Z ________1。

10. 在临界点,饱和液体与饱和蒸气的摩尔体积________。

六、测验题答案

(一)选择题

1. (4)　**2.** (1)　**3.** (1)　**4.** (1)　**5.** (1)　**6.** (4)　**7.** (1)　**8.** (1)　**9.** (2)　**10.** (3)

(二)填空题

1. $T_B > T_c > T_b$

2. $n_B RT/p$

3. 2.0 dm^3

4. 0.337 g

5. 小于 1

6. 6.863 $kg \cdot m^{-3}$

7. 20.265 kPa

8. 大体相同

9. 小于

10. 相等

第二章　热力学第一定律

(Chapter 2　The First Law of Thermodynamics)

学习目标

通过本章的学习,要求掌握:

1. 热力学基本概念;
2. 热力学第一定律;
3. 恒容热、恒压热,焓;
4. 热容、理想气体的热力学能、焓的计算;
5. 气体可逆膨胀压缩过程,理想气体绝热可逆过程方程式;
6. 相变化过程;
7. 计算标准摩尔反应焓;
8. 节流膨胀与焦耳-汤姆逊效应。

一、知识结构

1. 热力学第一定律

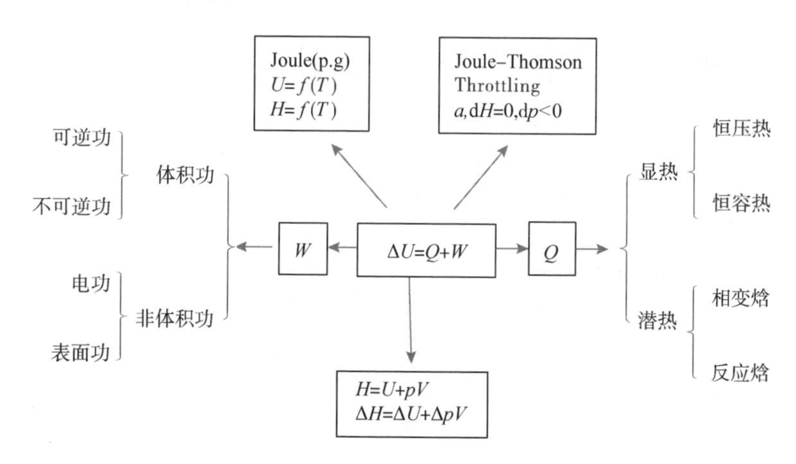

2. 热的计算

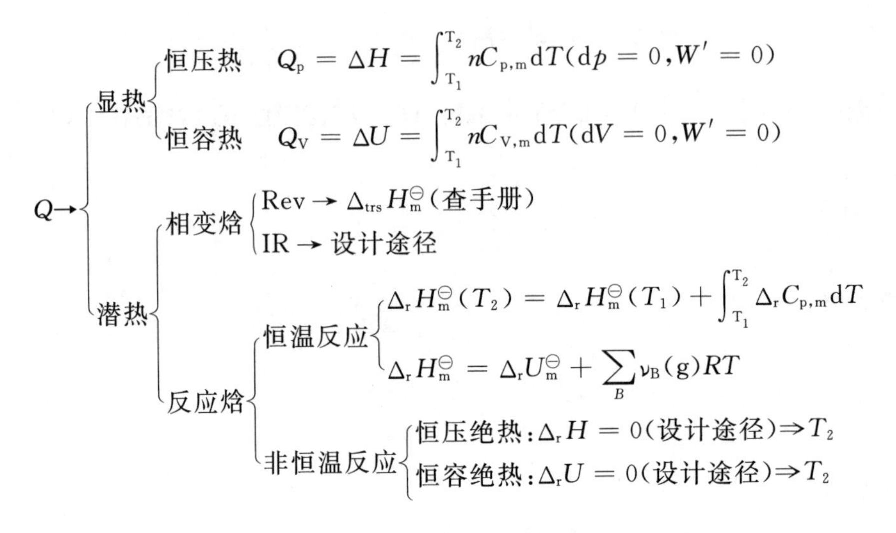

3. 功的计算

$W\rightarrow$
- 体积功
  - 可逆功 $W_{Rev}=-\int_{V_1}^{V_2} p\mathrm{d}V$
    - $W_p=-p\Delta V$
    - $W_V=0$
    - $W_{T,R}=-nRT\ln\dfrac{V_2}{V_1}$
    - $W_{a,R}=\dfrac{1}{\gamma-1}(p_2V_2-p_1V_1)$
  - 不可逆功 $W_{IR}=-\sum p_{amb}\mathrm{d}V$
    - $W_p=-p\Delta V$
    - $W_V=0$
    - $W_{T,IR}=-\sum p_{amb}\mathrm{d}V$
    - $W_a=\Delta U$
- 非体积功
  - 电功
  - 表面功

二、基本概念

1. 体系与环境

体系(System)：在科学研究时必须先确定研究对象，把一部分物质与其余分开，这种分离可以是实际的，也可以是想象的。这种被划定的研究对象称为体系，亦称为物系或系统。

环境(surroundings)：与体系密切相关、相互作用或影响的部分称为环境。

根据体系与环境之间的关系，可以把体系分为三类：

(1)敞开体系(open system)：体系与环境之间既有物质交换，又有能量交换。

(2)封闭体系(closed system)：体系与环境之间没有物质交换，但有能量交换。

(3)隔离体系(isolated system)：体系与环境之间既无物质交换，又无能量交换，又称为孤立体系。有时可以把封闭体系加环境一起作为隔离体系来考虑。

2. 体系的性质

热力学有许多宏观性质，如压力、体积、温度、组成等，常简称为性质。我们可以用宏观可测的性质来描述体系的热力学状态，因此这些性质也称为热力学变量。可分为两类：

(1)广度性质(extensive properties)：又称为容量性质，它的数值与体系的物质的量成正比。它的特点是有加和性，如体积、质量、熵等。

(2)强度性质(intensive properties)：它的数值取决于体系自身的特点，与体系的数量无关。它的特点是不具有加和性，如温度、压力等。

需要注意的是，由任何两种广度性质之比得出的物理量则为强度性质，如摩尔体积、密度等。

3. 热力学平衡态

当体系的各种性质不随时间而改变，则体系就处于热力学平衡态，它包括下列几个平衡：

(1)热平衡(thermal equilibrium)：体系各部分温度相等。

(2)力学平衡(mechanical equilibrium)：体系各部的压力都相等，边界不再移动。如有刚壁存在，虽双方压力不等，但也能保持力学平等。

(3)相平衡(phase equilibrium)：多相共存时，各相的组成和数量不再随时间而改变。

(4)化学平衡(chemical equilibrium):反应体系中各物质的数量不再随时间而改变。

4.状态与状态函数

(1)状态(state):热力学用系统的性质来描述它所处的状态。

(2)状态函数(state function):体系的一些性质,其数值仅取决于体系所处的状态,而与体系的历史无关;它的变化值仅取决于体系的始态和终态,而与变化的途径无关。具有这种特性的物理量被称为状态函数。

5.过程与途径

当系统从一个状态变化到另一个状态时,系统即进行了一个过程。完成这一过程的具体步骤称为途径。系统可以从同一始态出发,经不同的途径变化至同一终态。

在物理化学中,根据系统内部物质变化的类型,将过程分为三类:(1)单纯 pVT 变化;(2)相变化;(3)化学变化。

在物理化学中,按照过程进行的特定条件,将其分为五类:

(1)恒温过程(isothermal process):在变化过程中,体系的温度与环境温度相同,并恒定不变,$T=T_{环境}=$定值。

(2)恒压过程(isobaric process):在变化过程中,体系的压力与环境压力相同,并恒定不变,$p=p_{环境}=$定值。

(3)恒容过程(isochoric process):在变化过程中,体系的容积始终保持不变,$V=$定值。

(4)绝热过程(adiabatic process):在变化过程中,体系与环境不发生热的传递。对那些变化极快的过程,如爆炸、燃烧,可近似作为绝热过程处理。

(5)循环过程(cyclic process):体系从始态出发,经过一系列变化后又回到始态的变化过程。在这个过程中,所有状态函数的增量等于零。

6.可逆过程

可逆过程定义:将推动力无限小、系统与环境之间在无限接近平衡条件下进行的过程,称为可逆过程。

可逆过程(reversible process):体系经过某一过程从状态(1)变到状态(2)之后,如果能使体系和环境都恢复到原来的状态而未留下任何永久性的变化,则该过程称为热力学可逆过程。否则为不可逆过程。

7. 热和功

(1)热(heat)。体系与环境之间因温差而传递的能量称为热,用符号 Q 表示。并且规定:若系统从环境吸热,$Q>0$;若系统向环境放热,则 $Q<0$。

(2)功(work)。体系与环境之间传递的除热以外的其他能量都称为功,用符号 W 表示。并规定:系统得到环境所做的功时,$W>0$;系统对环境做功时,$W<0$。

8. 热力学能 U

热力学能(thermodynamic energy)以前称为内能(internal energy),它是指体系内部能量的总和,包括分子运动的平动能、分子内的转动能、振动能、电子能、核能以及各种粒子之间的相互作用位能等。

热力学能是状态函数,以 U 表示,为广度性质,单位为 J。它的绝对值无法测定,只能求出它的变化值。

9. 热力学第一定律

热力学第一定律的本质是能量守恒原理。是能量守恒与转化定律在热现象领域内所具有的特殊形式,说明热力学能、热和功之间可以相互转化,但总的能量不变。

10. 恒容热

恒容热是系统在恒容、非体积功等于零的过程中与环境交换的热,记作 Q_V。

11. 恒压热

恒压热是系统在恒压、非体积功等于零的过程中与环境交换的热,记作 Q_p。

12. 焓

$$H \overset{\text{def}}{=\!=} U + pV$$

将 H 称为焓。它具有能量单位(J);因为 U,p,V 均为状态函数,所以 H 也一定是状态函数;因为 U,V 是广度性质,所以 H 亦是广度性质。

13. 摩尔相变焓

摩尔相变焓是指在恒定温度 T 及该温度的平衡压力下,一摩尔物质发生相变时对应的焓变,记作 $\Delta_\alpha^\beta H_m(T)$($\alpha$—相变的始态,$\beta$—相变的终态)或$\Delta_{相变} H_m$,

其 SI 单位为 $J \cdot mol^{-1}$ 或 $kJ \cdot mol^{-1}$。

14. 标准摩尔反应焓

(1)热力学标准状态

气体:在任意温度 T,标准压力 $p^{\ominus}=100\ kPa$ 下具有理想气体性质的纯气体状态。

液体或固体:在任意温度 T,标准压力 $p^{\ominus}=100\ kPa$ 下的纯液体或纯固体状态。

标准态对温度没有作出规定,即物质的每一个温度 T 下都有各自的标准态。

(2)标准摩尔反应焓

在化学反应中的各组分均处在温度 T 的标准态下,其摩尔反应焓就称为该温度下的标准摩尔反应焓,以 $\Delta_r H_m^{\ominus}(T)$ 表示。

15. 由标准摩尔生成焓计算标准摩尔反应焓

(1)标准摩尔生成焓的定义

定义:在温度为 T 的标准态下,由稳定相态的单质生成化学计量数 $\nu_B=1$ 的相态为 β 的 B 物质,则该生成反应的焓变就是该化合物 B(β)在温度 T 时的标准摩尔生成焓,以 $\Delta_f H_m^{\ominus}(B,\beta,T)$ 表示,单位为 $kJ \cdot mol^{-1}$。

(2)由标准摩尔生成焓 $\Delta_f H_m^{\ominus}(B)$ 计算标准摩尔反应焓 $\Delta_r H_m^{\ominus}$

根据标准摩尔生成焓的定义,由状态函数法,可推导得:

$$\Delta_r H_m^{\ominus} = \sum \nu_B \Delta_f H_m^{\ominus}(B)$$

即:$\Delta_r H_m^{\ominus}=[y\Delta_f H_m^{\ominus}(Y)+z\Delta_f H_m^{\ominus}(Z)]-[a\Delta_f H_m^{\ominus}(A)+b\Delta_f H_m^{\ominus}(B)]$

16. 标准摩尔燃烧焓

(1)标准摩尔燃烧焓定义

定义:在温度为 T 的标准态下,由化学计量数 $\nu_B=-1$ 的 β 相态的物质 B(β)与氧气进行完全氧化反应时,该反应的焓变就为 B 物质在温度 T 时的标准摩尔燃烧焓,以 $\Delta_c H_m^{\ominus}(B,\beta,T)$ 表示,单位为 $kJ \cdot mol^{-1}$。

(2)由标准摩尔燃烧焓 $\Delta_c H_m^{\ominus}(B)$ 计算标准摩尔反应焓 $\Delta_r H_m^{\ominus}$

由状态函数法,可推导得:$\Delta_r H_m^{\ominus} = -\sum \nu_B \Delta_c H_m^{\ominus}(B)$

17. 节流膨胀

在绝热条件下,气体的始末态压力分别保持恒定不变情况下的膨胀过程,称为节流膨胀。

实验结果发现：多数气体经节流膨胀后温度下降，产生致冷效应；而少数气体（氢、氦等）经节流膨胀后温度却升高，产生致热效应。在压力足够低时，各种气体经节流膨胀后温度基本不变。

节流膨胀过程的特征是绝热、降压、等焓的过程。

三、主要公式

1. 单纯 pVT 变化的ΔU、ΔH、Q、W 计算总结

(1)恒容过程($\mathrm{d}V=0, W'=0$)

	理想气体	真实气体
ΔU	$\Delta U=\int_{T_1}^{T_2} nC_{V,m}\mathrm{d}T$	$\Delta U=\int_{T_1}^{T_2} nC_{V,m}\mathrm{d}T$
ΔH	$\Delta H=\int_{T_1}^{T_2} nC_{p,m}\mathrm{d}T$	$\Delta H=\Delta U+V\Delta p$
W	0	0
Q	$Q_V=\Delta U=\int_{T_1}^{T_2} nC_{V,m}\mathrm{d}T$	$Q_V=\Delta U=\int_{T_1}^{T_2} nC_{V,m}\mathrm{d}T$

(2)恒压过程($\mathrm{d}p=0, W'=0$)

	理想气体	真实气体
ΔU	$\Delta U=\int_{T_1}^{T_2} nC_{V,m}\mathrm{d}T$	$\Delta U=\Delta H-p\Delta V$
ΔH	$\Delta H=\int_{T_1}^{T_2} nC_{p,m}\mathrm{d}T$	$\Delta H=\int_{T_1}^{T_2} nC_{p,m}\mathrm{d}T$
W	$W=-p\Delta V=-nR\Delta T$	$W=-p\Delta V$
Q	$Q_p=\Delta H=\int_{T_1}^{T_2} nC_{p,m}\mathrm{d}T$	$Q_p=\Delta H=\int_{T_1}^{T_2} nC_{p,m}\mathrm{d}T$

(3)恒温过程($T_1=T_2=T_{amb}=T, W'=0$)

	理想气体		真实气体
	Rev	IR	Rev
ΔU	0	0	$\Delta U_m=a\left(\frac{1}{V_{m1}}-\frac{1}{V_{m2}}\right)$
ΔH	0	0	$\Delta H=\Delta U+p\Delta V$
W	$W_{T,R}=-nRT\ln\frac{V_2}{V_1}$	$W_{T,IR}=-\sum p_{amb}\mathrm{d}V$	$W_{T,R}=-\int_{V_1}^{V_2} p_{sys}\mathrm{d}V$
Q	$Q=-W$	$Q'=-W_{T,IR}$	$Q=\Delta U-W$

(4)绝热过程($Q=0,W'=0$)

	理想气体	
	Rev(可逆)	IR(不可逆)
ΔU	$\Delta U=\int_{T_1}^{T_2} nC_{V,m}\mathrm{d}T$	$\Delta U=\int_{T_1}^{T'_2} nC_{V,m}\mathrm{d}T$
ΔH	$\Delta H=\int_{T_1}^{T_2} nC_{p,m}\mathrm{d}T$	$\Delta H=\int_{T_1}^{T'_2} nC_{p,m}\mathrm{d}T$
W	$W_R=\Delta U\Rightarrow$ poisson 方程 $W_R=\frac{1}{\gamma-1}(p_2V_2-p_1V_1)$	$\Delta U=W_{IR}=-P_2\Delta V$ $\int_{T_1}^{T'_2} nC_{V,m}\mathrm{d}T=-p_2\left(\frac{nRT'_2}{p_2}-\frac{nRT_1}{p_1}\right)\Rightarrow T'_2$
Q	0	0

注意 在真实气体 pVT 的计算中,应该采用真实气体的状态方程进行计算,比如用范德华方程$\left(p+\frac{a}{V_m^2}\right)(V_m-b)=RT$ 对真实气体的 pVT 进行计算。

(5)凝聚态物质变温过程

$$\Delta H=\int_{T_1}^{T_2} nC_{p,m,(l/s)}\mathrm{d}T$$

$$\Delta U=\Delta H-\Delta pV\approx\Delta H$$

$$W=-p\Delta V\approx 0$$

$$Q=\Delta U-W\approx\Delta U$$

2.概念题解题要点

(1)熟练掌握基本概念和基本定义。
(2)对某些计算题的结论加以总结。
(3)对公式的使用条件要非常明确。
(4)熟练掌握常用计算公式。

3.计算题解题要点

(1)不同过程的ΔU、ΔH、Q、W 的计算
①是什么物质(pg,Fg,l,s)?
②是什么过程?
③可逆与否?
④画出过程简图。

⑤注意单位和符号。

⑥如果是混合，则先求混合温度，再根据各物质的始终态分别进行计算，并求和。

(2)相变的计算

①正常相变(可逆相变)(查手册)，注意方向。

②不可逆相变(设计途径)。

(a)画出过程简图。

(b)注意单位、符号和方向。

(3)热化学的计算

①恒温反应

$$\begin{cases}\Delta_r H_m^{\ominus}(298.15\ \mathrm{K})=\sum_B \nu_B \Delta_f H_{m,B,}^{\ominus}(298.15\ \mathrm{K})=-\sum_B \nu_B \Delta_C H_{m,B,}^{\ominus}(298.15\ \mathrm{K})\\ \Delta_r H_{m,(T_2)}^{\ominus}=\Delta_r H_{m,(T_1)}^{\ominus}+\int_{T_1}^{T_2}\Delta_r C_{p,m}\mathrm{d}T\\ \Delta_r H_m^{\ominus}=\Delta_r U_m^{\ominus}+\sum_B \nu_B(\mathrm{g})RT\end{cases}$$

②非恒温反应

$$\begin{cases}\Delta_r H=0(\text{设计途径})\Rightarrow T_2\\ \Delta_r U=0(\text{设计途径})\Rightarrow T_2\end{cases}$$

四、习题详解

2.1　在某一气缸内放置气体，气缸的活塞面积为 0.0700 m^2。将气体加热，活塞反抗 101.325 kPa 的外压力恒压移动了 0.0380 m，求此过程的功。

解　$W=-p_{外}\Delta V=-101.325\times10^3\times0.0700\times0.0380=-269.52(\mathrm{J})$

2.2　有一高压容器的容积为 24.5 dm^3，其中含有 O_2，在 25 ℃时压力为 130 649 kPa。若对此容器加热，使内部 O_2 的压力升高至 785640 Pa，则此时 O_2 的温度为多少？需供热多少？

(已知 O_2 的 $C_{V,m}=19.845\ \mathrm{J\cdot mol^{-1}}$，并假定 O_2 为理想气体，且容器的容积不变。)

解　$n=p_1V/RT_1$

$=[130.649\times10^3\times24.5\times10^{-3}/(8.314\times298.15)]$

$=1.29(\mathrm{mol})$

$T_2=p_2T_1/p_1=785.640\times298.15/130.649=1792.88(\mathrm{K})$

$$Q = nC_{V,m}\Delta T = 1.29\times19.845\times(1792.88-298.15)$$
$$=38265(\mathrm{J})=38.265\ \mathrm{kJ}$$

2.3 6 mol 温度为 400 K 的理想气体，体积为 7.35 dm^3，在终态压力作用下恒温可逆膨胀至 65.3 dm^3，做了多少功？若恒温可逆压缩回复至原状，最少需做多少功？

解 $p_2=nRT/V_2=6\times8.314\times400\times10^3/(65.3\times10^{-3})$
$=305.57(\mathrm{kPa})$

$W=-p_2\Delta V=-305.57\times10^3\times(65.3-7.35)\times10^{-3}$
$=-17707.78(\mathrm{J})$

可逆压缩做最小功为：

$$W_r=-nRT\ln(V_2/V_1)=-6\times8.314\times400\times\ln(7.35/65.3)$$
$$=43584.48(\mathrm{J})$$

2.4 9 mol 的理想气体，压力 1013 kPa，温度 350 K，分别求出恒温时下列过程的功：

(1)向真空中膨胀；

(2)在外压力 101.3 kPa 下体积胀大 1 dm^3；

(3)在外压力 101.3 kPa 下膨胀到该气体压力也是 101.3 kPa；

(4)恒温可逆膨胀至气体的压力为 101.3 kPa。

解 (1)$W=0$ (因 $p_{外}=0$)

(2)$W=-101.3\times1=-101.3\ \mathrm{J}$

(3)$W=-p_{外}[nRT(1/p_2-1/p_1)]$
$=[-101.3\times9\times8.314\times350(1/101.3-1/1013)]\mathrm{J}=-23.57(\mathrm{kJ})$

(4)$W=nRT\ln(p_2/p_1)=[9\times8.314\times350\ln(101.3/1013)]\mathrm{J}=-60.30(\mathrm{kJ})$

2.5 8 mol 理想气体由 25 ℃，1.0 MPa 膨胀到 25 ℃，0.1 MPa，设过程为：(1)自由膨胀；(2)对抗恒外压力 0.1 MPa 膨胀；(3)恒温可逆膨胀。试计算三种膨胀过程中系统对环境做的功。

解 (1)$W=0$

(2)$W=-p_{外}\Delta V=-p_{外}\ nRT\left(\dfrac{1}{p_2}-\dfrac{1}{p_1}\right)$
$=-0.1\times8\times8.314\times298.15\times(1/0.1-1/1.0)=-17.85(\mathrm{kJ})$

(3)$W=-nRT\ln(V_2/V_1)=nRT\ln(p_2/p_1)=-45.66\ \mathrm{kJ}$

2.6 在 500 K，6 mol Cl_2气体积由 6 dm^3恒温可逆膨胀到 60 dm^3，试计算其膨胀功 W。

(1)气体被视为理想气体；

(2)该气体服从范德华方程式。(已知范德华常数 $a=0.658\ m^6\cdot Pa\cdot mol^{-1}$, $b=5.6\times10^{-5}\ m^3\cdot mol^{-1}$。)

解 (1)$W=-nRT\ln(V_2/V_1)=-57.43\ kJ$

(2)范德华方程式:$(p+n^2a/V^2)(V-nb)=nRT$

$p=nRT/(V-nb)-n^2a/V^2, n=6$

$$W=-\int_{V_1}^{V_2}p\mathrm{d}V=-6RT\ln\frac{V_2-6b}{V_1-6b}-36a\left(\frac{1}{V_2}-\frac{1}{V_1}\right)$$

$$=-58.73-(-3.55)=-55.18(kJ)$$

2.7 已知在 101.325 kPa 下,18 ℃时 1 mol Zn 溶于稀盐酸时放出155.1 kJ的热,反应析出 1 mol H_2气。求反应过程的 W,ΔU,ΔH。

解 $W=-p(V_2'-V_1)=-\Delta n_{气}RT=-\Delta n(H_2)RT$

$=-1\times8.314\times291.15=-2.42(kJ)$

$\Delta H=Q_p=-155.1(kJ)$

$\Delta U=Q+W=-155.1-2.42=-157.52(kJ)$

2.8 一圆筒放在 355 ℃的恒温槽中,圆筒中盛有 1 mol 固体 NH_4Cl。圆筒配有一个无摩擦的活塞,此活塞对系统施压 101.325 kPa 的恒定压力。在此条件下,1 mol $NH_4Cl(s)$缓慢地全部分解为 $NH_3(g)$和 $HCl(g)$,设它们均为理想气体,该过程中系统吸热 176.8 kJ,试计算过程的 W,ΔH 和ΔU。

解

始态	→	终态
$n=1$ mol $NH_4Cl(s)$ $p=101.3$ kPa $t=355$ ℃	→	$n=2$ mol $NH_3(g)+HCl(g)$ $p=101.3$ kPa $t=355$ ℃

$W=-p_{外}\Delta V\approx-p_{外}\Delta V_{气}=-nRT$

$=-2\times8.314\times(273.15+355)=-10.44(kJ)$

$\Delta U=Q+W=176.8-10.44=166.36(kJ)$

$\Delta H=Q_p=176.8\ kJ$

2.9 在容积为 250 dm^3的容器中放有 30 ℃,254.45 kPa 的理想气体,已知其 $C_{p,m}=1.4C_{V,m}$,试求其 $C_{V,m}$值。若该气体的热容近似为常数,试求恒容下加热该气体至 90 ℃时所需的热。

解 $C_{p,m}-C_{V,m}=R, C_{p,m}=1.4C_{V,m}$

$C_{V,m}=R/0.4=20.785\ J\cdot K^{-1}\cdot mol^{-1}$

$Q_V=nC_{V,m}(T_2-T_1)=[p_1V_1/(RT_1)]C_{V,m}(T_2-T_1)=[254.45\times10^3\times250\times10^{-3}/(8.314\times303.15)]\times20.785\times(363.15-303.15)=31475.75(J)$

2.10 实验测得 MnO_2 在(298.15～780.15)K 温度范围内恒压吸热与温度的关系为:$\Delta H/(\mathrm{J\cdot mol^{-1}})=-26570.94+69.461T/\mathrm{K}+5.105\times10^{-2}(T/\mathrm{K})^2+1623547.2/(T/\mathrm{K})$,试求 MnO_2 在此温度范围内 $C_{p,\mathrm{m}}$ 与 T 的关系式。

解 $C_{p,\mathrm{m}}=\left(\dfrac{\partial H}{\partial T}\right)_p$

$C_{p,\mathrm{m}}/(\mathrm{J\cdot mol^{-1}\cdot K^{-1}})=69.461+2.6\times10^{-3}T/\mathrm{K}-1623547.2(T/\mathrm{K})^{-2}$

2.11 2 mol 理想气体,其 $C_{V,\mathrm{m}}=\dfrac{3}{2}R$。开始处于 $p_1=220\ \mathrm{kPa}, T_1=283\ \mathrm{K}$。沿 $p/V=$常数的途径可逆变化至 $p_2=420\ \mathrm{kPa}$。试求:

(1)终态温度 T_2;

(2)计算此过程的 $Q,W,\Delta H$ 及ΔU。

解 (1)$p_2=1.9p_1$

$$\frac{p_2}{V_2}=\frac{p_1}{V_1},V_2=\frac{p_2}{p_1}V_1=1.9V_1$$

$$T_2=\frac{p_2V_2}{nR}=\frac{3.61p_1V_1}{nR}=3.61T_1=1022\ (\mathrm{K})$$

(2)$Q=n\times\dfrac{5}{2}R\times(T_2-T_1)=2\times\dfrac{5}{2}\times8.314\times(1022-283)\times10^{-3}=30.72\ (\mathrm{kJ})$

$\Delta U=nC_{V,\mathrm{m}}(T_2-T_1)=2\times\dfrac{3}{2}\times8.314\times(1022-283)\times10^{-3}=18.43\ (\mathrm{kJ})$

$\Delta H=nC_{p,\mathrm{m}}(T_2-T_1)=30.72\ (\mathrm{kJ})$

$W=\Delta U-Q=18.43-30.72=-12.29\ (\mathrm{kJ})$

2.12 已知理想气体系统符合 $C_{V,\mathrm{m}}\ln\left(\dfrac{T_2}{T_1}\right)=-R\ln\left(\dfrac{V_2}{V_1}\right)$及 $C_{p,\mathrm{m}}-C_{V,\mathrm{m}}=R$,求证:$C_{p,\mathrm{m}}\ln\left(\dfrac{T_2}{T_1}\right)=R\ln\left(\dfrac{p_2}{p_1}\right)$。

解 因为 $C_{V,\mathrm{m}}=C_{p,\mathrm{m}}-R$

所以 $C_{V,\mathrm{m}}\ln\left(\dfrac{T_2}{T_1}\right)=C_{p,\mathrm{m}}\ln\left(\dfrac{T_2}{T_1}\right)-R\ln\left(\dfrac{T_2}{T_1}\right)$

$$C_{p,\mathrm{m}}\ln\left(\frac{T_2}{T_1}\right)=R\ln\left(\frac{T_2}{T_1}\right)-R\ln\left(\frac{V_2}{V_1}\right)$$

$$=R\ln\frac{T_2V_1}{T_1V_2}=R\ln\frac{p_2}{p_1}$$

2.13 3 mol H_2 从 450 K,120 kPa 恒压加热到 1200 K,已知 $C_{p,\mathrm{m}}(H_2)=29.2\ \mathrm{J\cdot mol^{-1}\cdot K^{-1}}$,求$\Delta U,\Delta H,Q,W$ 各为多少?

解 $Q_p=\Delta H=nC_{p,\mathrm{m}}\Delta T=3\times29.2\times(1200-450)$

$=65.70(\text{kJ})$

$\Delta U=\Delta H-\Delta(pV)=\Delta H-nR(T_2-T_1)=46.99\ \text{kJ}$

$W=\Delta U-Q=-18.71\ \text{kJ}$

2.14　设有 2 mol N_2(g)，温度为 10 ℃，压力为 101.325 kPa，试计算将 N_2 恒压加热膨胀至原来体积的 3 倍时，过程的 $Q,W,\Delta U,\Delta H$。已知 N_2(g)的 $C_{V,\text{m}}=5R/2$。

解　恒压膨胀：$T_2=p_2V_2/nR=p_1\times 3V_1/nR=3T_1=849.45\ \text{K}$

$$\Delta U=\int_{T_1}^{T_2} nC_{V,\text{m}}\,\text{d}T=23.54\ \text{kJ}$$

$$Q_p=\Delta H=\int_{T_1}^{T_2} nC_{p,\text{m}}\,\text{d}T=32.96\ \text{kJ}$$

$$W=\Delta U-Q=-9.42\ \text{kJ}$$

2.15　0.5 mol 某理想气体，从 283.15 K，1 MPa 恒压加热到 623.15 K，计算该过程的 $Q,W,\Delta U,\Delta H$。已知该气体的 $C_{p,\text{m}}=(22+8\times10^{-3}T/\text{K})\text{J}\cdot\text{mol}^{-1}\cdot\text{K}^{-1}$。

解　$Q_p=\int_{T_1}^{T_2} nC_{p,\text{m}}\,\text{d}T=n\left[22\times(T_2-T_1)+\frac{8\times10^{-3}}{2}({T_2}^2-{T_1}^2)\right]$

把数据代入，得

$$Q=4.356\ \text{kJ}$$

$$W=-p\,\Delta V=-nR\,\Delta T=-1.413\ \text{kJ}$$

$$\Delta U=Q+W=2.943\ \text{kJ}$$

$$\Delta H=Q=4.356\ \text{kJ}$$

2.16　18 mol 某理想气体($C_{p,\text{m}}=34.55\ \text{J}\cdot\text{mol}^{-1}\cdot\text{K}^{-1}$)在恒容容器中由 38 ℃加热至 88 ℃，计算该过程的 $Q,W,\Delta U,\Delta H$。

解　恒容过程：$W=0$

由　$\Delta U=Q_V$ 及 $\Delta U=\int_{T_1}^{T_2} nC_{V,\text{m}}\,\text{d}T$

$$Q_V=\Delta U=n(C_{p,\text{m}}-R)(T_2-T_1)=23.61\ \text{kJ}$$

$$\Delta H=\int_{T_1}^{T_2} nC_{p,\text{m}}\,\text{d}T=31.10\ \text{kJ}$$

2.17　2 mol 理想气体由 222.65 kPa，15 dm^3 的始态，先恒容升温使压力升至 2226.5 kPa，再恒压降温至体积为 2 dm^3。试求整个过程的 $Q,W,\Delta U$ 及ΔH。(已知 $C_{V,\text{m}}=\frac{3}{2}R$)

解　过程为：

$p_1=222.65$ kPa $V_1=15$ dm^3 T_1	恒容 → (1)	$p_2=2226.5$ kPa $V_2=V_1$ T_2	恒压 → (2)	$p_3=p_2$ $V_3=2$ dm^3 T_3

根据 $pV=nRT$，计算 $T_1=200.85$ K，$T_2=267.80$ K

因为是理想气体，所以：

$$\Delta U=\int_{T_1}^{T_2} nC_{V,\mathrm{m}}\mathrm{d}T=1.670\ \mathrm{kJ}$$

$$\Delta H=\int_{T_1}^{T_2} nC_{p,\mathrm{m}}\mathrm{d}T=2.783\ \mathrm{kJ}$$

$W_1=0$（恒容）

$$\begin{aligned}W_2&=-p_2(V_3-V_2)=-p_2(V_3-V_1)\\&=-2226.5\times10^3(2-15)\times10^{-3}\\&=28.94(\mathrm{kJ})\end{aligned}$$

$W=W_1+W_2=28.94$ kJ

$Q=\Delta U-W=1.670-28.94=-27.27$ (kJ)

2.18 在一个带无摩擦活塞的绝热容器中装有一绝热隔板。其两侧分别装有 3 mol，0 ℃，100 kPa 的单原子气体 A 和 6 mol，100 ℃，100 kPa 的双原子气体 B。今在恒定的 100 kPa 外压力下抽去隔板，使两种气体混合均匀达平衡。试求该过程的ΔU，W，$\Delta(pV)$和ΔH。

（已知：单原子气体 $C_{V,\mathrm{m}}=3R/2$，双原子分子气体 $C_{V,\mathrm{m}}=5R/2$。）

解 绝热恒压过程：$Q_p=\Delta H=0$

$$\begin{aligned}\Delta H&=\Delta H(A)+\Delta H(B)\\&=n(A)C_{p,\mathrm{m}}(A)\{T_2-T_1(A)\}+n(B)C_{p,\mathrm{m}}(B)\{T_2-T_1(B)\}=0\end{aligned}$$

$$\begin{aligned}T_2=&[n(A)C_{p,\mathrm{m}}(A)T_1(A)+n(B)C_{p,\mathrm{m}}(B)T_1(B)]/[n(A)C_{p,\mathrm{m}}(A)+\\&n(B)C_{p,\mathrm{m}}(B)]=346.83\ \mathrm{K}\end{aligned}$$

所以
$$\begin{aligned}W=\Delta U&=\Delta U(A)+\Delta U(B)\\&=n(A)C_{V,\mathrm{m}}(A)\{T_2-T_1(A)\}+n(B)C_{V,\mathrm{m}}(B)\{T_2-T_1(B)\}=-525.78\ \mathrm{J}\end{aligned}$$

$\Delta(pV)=\Delta H-\Delta U=525.78$ J

2.19 4 mol O_2(g)由 253 K，0.15 MPa 经恒温可逆膨胀到 0.25 m^3 过程的 Q，W，ΔU，ΔH 各为多少？

解 因为是理想气体，恒温过程，所以

$\Delta U=0$，$\Delta H=0$

$p_2=nRT/V_2=33655.07$ Pa

$$W=-nRT\ln\frac{p_1}{p_2}=-4\times8.314\times253\times\ln[(0.15\times10^6)/33655.07]$$

$$=-12.57(\mathrm{kJ})$$

$Q=-W=12.57$ kJ

2.20 2 mol He(视作理想气体，$C_{V,\mathrm{m}}=3R/2$)由 232.5 kPa，5℃变为 101.3 kPa，55℃。可经过以下两个途径：(A)先恒压加热到 55℃再恒温可逆膨胀；(B)先恒温可逆膨胀到终态压力再恒压加热。计算此两个途径的 $Q,W,\Delta U$ 和 ΔH。

解　途径 A：$\Delta U=nC_{V,\mathrm{m}}(T_2-T_1)=2\times3/2\times8.314\times50\times10^{-3}=1.247(\mathrm{kJ})$

$\Delta H=nC_{p,\mathrm{m}}(T_2-T_1)=2\times5/2\times8.314\times50\times10^{-3}=2.079(\mathrm{kJ})$

$$W_A=W_{A,1}+W_{A,1}=-nR(T_2-T_1)-nRT_2\ln\frac{p_1}{p_2}$$

$$=(-2\times8.314\times50-2\times8.314\times328.15\ln232.5/101.3)\mathrm{J}$$

$$=-5.365(\mathrm{kJ})$$

$Q_A=\Delta U-W_A=6.612$ kJ

途径 B：$\Delta U=1.247$ kJ

$\Delta H=2.079$ kJ

$$W_B=W_{B,1}+W_{B,1}=-nRT_1\ln\frac{p_1}{p_2}-nR(T_2-T_1)$$

$$=-4.674\ \mathrm{kJ}$$

$Q_B=\Delta U-W_B=5.921$ kJ

2.21 某理想气体的 $C_{p,\mathrm{m}}=38.5\ \mathrm{J\cdot mol^{-1}\cdot K^{-1}}$。若 3 mol 的该气体在 30 ℃，$15.4\times10^5$ Pa 绝热可逆膨胀到压力为 5.59×10^5 Pa，试计算气体的最终体积与温度，以及气体在过程中的 $W,\Delta U,\Delta H$。

解　$\dfrac{T_2}{T_1}=\left(\dfrac{p_2}{p_1}\right)^{\frac{\gamma-1}{\gamma}}=\left(\dfrac{p_2}{p_1}\right)^{R/C_{p,m}}$

$T_2=303.15(5.59\times10^5/15.4\times10^5)^{8.314/38.5}=243.57\ (\mathrm{K})$

$V_2=[3\times8.314\times243.57/(5.59\times10^5)]=1.08\times10^{-2}(\mathrm{m^3})$

$\Delta U=nC_{V,\mathrm{m}}\Delta T=3\times(38.5-8.314)(243.57-303.15)\mathrm{J}=-5.395\ (\mathrm{kJ})$

$\Delta H=nC_{p,\mathrm{m}}\Delta T=3\times38.5\times(243.57-303.15)\mathrm{J}=-6.881\ (\mathrm{kJ})$

$W=\Delta U=-5.395$ kJ

2.22 $H_2(g)$从 1.84 $\mathrm{dm^3}$，310 kPa，298.15 K 经绝热可逆膨胀到 3.68 $\mathrm{dm^3}$。$H_2(g)$的 $C_{p,\mathrm{m}}=28.8\ \mathrm{J\cdot mol^{-1}\cdot K^{-1}}$，按理想气体处理。

(1)求终态温度和压力；

(2)求该过程的ΔU及ΔH。

解 (1)$n=pV/RT=310\times10^3\times1.84\times10^{-3}/(8.314\times298.15)=0.230(\text{mol})$

$C_{V\text{m}}=C_{p,\text{m}}-R=20.5\ \text{J}\cdot\text{mol}^{-1}\cdot\text{K}^{-1}$

$\gamma=C_{p,\text{m}}/C_{V,\text{m}}=1.4$

$T_2=\left(\frac{V_1}{V_2}\right)^{\gamma-1}\times T_1=(1.84/3.68)^{0.4}\times298.15=225.96\ (\text{K})$

$p_2=nRT_2/V_2=117.4\ \text{kPa}$

(2)$\Delta U=nC_{V,\text{m}}\Delta T=-340.4\ \text{J}$

$\Delta H=nC_{p,\text{m}}\Delta T=-478.2\ \text{J}$

2.23 3 mol 水在 100 ℃,101325 Pa 下蒸发为同温同压下的水蒸气(假设为理想气体),吸热 80.67 kJ·mol^{-1}。上述过程的$Q,W,\Delta U,\Delta H$值各为多少?

解 $Q_p=\Delta H=3\times80.67=242.01(\text{kJ})$

$W=-p_{外}(V_g-V_l)\approx-p_{外}V_g=-nRT$

$=-3\times8.314\times373.15$

$=-9.307(\text{kJ})$

$\Delta U=Q+W=242.01-9.307$

$=232.70(\text{kJ})$

2.24 在 101.325 kPa 下,230 g 处于 100 ℃的水蒸气凝结为同温度下的水,100 ℃时水的汽化焓为 2255 J·g^{-1}。求此过程的$W,Q,\Delta U$和ΔH(假定水蒸气为理想气体)。

解 $W=-p\,(V_l-V_g)\approx pV_g=nRT$

$=\frac{230}{18.02}\times8.314\times373.15\times10^{-3}=39.60(\text{kJ})$

$Q_p=-2255\times230\times10^{-3}=-518.65(\text{kJ})$

$\Delta H=-518.65\ \text{kJ}$

$\Delta U=Q+W=-518.65+39.60=-479.05(\text{kJ})$

2.25 150 g 液体苯在沸点 80.2 ℃,101.325 kPa 下蒸发,汽化焓在常压下为 395.2 J·g^{-1}。试计算$W,Q,\Delta U$和ΔH。(已知C_6H_6的摩尔质量为 78.11 g·mol^{-1},蒸气可视为理想气体,液体体积可忽略。)

解 $W=-p_{外}(V_g-V_l)\approx-nRT$

$=-\frac{150}{78.11}\times8.314\times(273.15+80.2)\times10^{-3}\ \text{kJ}$

$=-5.64\ \text{kJ}$

$Q=395.2\times150\times10^{-3}\ \text{kJ}=59.28\ \text{kJ}$

$\Delta H = Q = 59.28$ kJ

$\Delta U = Q + W = [59.28 + (-5.64)]\text{kJ} = 53.64$ kJ

2.26 已知CO_2的焦耳-汤姆孙系数$\mu_{J\text{-}T} = 1.06 \times 10^{-5}$ K·Pa^{-1}，求在25 ℃时，将65 g CO_2由120 kPa等温压缩至1 MPa时的ΔH值。（已知CO_2的$C_{p,m} = 36$ J·mol^{-1}·K^{-1}。）

解　根据题意，CO_2不能作为理想气体，整个过程可设想分两步进行：

$$\boxed{\begin{matrix} T_1 = 298\ \text{K} \\ p_1 = 120\ \text{kPa} \end{matrix}} \xrightarrow{\text{节流膨胀}} \boxed{\begin{matrix} T_2 = ? \\ p_2 = 1\ \text{MPa} \end{matrix}} \xrightarrow{\text{等压变温}} \boxed{\begin{matrix} T_1 = 298\ \text{K} \\ p_2 = 1\ \text{MPa} \end{matrix}}$$

节流膨胀：

$Q_1 = 0, \Delta H_1 = 0$

$\Delta T = \mu_{J-T}\Delta p = 1.06 \times 10^{-5}(1 - 0.12) = 9.33(\text{K})$

$T_2 = T_1 + \Delta T = 307.33$ K

恒压变温：

$$\Delta H_2 = nC_{p,m}\Delta T = \frac{65}{44} \times 36 \times (298 - 307.33)$$
$$= -496.19(\text{J})$$

$\Delta H = \Delta H_1 + \Delta H_2 = -496.19$ J

2.27 在25 ℃时，将0.4936 g萘$C_{10}H_8$在氧弹中充分燃烧，使量热计的温度升高1.738 K，若量热计的热容量为10265 J·K^{-1}并已知298 K时，$\Delta_f H_m^\ominus(CO_2, g) = -393.51$ kJ·mol^{-1}，$\Delta_f H_m^\ominus(H_2O, l) = -285.83$ kJ·mol^{-1}，试计算萘在25 ℃时的标准摩尔生成焓。（已知$C_{10}H_8$的摩尔质量为128.2 g·mol^{-1}）。

解　$C_{10}H_8(s) + 12O_2(g) \longrightarrow 10CO_2(g) + 4H_2O(l)$

$$Q_V = \left(-10265 \times 1.738 \times \frac{1}{0.4936/128.2} \times 10^{-3}\right) = -4634(\text{kJ} \cdot \text{mol}^{-1})$$

$$\Delta_r H_m^\ominus = Q_{p,m} = Q_{V,m} + \Delta nRT = [-4634 + (10 - 12) \times 8.314 \times 298 \times 10^{-3}]$$
$$= -4638.96(\text{kJ} \cdot \text{mol}^{-1})$$

$$\Delta_f H_m^\ominus(C_{10}H_8) = 10\,\Delta_f H_m^\ominus(CO_2) + 4\,\Delta_f H_m^\ominus(H_2O, l) - \Delta_r H_m^\ominus$$
$$= [10 \times (-393.51) + 4 \times (-285.83) + 4638.96]$$
$$= -439.46(\text{kJ} \cdot \text{mol}^{-1})$$

2.28 已知标准摩尔生成焓与标准摩尔燃烧焓的数据如下：

物　质	$\Delta_f H_m^{\ominus}(298\ K)/kJ \cdot mol^{-1}$	$\Delta_c H_m^{\ominus}(298\ K)/kJ \cdot mol^{-1}$
$H_2O(l)$	−285.84	—
$H_2O(g)$	−241.84	—
$CH_4(g)$	—	−890.31

计算反应 $CH_4(g)+2H_2O(g)═══CO_2(g)+4H_2(g)$ 在 298 K 的$\Delta_r H_m^{\ominus}$。

解　$CH_4(g)+2H_2O(g)\xrightarrow{\Delta_r H_m^{\ominus}}CO_2(g)+4H_2(g)$

$\downarrow \Delta H_1$　　　　$\nearrow \Delta H_2$

$CH_4(g)+2H_2O(l)$

$$\Delta_r H_m^{\ominus}=\Delta H_1+\Delta H_2$$

$\Delta H_1=2\ \Delta_f H_m^{\ominus}(H_2O,l,298\ K)-2\ \Delta_f H_m^{\ominus}(H_2O,g,298\ K)=-88\ kJ \cdot mol^{-1}$

因为　$\Delta_c H_m^{\ominus}(H_2,g,298\ K)=\Delta_f H_m^{\ominus}(H_2O,l,298\ K)$

$\Delta H_2=\Delta_c H_m^{\ominus}(CH_4,g,298\ K)-4\ \Delta_c H_m^{\ominus}(H_2,g,298\ K)$

$=253.1\ kJ \cdot mol^{-1}$

$\Delta_r H_m^{\ominus}=\Delta H_1+\Delta H_2=165.1\ kJ \cdot mol^{-1}$

2.29　已知:25 ℃时,乙炔 $C_2H_2(g)$ 的标准摩尔生成焓$\Delta_f H_m^{\ominus}(C_2H_2,g)=226.7\ kJ \cdot mol^{-1}$,标准摩尔燃烧焓$\Delta_c H_m^{\ominus}(C_2H_2,g)=-1299.6\ kJ \cdot mol^{-1}$,及苯 $C_6H_6(l)$ 的标准摩尔燃烧焓$\Delta_c H_m^{\ominus}(C_6H_6,l)=-3267.5\ kJ \cdot mol^{-1}$。求 25 ℃时苯的标准摩尔生成焓$\Delta_f H_m^{\ominus}(C_6H_6,l)$。

解　$3\ C_2H_2(g)═C_6H_6(l)$

$\Delta_f H_m^{\ominus}(C_6H_6,l)=3\ \Delta_f H_m^{\ominus}(C_2H_2^{\ominus},g)+3\ \Delta_c H_m^{\ominus}(C_2H_2,g)-\Delta_c H_m^{\ominus}(C_6H_6,l)$

$=[3\times 226.7+3\times(-1299.6)-(-3267.5)]kJ \cdot mol^{-1}$

$=48.8(kJ \cdot mol^{-1})$

2.30　试求气相反应　$4NH_3(g)+7O_2(g)\longrightarrow 4NO_2(g)+6H_2O(g)$ 在 900℃ 时的$\Delta_r H_m^{\ominus}(1173\ K)$。已知:

物质	$\Delta_f H_m^{\ominus}(298\ K)/kJ \cdot mol^{-1}$	$C_{p,m}/J \cdot K^{-1} \cdot mol^{-1}$
$NH_3(g)$	−45.65	45.95
$O_2(g)$	0	30.08
$NO_2(g)$	90.29	31.77
$H_2O(g)$	−241.60	37.20

(表中 $C_{p,m}$ 为 25 ～900 ℃ 范围内的平均恒压摩尔热容。)

解 $\Delta_r H_m^{\ominus}(298\ K)=-4\ \Delta_f H_m^{\ominus}(NH_3,g,298\ K)+4\ \Delta_f H_m^{\ominus}(NO_2,g,298\ K)+6\ \Delta_f H_m^{\ominus}(H_2O,g,298\ K)$

$=[-4\times(-45.65)+4\times 90.29+6\times(-241.6)]$

$=-905.84(kJ\cdot mol^{-1})$

$\sum \nu_B C_{p,m}(B)=-4\times 45.95-5\times 30.08+6\times 37.20+4\times 31.77$

$=16.08(J\cdot K^{-1}\cdot mol^{-1})$

$\Delta_r H_m^{\ominus}(1173\ K)=\Delta_r H_m^{\ominus}(298\ K)+\int_{298\ K}^{1073K}\sum \nu_B C_{p,m}(B)dT$

$=-905.84+16.08\times(1173-298)\times 10^{-3}$

$=-891.77(kJ\cdot mol^{-1})$

2.31 反应 $SO_2(g)+\frac{1}{2}O_2(g)$ ══ $SO_3(g)$在 845 K 进行。求反应的标准摩尔焓与温度的关系式。已知：

物质	$\Delta_f H_m^{\ominus}(298\ K)/kJ\cdot mol^{-1}$	$C_{p,m}/J\cdot K^{-1}\cdot mol^{-1}$
$SO_3(g)$	−395.2	$57.32+26.86\times 10^{-3}(T/K)$
$SO_2(g)$	−296.9	$42.55+12.55\times 10^{-3}(T/K)$
$O_2(g)$	0	$31.42+3.39\times 10^{-3}(T/K)$

解 $\left\{\frac{\partial[\Delta H_m(T)]}{\partial T}\right\}_p=\sum \nu_B C_{p,m}(B)$

$\sum \nu_B C_{p,m}(B)=-C_{p,m}(SO_2)-\frac{1}{2}C_{p,m}(O_2)+C_{p,m}(SO_3)$

$=-0.94+12.61\times 10^{-3}(T/K)J\cdot K^{-1}\cdot mol^{-1}$

则 $\Delta_r H_m^{\ominus}(T)=-0.94(T/K)+6.3\times 10^{-3}(T/K)^2+\Delta H_0$

利用$\Delta_r H_m^{\ominus}(298\ K)$及 $T=298$ K 带入上式求出 ΔH_0

$\Delta_r H_m^{\ominus}(298\ K)=\Delta_f H_m^{\ominus}(SO_3,298\ K)-\Delta_f H(SO_2,298\ K)$

$=-98300\ J\cdot mol^{-1}$

则 $\Delta H_0=-98580\ J\cdot mol^{-1}$

得 $\Delta_r H_m^{\ominus}(T)=[-98580-0.94\ (T/K)+6.3\times 10^{-3}(T/K)^2]J\cdot mol^{-1}$

2.32 在 298.15 K 时，使乙烯与按理论量加倍的空气在绝热容器内进行恒压燃烧，问最高火焰温度可达多少？反应中各物质的 $C_{p,m}$ 如下：$H_2O(g)$：$4R$，C_2H_4：$5R$，CO_2：$\frac{9}{2}R$，O_2：$\frac{7}{2}R$，N_2：$\frac{7}{2}R$，$C_2H_4(g)+3O_2(g)\longrightarrow 2\ H_2O(g)+2\ CO_2(g)$在 25 ℃的标准摩尔反应焓为 $-1323\ kJ\cdot mol^{-1}$。设空气中 N_2 与 O_2 的

物质的量比为 4∶1。

解

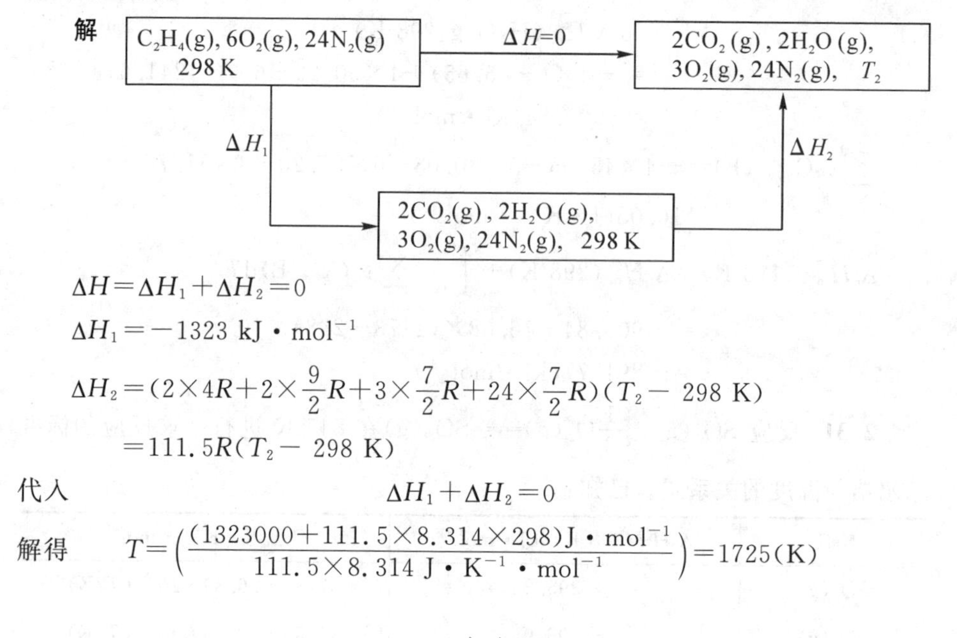

$$\Delta H=\Delta H_1+\Delta H_2=0$$

$$\Delta H_1=-1323\ \mathrm{kJ\cdot mol^{-1}}$$

$$\Delta H_2=(2\times 4R+2\times \frac{9}{2}R+3\times \frac{7}{2}R+24\times \frac{7}{2}R)(T_2-298\ \mathrm{K})$$
$$=111.5R(T_2-298\ \mathrm{K})$$

代入
$$\Delta H_1+\Delta H_2=0$$

解得
$$T=\left(\frac{(1323000+111.5\times 8.314\times 298)\ \mathrm{J\cdot mol^{-1}}}{111.5\times 8.314\ \mathrm{J\cdot K^{-1}\cdot mol^{-1}}}\right)=1725(\mathrm{K})$$

五、测验题

(一)选择题

1. 对于理想气体,焦耳-汤姆孙系数 μ_{J-T} 是:(　　)。

(1)>0　　(2)<0　　(3)$=0$　　(4)不能确定

2. 在同一温度下,同一气体物质的摩尔定压热容 $C_{p,m}$ 与摩尔定容热容 $C_{V,m}$ 之间的关系为:(　　)。

(1)$C_{p,m}<C_{V,m}$　　(2)$C_{p,m}>C_{V,m}$

(3)$C_{p,m}=C_{V,m}$　　(4)难以比较

3. 公式 $\Delta H=n\int_{T_1}^{T_2}C_{p,m}\mathrm{d}T$ 的适用条件是:(　　)。

(1)任何过程

(2)恒压过程

(3)组成不变的恒压过程

(4)均相的、组成不变的恒压过程

4. 当理想气体反抗一定的压力做绝热膨胀时,则:(　　)。

(1)焓总是不变　　(2)热力学能总是增加

(3)焓总是增加　　(4)热力学能总是减少

5. 25 ℃，下面的物质中标准摩尔生成焓不为零的是：（　　）。

(1) $N_2(g)$　　(2) S(s，单斜)　(3) $Br_2(l)$　　(4) $I_2(s)$

6. 范德华气体经绝热自由膨胀后，气体的温度：（　　）。

(1)上升　　(2)下降　　(3)不变　　(4)不能确定

7. 理想气体状态方程式实际上概括了3个实验定律，它们是：（　　）。

(1)玻义耳定律、分压定律和分体积定律

(2)玻义耳定律、盖·吕萨克定律和阿伏伽德罗定律

(3)玻义耳定律、盖·吕萨克定律和分压定律

(4)玻义耳定律、分体积定律和阿伏伽德罗定律

8. 某坚固容器容积 100 dm^3，于 25 ℃，101.3 kPa 下发生剧烈化学反应，容器内压力、温度分别升至 5066 kPa 和 1000 ℃。数日后，温度、压力降至初态（25 ℃和101.3 kPa），则下列说法中正确的是：（　　）。

(1)该过程 $\Delta U=0$，$\Delta H=0$

(2)该过程 $\Delta H=0$，$W\neq0$

(3)该过程 $\Delta U=0$，$Q\neq0$

(4)该过程 $W=0$，$Q\neq0$

9. H_2 和 O_2 以 2∶1 的摩尔比在绝热的钢瓶中反应生成 H_2O，在该过程中正确的是：（　　）。

(1) $\Delta H=0$　　(2) $\Delta T=0$　　(3) $pV^{\gamma}=$常数　　(4) $\Delta U=0$

10. 范德华方程中的压力修正项对 V_m 的关系为：（　　）。

(1)正比于 V_m^2　　(2)正比于 V_m

(3)正比于 $1/V_m^2$　　(4)正比于 $1/V_m$

11. 已知反应 $H_2(g)+\frac{1}{2}O_2(g)=\!=\!=H_2O(g)$ 的标准摩尔反应焓为 $\Delta_r H_m^{\ominus}(T)$，下列说法中不正确的是：（　　）。

(1) $\Delta_r H_m^{\ominus}(T)$ 是 $H_2O(g)$ 的标准摩尔生成焓

(2) $\Delta_r H_m^{\ominus}(T)$ 是 $H_2O(g)$ 的标准摩尔燃烧焓

(3) $\Delta_r H_m^{\ominus}(T)$ 是负值

(4) $\Delta_r H_m^{\ominus}(T)$ 与反应的 $\Delta_r U$ 数值不等

12. 已知在 $T_1\sim T_2$ 的温度范围内某化学反应所对应的 $\sum \nu_B C_{p,m}(B)>0$，则在该温度范围内反应的 $\Delta_r U_m^{\ominus}$，则：（　　）。

(1)不随温度变化　　(2)随温度升高而减小

(3)随温度升高而增大　　(4)与温度的关系无法简单描述

13. 对不同气体,同一恒定温度下,以 pV_m 对 p 作图可得一直线,外推至 $p=0$ 时所得截距:(　　)。

(1)等于相同的不为零的某一定值　　(2)不等于同一值　　(3)等于零

14. ΔU 可能不为零的过程为:(　　)。

(1)隔离系统中的各类变化

(2)恒温恒容过程

(3)理想气体恒温过程

(4)理想气体自由膨胀过程

15. 如右图,在一具有导热器的容器上部装有一可移动的活塞;当在容器中同时放入锌块及盐酸令其发生化学反应,则以锌块与盐酸为系统时,正确答案为(　　)。

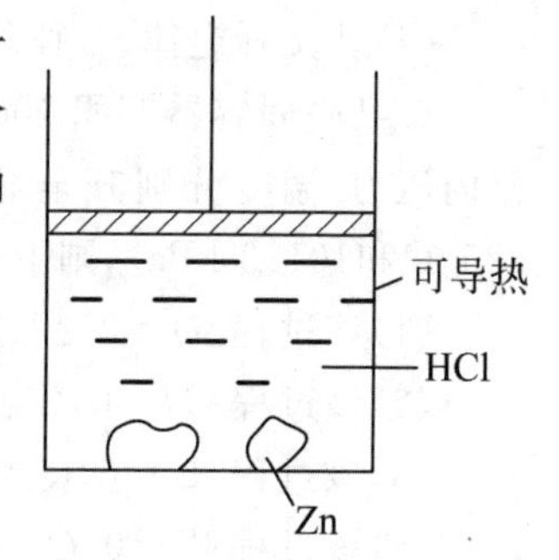

(1)$Q<0, W=0, \Delta U<0$

(2)$Q=0, W<0, \Delta U>0$

(3)$Q=0, W=0, \Delta U=0$

(4)$Q<0, W<0, \Delta U<0$

16. 下列说法中错误的是:经过一个节流膨胀后,(　　)。

(1)理想气体温度不变

(2)实际气体温度一定升高

(3)实际气体温度可能升高,也可能降低

(4)气体节流膨胀焓值不变

17. 1 mol C_2H_5OH(l)在 298 K 和 100 kPa 压力下完全燃烧,放出的热为 1366.8 kJ,该反应的标准摩尔热力学能变接近于(　　)。

(1)1369.3 $kJ \cdot mol^{-1}$　　(2)-1364.3 $kJ \cdot mol^{-1}$

(3)1364.3 $kJ \cdot mol^{-1}$　　(4)-1369.3 $kJ \cdot mol^{-1}$

18. 物质分子间的引力对临界温度的影响情况是(　　)。

(1)引力越大,临界温度越低　　(2)引力越大,临界温度越高

(3)引力的大小对临界温度无关系

19. 理想气体的液化行为是(　　)。

(1)不能液化　　(2)低温高压下才能液化

(3)低温下能液化　　(4)高压下能液化

20. 物质的量为 n 的单原子理想气体恒压升高温度,从 $T_1 \sim T_2$,ΔU 等于(　　)。

(1)$nC_{p,m}\Delta T$　　(2)$nC_{V,m}\Delta T$

(3)$nR\Delta T$　　　　　　　　　(4)$nR\ln(T_2/T_1)$

(二)填空题

1. 将一电热丝浸入水中,通以电流,如右图所示。

(1)以电热丝为系统,Q ____ 0,W ____ 0,ΔU ____ 0;

(2)以电热丝和水为系统,Q ____ 0,W ____ 0;ΔU ____ 0;

(3)以电热丝、电源、水及其他一切有关的部分为系统,Q ____ 0,W ____ 0,ΔU ____ 0。(选填>、=或<)

2. CO_2的临界温度为31.0 ℃,临界压力为7.38 MPa,在40 ℃,10 MPa时,CO_2 ________ 以液态存在。(选填能、不能)

3. 气体A的临界温度T_C(A)高于气体B的T_C(B),则气体________比气体________更易于液化。

4. 范德华方程中物质特性反映在________上,对应状态原理中气体特性反映在________上。

5. 已知$\Delta_f H_m^{\ominus}(SO_2, g, 298\ K) = -296.81\ kJ \cdot mol^{-1}$;

$\Delta_f H_m^{\ominus}(H_2S, g, 298\ K) = -20.50\ kJ \cdot mol^{-1}$;

$\Delta_f H_m^{\ominus}(H_2O, g, 298\ K) = -241.81\ kJ \cdot mol^{-1}$;

则反应$2H_2S(g) + SO_2(g) \xlongequal{} 3S(斜方) + 2H_2O(g)$的$\Delta_r H_m^{\ominus}(298\ K)$ = ________。

6. 某理想气体的摩尔恒容热容为$C_{V,m}$,摩尔恒压热容为$C_{p,m}$,1 mol该气体恒压下温度由T_1变为T_2,则此过程中气体的ΔU= ________。

7. 热力学系统必须同时实现________平衡、________平衡、________平衡和________平衡,才达到热力学平衡。

8. 范德华方程中的常数a是度量________的特征参数,常数b是度量________的特征参数。

9. 5 mol某理想气体由27 ℃,10 kPa恒温可逆压缩到100 kPa,则该过程的ΔU= ________,ΔH= ________,Q= ________。

10. 液体的摩尔汽化焓随温度升高而__________。(选填增大,不变,减小)

(三)是非题

1. 处在对应状态的两种不同气体,各自对于理想气体行为的偏离程度相同。对不对?(　　)

2. 100 ℃时，1 mol $H_2O(l)$向真空蒸发变成 1 mol $H_2O(g)$，这个过程的热量即为 $H_2O(l)$在 100 ℃的摩尔蒸发焓。对不对？（　　）

3. 热力学标准状态的温度指定为 25 ℃。是不是？（　　）

4. 系统从同一始态出发，经绝热不可逆到达终态，若经绝热可逆过程，则一定达不到此状态。是不是？（　　）

5. 在临界点，饱和液体与饱和蒸气的摩尔体积相等。对不对？（　　）

6. 对比温度 $T_r>1$ 的气体不能被液化，对不对？（　　）

7. 500 K 时 $H_2(g)$的 $\Delta_f H_m^{\ominus}=0$。是不是？（　　）

8. $\Delta_f H_m^{\ominus}$(C，石墨，298 K)$=0$。是不是？（　　）

9. 不同物质在它们相同的对应状态下，具有相同的压缩性，即具有相同的压缩因子 Z。对吗？（　　）

10. 因为 $Q_p=\Delta H$，$Q_V=\Delta U$，而焓与热力学能是状态函数，所以 Q_p 与 Q_V 也是状态函数。对吗？（　　）

11. 物质的量为 n 的理想气体，由 T_1，p_1 绝热膨胀到 T_2，p_2，该过程的焓变化 $\Delta H=n\int_{T_1}^{T_2} C_{p,m}\mathrm{d}T$。对吗？（　　）

12. $CO_2(g)$的 $\Delta_f H_m^{\ominus}(500\ \mathrm{K})=\Delta_f H_m^{\ominus}(298.15\ \mathrm{K})+\int_{298.15}^{500} C_{p,m}(CO_2)\mathrm{d}T$。是不是？（　　）

13. 25 ℃ $\Delta_f H_m^{\ominus}$(S，正交)$=0$。是不是？（　　）

14. $\mathrm{d}U=nC_{V,m}\mathrm{d}T$ 这个公式对一定量的理想气体的任何 p,V,T 过程均适用，对吗？（　　）

15. 理想气体在恒定的外压力下绝热膨胀到终态。因为是恒压，所以 $\Delta H=Q$；又因为是绝热，$Q=0$，故 $\Delta H=0$。对不对？（　　）

（四）计算题

1. 水在 101.3 kPa，100 ℃时，$\Delta_{vap}H_m=40.59\ \mathrm{kJ\cdot mol^{-1}}$。求 10 mol 水蒸气与水的热力学能之差。（设水蒸气为理想气体，液态水的体积可忽略不计。）

2. 蔗糖 $C_{12}H_{22}O_{11}(s)$ 0.1265 g 在弹式量热计中燃烧，开始时温度为 25 ℃，燃烧后温度升高了。为了升高同样的温度要消耗电能 2082.3 J。

（1）计算蔗糖的标准摩尔燃烧焓；

（2）计算它的标准摩尔生成焓；

（3）若实验中温度升高为 1.743 K，问量热计和内含物质的热容是多少？

（已知 $\Delta_f H_m^{\ominus}(CO_2,g)=-393.51\ \mathrm{kJ\cdot mol^{-1}}$，$\Delta_f H_m^{\ominus}(H_2O,l)=-285.85\ \mathrm{kJ\cdot mol^{-1}}$，$C_{12}H_{22}O_{11}$ 的摩尔质量为 $342.3\ \mathrm{g\cdot mol^{-1}}$。）

3. 1 mol 理想气体($C_{p,m}=5R/2$)从 0.2 MPa,5 dm^3 恒温(T_1)可逆压缩到 1 dm^3;再恒压膨胀到原来的体积(即 5 dm^3),同时温度从 T_1 变为 T_2,最后在恒容下冷却,使系统回到始态的温度 T_1 和压力。

(1)在 $p-V$ 图上绘出上述过程的示意图;

(2)计算 T_1 和 T_2;

(3)计算每一步的 $Q,W,\Delta U$ 和ΔH。

4. 将 2 mol H_2(g)置于带活塞的气缸中,若活塞上的外压力很缓慢地减小,使 H_2(g)在 25 ℃时从 15 dm^3 恒温膨胀到 50 dm^3,试求过程的 $Q,W,\Delta U,\Delta H$。假设 H_2(g)服从理想气体行为。

六、测验题答案

(一)选择题

1.(3)　**2.**(2)　**3.**(4)　**4.**(4)　**5.**(2)　**6.**(2)　**7.**(2)　**8.**(4)　**9.**(4)
10.(3)　**11.**(2)　**12.**(3)　**13.**(1)　**14.**(2)　**15.**(4)　**16.**(2)　**17.**(2)
18.(2)　**19.**(1)　**20.**(2)

(二)填空题

1.(1)$<$;$>$;$>$。　(2)$=$;$>$;$>$;　(3)$=$;$=$;$=$。

2. 不能

3. A;B。

4. 范德华常数 a,b;临界参数。

5. $-145.81\ kJ\cdot mol^{-1}$

6. $\int_{T_1}^{T_2} nC_{V,m}dT$ 或 $nC_{V,m}(T_2-T_1)$

7. 热;力学;相;化学。

8. 分子间吸引力大小;分子本身体积大小。

9. 0;0;-28.72 kJ。

10. 减小。

(三)是非题

1.√　**2.**×　**3.**×　**4.**√　**5.**√　**6.**√　**7.**√　**8.**√
9.√　**10.**×　**11.**√　**12.**×　**13.**√　**14.**√　**15.**×

(四)计算题

1. 解　$\Delta U=\Delta H-p(V_g-V_l)\approx\Delta H-pV_g=\Delta H-nRT$

$=10\times40.59-10\times8.314\times373.15$

$=405.9-31.024$

$=374.9\ \text{kJ}$

2. 解 (1)$\Delta U=Q_V=\dfrac{-2082.3}{0.1265}\times M$(蔗糖)

$$=\frac{-2082.3\times 342.3}{0.1265}=-5635(\text{kJ}\cdot\text{mol}^{-1})$$

$\Delta_r H_m^{\ominus}=\Delta_r U_m^{\ominus}+[\sum\nu_B(g)]RT=\Delta_r U_m+(12-12)RT$

$=\Delta_r U_m^{\ominus}=-5635\ \text{kJ}\cdot\text{mol}^{-1}$

(2)$C_{12}H_{22}O_{11}(s)+12O_2(g)\longrightarrow 12CO_2(g)+11H_2O(l)$

则 $-5635\ \text{kJ}\cdot\text{mol}^{-1}=12\,\Delta_f H_m^{\ominus}(CO_2,g)+11\,\Delta_f H_m^{\ominus}(H_2O,l)-\Delta_f H_m^{\ominus}$(蔗糖)

$=12\times(-393.51)+11\times(-285.83)-\Delta_f H_m^{\ominus}$(蔗糖)

则 $\Delta_f H_m^{\ominus}$(蔗糖)$=-2231(\text{kJ}\cdot\text{mol}^{-1})$

(3)总热容 $C=\dfrac{Q}{\Delta T}=\dfrac{2082.3}{1.743}=1195(\text{J}\cdot\text{K}^{-1})$

3. 解 (1)

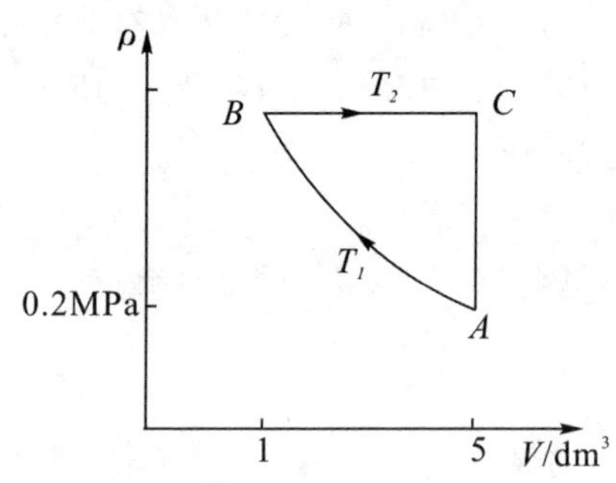

(2)$T_1=0.2\times 5/nR=120.3(\text{K})$

$T_2=1\times 10^6\times 5\times 10^{-3}/nR=601.4(\text{K})$

(3)A→B:$\Delta H=0,\Delta U=0$

$$W=-nRT\ln\frac{V_2}{V_1}=1.61\ \text{kJ},Q=-1.61\ \text{kJ}$$

B→C:$\Delta H=nC_{p,m}(T_C-T_B)=10.0\ \text{kJ}$

$\Delta U=nC_{V,m}(T_C-T_B)=6.0\ \text{kJ}$

$W=-p_B(V_C-V_B)=-4.0\ \text{kJ}$

$Q_p=\Delta H=10.0\ \text{kJ}$

C→A:$\Delta H=nC_{p,m}(T_A-T_C)=-10.0\ \text{kJ}$

$\Delta U=nC_{V,m}(T_A-T_C)=-6.0\ \text{kJ}$

$W=0,Q_V=\Delta U=-6.0\ \text{kJ}$

4. 解 理想气体恒温膨胀,故$\Delta U=0,\Delta H=0$

因 $p_{外}=p$，所以该过程为可逆过程。

$$W=-\int_{V_1}^{V_2} p\mathrm{d}V=-nRT\ln\frac{V_2}{V_1}=[-2\times 8.314\times 298.15\times \ln(50.0/15.0)]\times 10^{-3}$$

$$=-5.97(\mathrm{kJ})$$

$Q=-W=5.97\ \mathrm{kJ}$

第三章　热力学第二定律

(Chapter 3　The Second Law of Thermodynamics)

学习目标

通过本章的学习,要求掌握:

1. 卡诺循环与卡诺定理;
2. 热力学第二定律;
3. 熵、熵增原理;
4. 熵变的计算;
5. 热力学第三定律;
6. 亥姆霍兹函数和吉布斯函数的定义与计算;
7. 热力学基本方程和麦克斯韦关系式;
8. 克拉佩龙方程与克劳修斯-克拉佩龙方程。

一、知识结构

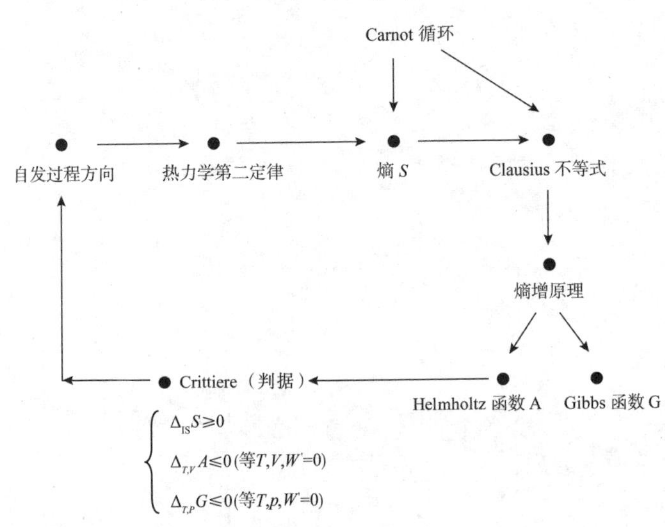

二、基本概念

1. 本章归纳

本章可归纳为：一个定律、二个公式、三个函数、四个基本关系式、一个应用。即：

(1)热力学第二定律

(2)两个主要公式

①$\Delta S \geqslant \int_1^2 \frac{\delta Q}{T}\left(\frac{\text{ir}}{\text{rev}}\right) \Rightarrow$ Clausius 不等式

②$\mathrm{d}U = T\mathrm{d}S - p\mathrm{d}V + \mathrm{d}W'$

(3)三个函数

①$S = \frac{Q_r}{T}$

②$A = U - TS$

③$G = H - TS$

(4)四个基本关系式

①$\mathrm{d}U = T\mathrm{d}S - p\mathrm{d}V + \delta W'$

②$\mathrm{d}H = T\mathrm{d}S + V\mathrm{d}p + \delta W'$

③$\mathrm{d}A = -S\mathrm{d}T - p\mathrm{d}V + \delta W'$

④$\mathrm{d}G = -S\mathrm{d}T + V\mathrm{d}p + \delta W'$

(5)应用

①Clapeyron 方程：$\frac{\mathrm{d}p}{\mathrm{d}T} = \frac{\Delta_\alpha^\beta H_m}{T\Delta_\alpha^\beta V_m}$（单组分，两相平衡）

$\ln \frac{T_2}{T_1} = \frac{\Delta_{fus} V_m}{\Delta_{fus} H_m}(p_2 - p_1)$

②Clausius-Clapeyron：　$\frac{\mathrm{d}\ln p}{\mathrm{d}T} = \frac{\Delta_{Vap} H_m}{RT^2}$

$\ln \frac{p_2}{p_1} = \frac{\Delta_{Vap} H_m}{R}\left(\frac{T_2 - T_1}{T_1 T_2}\right)$

(6)A→B 判据

可逆与否

$$\begin{cases} \Delta S_{1\to2} \geqslant \int_1^2 \frac{\delta Q}{T}\left(\frac{\text{ir}}{\text{rev}}\right) \\ \Delta A_{T,V} \leqslant W'\left(\frac{\text{ir}}{\text{rev}}\right) \\ \Delta G_{T,P} \leqslant W'\left(\frac{\text{ir}}{\text{rev}}\right) \\ \Delta S_{\text{a}} \geqslant 0\left(\frac{\text{ir}}{\text{rev}}\right) \end{cases}$$

自发与否

$$\begin{cases} \Delta S_{\text{IS}} \geqslant 0\left(\frac{\text{Spon.}}{\text{eq}}\right) \\ \Delta A_{T,V} \leqslant 0(W'=0)\left(\frac{\text{Spon.}}{\text{eq}}\right) \\ \Delta G_{T,P} \leqslant 0(W'=0)\left(\frac{\text{Spon.}}{\text{eq}}\right) \end{cases}$$

注意 可逆与否是过程的性质,自发与否和选定的系统有关。

2.热机效率

所谓热机,就是把工作物质从高温热源吸热,向低温热源放热,并对环境做功的循环操作的机器称为热机,也就是将 Q 转化为 W 的机器。热机效率是指热机对外做的功与从高温热源吸收的热量之比,用 η 表示,经过一次循环,热机效率为:

$$\eta=\frac{-W}{Q_1}$$

3.卡诺定理

卡诺定理:所有工作于同温热源和同温冷源之间的热机,其效率都不能超过可逆机,即可逆机的效率最大。

卡诺定理推论:所有工作于同温热源与同温冷源之间的可逆机,其热机效率都相等,即与热机的工作物质无关。

4.自发过程

在自然条件下,不需要外力帮助,任其自然就能够发生的过程,称为自发过程。自发过程的逆过程称为非自发过程。

5.热力学第二定律

在卡诺理论工作的基础上,克劳修斯和开尔文先后对热力学第二定律的内容进行了明确的表述:

克劳修斯说法:"热不能自动地从低温物体传给高温物体而不产生其他

变化。”

开尔文说法:“不可能从单一热源吸热使之全部对外做功而不产生其他变化。”后来被奥斯特瓦德(OsTward)表述为:“第二类永动机是不可能造成的。”

6.熵与克劳修斯不等式

熵的定义:熵是可逆过程的热温商。

$$dS \xlongequal{\text{def}} \frac{\delta Q_r}{T}$$

此式即为熵的定义式。熵是状态函数,是广度性质,熵 S 的单位为 $J \cdot K^{-1}$,熵的绝对值无法知道。

对于一个由状态 1 到状态 2 的宏观变化过程,其熵变为

$$\Delta S = \int_1^2 \frac{\delta Q_r}{T}$$

熵的导出逻辑线:

初型　Carnot 循环

$$\begin{cases} \eta = \dfrac{-W}{Q_1} = 1 - \dfrac{T_2}{T_1}, \Rightarrow \dfrac{Q_1 + Q_2}{Q_1} = \dfrac{T_1 - T_2}{T_1} \\ \eta_{ir} < \eta_r \\ \dfrac{Q_1}{T_1} + \dfrac{Q_2}{T_2} \leqslant 0 \left(\dfrac{ir}{rev}\right) \end{cases}$$

核心　→ S

$$\oint \left(\frac{\delta Q}{T}\right)_r = 0 \Rightarrow \begin{cases} \left(\dfrac{\delta Q}{T}\right)_r \text{ 某一函数全微分} \\ \displaystyle\int_1^2 \left(\frac{\delta Q_r}{T}\right)_a = \int_1^2 \left(\frac{\delta Q_r}{T}\right)_b \end{cases} \Rightarrow \begin{cases} dS = \left(\dfrac{\delta Q_r}{T}\right) \\ \Delta S = \displaystyle\int_1^2 \left(\frac{\delta Q_r}{T}\right) \end{cases}$$

结果　Clausius 不等式

$$\begin{cases} \displaystyle\oint \frac{\delta Q}{T} \leqslant 0 \left(\frac{ir}{rev}\right) \\ \Delta_1^2 S \geqslant \displaystyle\int_1^2 \frac{\delta Q}{T} \left(\frac{ir}{rev}\right) \xleftarrow{\text{证明}} \oint \left(\frac{\delta Q}{T}\right)_{ir} < 0 \end{cases}$$

a.　IS.

$$\Delta S_a \geqslant 0 \left(\frac{ir}{rev}\right) \qquad \Delta S_{iso} \geqslant 0 \left(\frac{ir}{rev}\right) \left(\frac{\text{Spon.}}{\text{eq.}}\right)$$

$$\Delta S_{iso} = \Delta S_{sys} + \Delta S_{amb}$$

7. 热力学第三定律

纯物质、完美晶体、0 K时的熵等于零，即：

S^*(0 K,完美晶体)=0

8. 规定熵与标准熵

热力学第三定律是规定了熵的基准。有了这个基准，就可以计算出一定量的B物质的规定熵与标准熵。

规定熵：规定在0 K时完美晶体的熵值为零，从0 K到温度TK进行积分，这样求得的熵值称为规定熵，记作$S_B(T)$。

标准熵：从规定在0 K时完美晶体的熵值为零出发，计算1 mol纯物质处于标准态的温度时的熵值，即为B物质的标准摩尔熵，记作$S^{\ominus}_{m,B}(T)$。

9. 亥姆霍兹函数

(1)亥姆霍兹(Helmholtz)函数定义

$$A \xlongequal{\text{def}} U-TS$$

A被称为亥姆霍兹(Helmholtz)函数。A是状态函数，是广度量，其单位为J或kJ。

(2)亥姆霍兹函数的物理意义

①在恒温可逆过程中，系统亥姆霍兹函数的增量ΔA等于过程的可逆功。

$$\Delta A_T=W_r$$

②在恒温恒容可逆过程中，系统亥姆霍兹函数的增量ΔA等于过程的可逆非体积功。

$$\Delta A_{T,V}=W'_r$$

(3)亥姆霍兹函数判据(A判据)

$$\Delta A_{T,V}\leqslant 0\begin{pmatrix}<\text{自发}\\=\text{平衡}\end{pmatrix}(W'=0)$$

该判据表明：在恒温恒容，并且$W'=0$条件下，一切可能自发进行的过程，其亥姆霍兹函数减小；若亥姆霍兹函数不变，则为平衡过程。

10. 吉布斯函数

(1)吉布斯(Gibbs)函数定义

$$G \stackrel{\text{def}}{=\!=\!=} H-TS$$

G 为吉布斯(Gibbs)函数。G 是状态函数,是广度量,其单位为 J 或 kJ。

(2)吉布斯函数的物理意义

吉布斯函数的物理意义:在恒温恒压可逆过程中,系统吉布斯函数的增量 ΔG 等于过程的可逆非体积功。

$$\Delta G_{T,p}=W'_{\mathrm{r}}$$

(3)吉布斯函数判据(G 判据)

$$\Delta G_{T,p}\leqslant 0\begin{pmatrix}<\text{自发}\\=\text{平衡}\end{pmatrix}(W'=0)$$

该判据表明:在恒温、恒压且 $W'=0$ 的条件下,系统吉布斯函数减小的过程能够自动进行,若吉布斯函数不变,则为平衡过程。

11. 热力学基本方程

$$\begin{aligned}
\mathrm{d}U&=T\mathrm{d}S-p\mathrm{d}V\\
\mathrm{d}H&=T\mathrm{d}S+V\mathrm{d}p\\
\mathrm{d}A&=-S\mathrm{d}T-p\mathrm{d}V\\
\mathrm{d}G&=-S\mathrm{d}T+V\mathrm{d}p
\end{aligned}$$

12. U,H,A,G 的一阶偏导数关系式

$$\begin{cases}(\partial U/\partial S)_V=T\\(\partial U/\partial V)_S=-p\end{cases}$$

$$\begin{cases}(\partial H/\partial S)_p=T\\(\partial H/\partial p)_S=V\end{cases}$$

$$\begin{cases}(\partial A/\partial T)_V=-S\\(\partial A/\partial V)_T=-p\end{cases}$$

$$\begin{cases}(\partial G/\partial T)_p=-S\\(\partial G/\partial p)_T=V\end{cases}$$

13. 麦克斯韦(Maxwell)关系式

$$\left(\frac{\partial T}{\partial V}\right)_S=-\left(\frac{\partial p}{\partial S}\right)_V$$

$$\left(\frac{\partial T}{\partial p}\right)_S=\left(\frac{\partial V}{\partial S}\right)_p$$

$$\left(\frac{\partial S}{\partial V}\right)_T=\left(\frac{\partial p}{\partial T}\right)_V$$

$$-\left(\frac{\partial S}{\partial p}\right)_T=\left(\frac{\partial V}{\partial T}\right)_p$$

14. 克拉佩龙方程

$$\frac{\mathrm{d}p}{\mathrm{d}T}=\frac{\Delta_\alpha^\beta H_\mathrm{m}}{T\Delta_\alpha^\beta V_\mathrm{m}}$$

上式称为克拉佩龙(Clapeyron)方程。它揭示了纯物质两相平衡时，平衡压力 p 与 T 之间的关系。克拉佩龙方程适用于纯物质任何两相平衡，如蒸发、熔化、升华、晶型转变等相平衡过程。在单组分 $T-p$ 相图中，气-液、气-固、液-固等两相平衡线可用克拉佩龙方程来描述。

15. 克劳修斯-克拉佩龙方程

(1)微分式：
$$\frac{\mathrm{d}\ln p}{\mathrm{d}T}=\frac{\Delta_\mathrm{l}^\mathrm{g} H_\mathrm{m}}{RT^2}$$

(2)不定积分式：
$$\ln p=-\frac{\Delta_\mathrm{l}^\mathrm{g} H_\mathrm{m}}{R}\cdot\frac{1}{T}+C$$

(3)定积分式：
$$\ln\frac{p_2}{p_1}=-\frac{\Delta_\mathrm{l}^\mathrm{g} H_\mathrm{m}}{R}\left(\frac{1}{T_2}-\frac{1}{T_1}\right)$$

如果通过实验测得某液体在不同 T 下的饱和蒸气压数据，就可利用不定积分式，将 $\ln p$ 对 $\frac{1}{T}$ 作图，可得一直线，由直线斜率便可求得液体的摩尔蒸发焓 $\Delta_\mathrm{l}^\mathrm{g} H_\mathrm{m}$。

如果已知某液体两个不同温度下的饱和蒸气压，则可利用定积分式计算摩尔蒸发焓 $\Delta_\mathrm{l}^\mathrm{g} H_\mathrm{m}$；若已知物质的摩尔蒸发焓 $\Delta_\mathrm{l}^\mathrm{g} H_\mathrm{m}$ 及一个温度 T_1 的饱和蒸气压 p_1，则可计算另一温度 T_2 下的饱和蒸气压 p_2。

三、主要公式

1. 熵变的计算

ΔS：

- $\Delta S_{iso} = \Delta S_{sys} + \Delta S_{amb}$
- ΔS_{sys}：
  - a. 单纯 pVT 变化；$\Delta S = \int_1^2 \frac{dU + pdV}{T}$：等温；等容；等压；任意变化(绝热)；混合
  - b. 相变：
    - rev 相变 $\Rightarrow \Delta S_{相变} = \frac{n\Delta H_{相变}}{T}$
    - ir 相变 $\Rightarrow$ 设计途径
  - c. 化学变化：
    - $\Delta_r S_m^{\ominus}(298.15\ K) = \sum_B \nu_B \cdot S_{m,B}^{\ominus}(298.15\ K)$
    - $\Delta_r S_m^{\ominus}(T) = \Delta_r S_m^{\ominus}(298.15\ K) + \int_{298.15}^{T} \frac{\Delta_r C_{p,m}}{T} dT$(无相变适用)
- $\Delta S_{amb} = \frac{-Q_{sys}}{T_{amb}} = \frac{-\Delta H_{sys}}{T_{amb}}$

2. ΔG 的计算

ΔG：

- a. 单纯 pVT 变化：
  - 等温 $\Rightarrow \Delta G_T = \int_{p_1}^{p_2} V dp$：
    - $\xrightarrow{l,s} \int_{p_1}^{p_2} V_{(l/s)} dp$
    - $\xrightarrow{pg} \int_{p_1}^{p_2} V dp = nRT \ln \frac{p_2}{p_1} = nRT \ln \frac{V_1}{V_2}$
    - $\xrightarrow{Fg} \int_{p_1}^{p_2} V_{Fg} dp$
  - 非等温 $\Rightarrow \Delta G = \Delta H - \Delta TS$
- b. 相变：
  - rev 相变 $\Rightarrow \Delta G_{T,P,R} = 0$
  - ir 相变 $\Rightarrow$ 设计途径
- c. 化学变化：
  - ⓐ $\Delta_r G_m^{\ominus}(298.15\ K) = \sum_B \nu_B \cdot \Delta_f G_m^{\ominus}(298.15\ K)$
  - ⓑ $\Delta_r G_m^{\ominus} = \Delta_r H_m^{\ominus} - T\Delta_r S_m^{\ominus}$
  - ⓒ $\frac{\Delta_r G_m^{\ominus}(T_2)}{T_2} - \frac{\Delta_r G_m^{\ominus}(T_1)}{T_1} = -\int_{T_1}^{T_2} \frac{\Delta_r H_m^{\ominus}(T)}{T^2} dT$

3. ΔA 的计算

ΔA

- a. 单纯 pVT 变化
  - 等温 $\Rightarrow \Delta A_T = -\int_{V_1}^{V_2} p\mathrm{d}V$
    - $\xrightarrow{\text{l,s}} \int_{V_1}^{V_2} -p\mathrm{d}V \approx 0$
    - $\xrightarrow{\text{pg}} \int_{V_1}^{V_2} -p\mathrm{d}V = nRT\ln\dfrac{V_1}{V_2} = \Delta G$
    - $\xrightarrow{\text{Fg}} \int_{V_1}^{V_2} -p_{(Fg)}\mathrm{d}V$
  - 非等温 $\Rightarrow \Delta A = \Delta U - \Delta TS$
- b. 相变　$\Delta A = \Delta U - T\Delta S = \Delta G - p\Delta V$
  - rev 相变 $\Rightarrow -p\Delta V$
  - ir 相变 $\Rightarrow \Delta G - p\Delta V$
- c. 化学变化
  - ⓐ $\Delta_r A_m^{\ominus} = \Delta_r U_m^{\ominus} - T\Delta_r S_m^{\ominus}$
  - ⓑ $\dfrac{\Delta_r A_m^{\ominus}(T_2)}{T_2} - \dfrac{\Delta_r A_m^{\ominus}(T_1)}{T_1} = -\int_{T_1}^{T_2} \dfrac{\Delta_r U_m^{\ominus}(T)}{T^2}\mathrm{d}T$

4. 热力学计算次序

(1)属于哪类计算

①单纯的 pVT 变化。

②相变。

③化学反应。

(2)设问分类

①是什么物质

②是什么过程

③可逆与否

④有没有混合

(3)化学反应热力学函数的一般计算次序

①设计途径,计算ΔH。

②设计途径,计算ΔS。

③计算ΔU,ΔG,ΔA

④$Q(Q_p/Q_V)$

⑤ $W(W=\Delta U-Q)$

四、习题详解

3.1 工作在温度分别为 1000 K 和 300 K 两个恒温热源之间的卡诺热机，若循环过程的功 $W=-560$ kJ。热机应从高温热源吸收的热量为多少?

解 $\eta=\frac{-W}{Q_1}=\frac{T_1-T_2}{T_1}=1-\frac{T_2}{T_1}=1-\frac{300}{1000}=0.7$

$Q_1=-(-560)/0.7=800$ (kJ)

3.2 某可逆热机分别从 600 K 和 1000 K 的高温热源吸热，向 300 K 的冷却水放热。问每吸收 100 kJ 的热量，对环境所做的功 $-W_r$ 分别为多少?

解 (1) $\eta_1=\frac{-W}{Q_1}=\frac{T_1-T_2}{T_1}=1-\frac{T_2}{T_1}=1-\frac{300}{600}=0.5$

$-W_r=50$ kJ

(2) $\eta_2=\frac{-W}{Q_1}=\frac{T_1-T_2}{T_1}=1-\frac{T_2}{T_1}=1-\frac{300}{1000}=0.7$

$-W_r=70$ kJ

3.3 某可逆热机在 120 ℃与 30 ℃间工作，若要此热机供给 1 kJ 的功，则需要从高温热源吸取的热量为多少。

解 $\eta=\frac{-W}{Q_1}=\frac{T_1-T_2}{T_1}=1-\frac{T_2}{T_1}=1-\frac{303.15}{393.15}=0.2289$

$Q_1=-(-1)/0.2289=4.369$(kJ)

3.4 某化学反应在恒温恒压下(300 K，$p^{\ominus}$)进行，放热 50000 J。若该反应在可逆电池完成，则吸热 4000 J。计算：

(1)该反应的 ΔS。

(2)当该反应自发进行时，(不做电功)，求 ΔS(环)及 ΔS(隔)。

解 (1)求 ΔS 时，设计为可逆电池反应：

$$\Delta S=\frac{Q_r}{T}=\frac{4000}{300}=13.33(\mathrm{J\cdot K^{-1}})$$

$$(2)\ \Delta S(\text{隔})=\Delta S(\text{环})+\Delta S=-\frac{-50000}{T(\text{环})}+\Delta S=\frac{50000}{300}+13.33$$

$$=180.00(\mathrm{J\cdot K^{-1}})$$

3.5 6 mol 理想气体($C_{p,m}=29.10\ \mathrm{J\cdot K^{-1}\cdot mol^{-1}}$)，由始态 500 K，200 kPa恒容加热到 700 K。试计算过程的 $Q,W,\Delta U,\Delta H$ 及 ΔS。

解 6 mol 理想气体 $T_1=500$ K，$p_1=200$ kPa，$T_2=700$ K，

因为是恒容过程：$W=0$

$$Q_V=\int_{500}^{700} nC_{V,\mathrm{m}}\mathrm{d}T=n(C_{p,\mathrm{m}}-R)\times(700-500)$$

$$=6\times(29.10-8.314)\times200=24.94(\mathrm{kJ})$$

$$\Delta U=Q_V=24.94\ \mathrm{kJ}$$

$$\Delta H=\int_{500}^{700} nC_{p,\mathrm{m}}\mathrm{d}T=6\times29.10\times200=34.92(\mathrm{kJ})$$

$$\Delta S=nC_{V,\mathrm{m}}\ln\frac{T_2}{T_1}=6\times(29.10-8.314)\times\ln\frac{700}{500}$$

$$=41.96(\mathrm{J\cdot K^{-1}})$$

3.6 试求 3 mol H_2(g)从 200 kPa,400 K 的始态,恒压加热至 800 K 时,过程的 W,ΔU 及ΔS 各为若干?($C_{p,\mathrm{m}(T)}=26.88+4.347\times10^{-3}(T/\mathrm{K})-0.3265\times10^{-6}(T/\mathrm{K})^2$)

解 $W=-p\,\Delta V=-nR\,(T_2-T_1)=-3\times8.314\times(800-400)\times10^{-3}$

$$=-9.977\ (\mathrm{kJ})$$

$$\Delta U=\int_{T_1}^{T_2} nC_{V,\mathrm{m}}\mathrm{d}T=\int_{T_1}^{T_2} n(C_{p,\mathrm{m}}-R)\mathrm{d}T=3[(26.88-8.314)$$

$$\times(800-400)+4.347\times10^{-3}\times(800^2-400^2)/2-0.3265\times10^{-6}$$

$$\times(800^3-400^3)/3]=25.26(\mathrm{J})$$

$$\Delta S=\int_{T_1}^{T_2}(nC_{p,\mathrm{m}}/T)\mathrm{d}T$$

$$=3[26.88\ln\frac{800}{400}+4.347\times10^{-3}(800-400)-0.3265\times10^{-6}\times(800^2-400^2)/2]$$

$$=60.88(\mathrm{J\cdot K^{-1}})$$

3.7 2 mol O_2 由 101325 Pa,450 K 恒压升温至 1200 K,求过程 Q,W,ΔU,ΔH,ΔS。已知 $C_{p,\mathrm{m}}(O_2)=[29.96+4.18\times10^{-3}(T/\mathrm{K})]\mathrm{J\cdot mol^{-1}\cdot K^{-1}}$

解 $\Delta H=\int_{T_1}^{T_2} nC_{p,\mathrm{m}}\mathrm{d}T$

$$=[2\times\int_{T_1}^{T_2}(29.96+4.18\times10^{-3}T/\mathrm{K})\mathrm{d}T]\ \mathrm{J}$$

$$=2\times[29.96\times(1200-450)+0.5\times4.18\times10^{-3}\times(1200^2-450^2)]\times10^{-3}$$

$$=50.11\ (\mathrm{kJ})$$

$$W=-p\Delta V=-nR\Delta T$$

$$=-2\times8.314\times(1200-450)\times10^{-3}$$

$$=-12.47\ (\mathrm{kJ})$$

$$Q_p=\Delta H=50.11\ \mathrm{kJ}$$

$$\Delta U=Q+W=(50.11-12.47)\mathrm{kJ}=37.64\ \mathrm{kJ}$$

$$\Delta S=\int_{T_1}^{T_2} nC_{p,\mathrm{m}}\mathrm{d}T/T=2\left[29.96\times\ln\left(\frac{1200}{450}\right)+4.18\times10^{-3}\times(1200-450)\right]$$
$$=65.04(\mathrm{J\cdot K^{-1}})$$

3.8　48 g 氧在 30 ℃时，从 200 kPa 恒温可逆压缩至 700 kPa，计算 $Q,W,\Delta U,\Delta H,\Delta S$。假定变化过程只做体积功。

解　该条件下的氧气可看作是理想气体。

因是理想气体恒温可逆过程，故

$$W=-nRT\ln\frac{p_1}{p_2}=-1.5\times8.314\times303.15\times\ln\frac{200}{700}$$
$$=4.74(\mathrm{kJ})$$

因一定量理想气体的内能及焓只是温度的函数，且过程为恒温。

所以　　$\Delta U=0$　　$\Delta H=0$

由热力学第一定律　　$Q=\Delta U-W=-4.74\ \mathrm{kJ}$

理想气体等温可逆过程熵变为

$$\Delta S=nR\ln\frac{p_1}{p_2}=1.5\times8.314\times\ln\frac{200}{700}$$
$$=-15.62(\mathrm{J\cdot K^{-1}})$$

3.9　在 100 kPa 的压力下，将 20 kg，310 K 的水与 30 kg，355 K 的水在绝热容器中混合。求此混合过程的焓变ΔH 及熵变ΔS 各为若干？已知水的质量恒压热容 $C_p=4.184\ \mathrm{J\cdot K^{-1}\cdot g^{-1}}$

解　因题给过程 $Q=0$，$\mathrm{d}p=0$，$W=0$，所以

$\Delta H=0$

$\Delta H=m_1C_p(T-T_1)+m_2C_p(T-T_2)=0$

平衡温度：$T=(m_1T_1+m_2T_2)/(m_1+m_2)$

$=(20\times310+30\times355)/50=337(\mathrm{K})$

$\Delta S=C_p[m_1\ln(T/T_1)+m_2\ln(T/T_2)]$

$=4.184\times[(20\times10^3)\times\ln(337/310)+(30\times10^3)\times\ln(337/355)]$

$=456.8(\mathrm{J\cdot K^{-1}})$

3.10　8 mol 某理想气体，其 $C_{V,\mathrm{m}}=2.5R$，由始态 531.43 K，600 kPa，先恒容加热到 708.57 K，再绝热可逆膨胀至 500 kPa 的终态。求终态的温度，整个过程的ΔU 及ΔS 各为若干？

解　$n=8\ \mathrm{mol}$

$$\begin{cases}T_1=531.3\ \mathrm{K}\xrightarrow[(1)]{\mathrm{d}V=0}T_2=708.57\ \mathrm{K}\xrightarrow[(2)]{\text{绝热可逆}}p_3=500\ \mathrm{kPa}\\ p_1=600\ \mathrm{kPa}\end{cases}$$

$p_2 = p_1\ T_2/T_1 = 600 \times 708.57/531.43 = 800.0(\mathrm{kPa})$

$T_3 = T_2\ (p_3/p_2)^{R/C_{p,\mathrm{m}}} = 708.57 \times \left(\frac{5}{8}\right)^{1/3.5} = 619.53(\mathrm{K})$

$\Delta U = n\,C_{V,\mathrm{m}}\ (T_3 - T_1) = 8 \times 2.5 \times 8.314 \times (619.53 - 531.43) \times 10^{-3} = 14.65(\mathrm{kJ})$

$\Delta S_2 = 0$

$\Delta S = \Delta S_1 = n\,C_{V,\mathrm{m}} \ln\ (T_2/T_1) = 8 \times 2.5 \times 8.314 \times \ln(708.57/531.43)$

$= 47.84(\mathrm{J \cdot K^{-1}})$

3.11 6 mol 理想气体($C_{p,\mathrm{m}} = 29.10\ \mathrm{J \cdot K^{-1} \cdot mol^{-1}}$),由始态 500 K,200 kPa恒压冷却到 300 K,试计算过程的 $Q, W, \Delta U, \Delta H$ 及ΔS。

解　$T_1 = 500\ \mathrm{K}, T_2 = 300\ \mathrm{K}$

$Q_p = \Delta H = \int_{T_1}^{T_2} nC_{p,\mathrm{m}} \mathrm{d}T = -34.92\ \mathrm{kJ}$

$\Delta U = \int_{T_1}^{T_2} nC_{V,\mathrm{m}} \mathrm{d}T = \int_{T_1}^{T_2} n(C_{p,\mathrm{m}} - R) \mathrm{d}T = -24.94\ \mathrm{kJ}$

$W = \Delta U - Q = 9.98\ \mathrm{kJ}$

或 $W = -p\,\Delta V = -nR\,\Delta T = 9.98\ \mathrm{kJ}$

$\Delta S = nC_{p,\mathrm{m}} \ln \frac{T_2}{T_1} = -89.19\ \mathrm{J \cdot K^{-1}}$

3.12 在下列情况下,2 mol 理想气体在 30 ℃恒温膨胀,从 60 $\mathrm{dm^3}$ 膨胀至 120 $\mathrm{dm^3}$,求过程的 $Q, W, \Delta U, \Delta H$ 及ΔS。

(1)可逆膨胀;

(2)膨胀过程所做的功等于最大功的 50%;

(3)向真空膨胀。

解　(1)理想气体恒温可逆

$\Delta U = 0, \Delta H = 0$

$Q_\mathrm{r} = -W = nRT \ln \frac{V_2}{V_1} = 3494.00\ \mathrm{J}$

$\Delta S = \frac{Q_\mathrm{r}}{T} = 11.53\ \mathrm{J \cdot K^{-1}}$

(2)$Q = -W = 50\%\ W_\mathrm{r} = 1747\ \mathrm{J}$

$\Delta S = 11.53\ \mathrm{J \cdot K^{-1}}, \Delta U = 0, \Delta H = 0$

(3)$Q = 0, W = 0, \Delta U = 0, \Delta H = 0$

$\Delta S = 11.53\ \mathrm{J \cdot K^{-1}}$

3.13 6 mol 某理想气体,其 $C_{V,\mathrm{m}} = 2.5\ R$,由 300 K,500 kPa 的始态,经绝热可逆压缩至 500 K,然后再恒容降温到 250 K 的终态,求整个过程的 Q, W,

ΔH 及ΔS 各为若干？

解　$n=6$ mol

$$\left\{\begin{array}{l}T_1=300\ \text{K}\\ p_1=500\ \text{kPa}\end{array}\right.\xrightarrow{\text{绝热可逆压缩}}T_2=500\ \text{K}\xrightarrow{\text{等容降温}}T_3=250\ \text{K}$$

$Q=\Delta U_2=nC_{V,\text{m}}(T_3-T_2)=6\times2.5\times8.314\times(250-500)$

$\quad=-31177.5(\text{J})$

$W=\Delta U_1=nC_{V,\text{m}}(T_2-T_1)=6\times2.5\times8.314\times(500-300)$

$\quad=24942(\text{J})$

$\Delta H=nC_{p,\text{m}}(T_3-T_1)=6\times3.5\times8.314\times(250-300)$

$\quad=-8729.7(\text{J})$

$\Delta S=\Delta S_2=nC_{V,\text{m}}\ln(T_3/T_2)=6\times2.5\times8.314\times\ln(250/500)$

$\quad=-86.44(\text{J}\cdot\text{K}^{-1})$

3.14　在 50 ℃时 1 mol 理想气体从 1 MPa，恒温膨胀到 120 kPa 计算此过程的ΔU，ΔH，ΔS，ΔA 与ΔG。

解　因$\Delta T=0$，故$\Delta U=0$，$\Delta H=0$

$$\Delta S=R\ln\frac{p_1}{p_2}=8.314\times\ln1000/120)=17.62(\text{J}\cdot\text{K}^{-1})$$

$$\Delta A=-\int_{V_1}^{V_2}p\text{d}V=-RT\ln\frac{p_1}{p_2}=(-8.314\times323.15\times\ln1000/120)\times10^{-3}$$

$$=-5.696(\text{kJ})$$

$\Delta G=\Delta A=-5.696$ kJ

3.15　在 25 ℃时 1 mol O_2 从 800 kPa 自由膨胀到 150 kPa，求此过程的ΔU，ΔH，ΔS，ΔA，ΔG（设 O_2 为理想气体）。

解　$\Delta U=0$，$\Delta H=0$

$$\Delta S=nR\ln\frac{p_1}{p_2}=1\times8.314\times\ln\frac{800}{150}=13.92(\text{J}\cdot\text{K}^{-1})$$

$\Delta A=\Delta G=-T\Delta S=-298.15\times13.92=-4150.25(\text{J})$

3.16　3 mol 理想气体在 400 K 下，恒温可逆膨胀体积增加一倍，计算该过程的 W，Q，ΔU，ΔH，ΔG，ΔA 及ΔS。

解　$\Delta U=0$，$\Delta H=0$

$W=-nRT\ln(V_2/V_1)=-3\times8.314\times400\times\ln2=-6.915(\text{kJ})$

$Q=-W=6.915$ kJ

$\Delta G=\Delta A=W=-6.915$ kJ

$\Delta S=Q_\text{r}/T=6.915\times1000/400=17.29(\text{J}\cdot\text{K}^{-1})$

3.17 4 mol 某理想气体，其 $C_{V,m}=2.5\ R$，由 600 K，100 kPa 的始态，经绝热、反抗压力恒定为 600 kPa 的环境压力膨胀至平衡态之后，再恒压加热到 600 K的终态。试求整个过程的$\Delta S,\Delta U,\Delta H,\Delta A$ 及ΔG 各为若干？

解 因 $T_3=T_1=600$ K，故

$\Delta S=nR\ln(p_1/p_2)=4\times 8.314\times\ln(100/600)$

$=-59.59(\mathrm{J\cdot K^{-1}})$

$\Delta U=0\qquad \Delta H=0$

$\Delta A=-T\Delta S=35.75$ kJ

$\Delta G=-T\Delta S=35.75$ kJ

3.18 在 300 K 恒温下，一瓶 0.3 mol，20 kPa 的氧气和另一瓶 0.7 mol，80 kPa 的氮气相混合，混合后气体充满两个瓶内，设氧气与氮气都是理想气体。求：

(1)混合均匀后，瓶内气体的压力；

(2)混合过程中的 $Q,W,\Delta U,\Delta H,\Delta S,\Delta A,\Delta G$。

解 (1)$V(O_2)=\dfrac{n(O_2)\cdot RT}{p(O_2)}=37.41\ \mathrm{dm^3}$

$$V(N_2)=\frac{n(N_2)\cdot RT}{p(N_2)}=21.82\ \mathrm{dm^3}$$

$$V(总)=V(O_2)+V(N_2)=59.23\ \mathrm{dm^3}$$

$$p(混)=\frac{n(总)\cdot RT}{V(总)}=42.11\ \mathrm{kPa}$$

(2)把两个瓶子当成一个系统，则 $W=0$，又等温，所以

$\Delta H=0,\ \Delta U=0,Q=0$

$$\Delta S=n(O_2)\cdot R\ln\frac{V(总)}{V(O_2)}+n(N_2)\cdot R\ln\frac{V(总)}{V(N_2)}=6.96\ \mathrm{J\cdot K^{-1}}$$

$\Delta G=\Delta H-T\Delta S=0-300\times 6.96=-2088$ (J)

$\Delta A=\Delta G=-2088$ J

3.19 有一绝热容器用绝热的隔板分为体积相等的两个部分。其中分别放有 2 mol H_2和 2 mol O_2，H_2温度为 25 ℃，O_2温度为 15 ℃。试计算抽去隔板后的熵变。已知两种气体的 $C_{p,m}$为 28 $\mathrm{J\cdot K^{-1}\cdot mol^{-1}}$。

解 设混合后的温度为 t：因 $Q=0,W=0$，故

$\Delta U=\Delta U(O_2)+\Delta U(H_2)=0$

$n(O_2)C_{V,m}(t-15\ ℃)+n(H_2)C_{V,m}(t-25\ ℃)=0$，解得 $t=20$ ℃

设总体积为 $2V$

$$\Delta S(O_2)=n(C_{p,m}-R)\ln\frac{293.15}{288.15}+nR\ln\frac{2V}{V}=0.6770+11.53$$

$=12.20(\mathrm{J\cdot K^{-1}})$

$\Delta S(H_2)=n(C_{p,\mathrm{m}}-R)\ln\dfrac{293.15}{298.15}+nR\ln\dfrac{2V}{V}=-0.6659+11.53$

$=10.86(\mathrm{J\cdot K^{-1}})$

ΔS（总）$=\Delta S(O_2)+\Delta S(H_2)=23.06\ \mathrm{J\cdot K^{-1}}$

3.20 在 350 K，100 kPa 压力下，3 mol A 和 2 mol B 的理想气体恒温、恒压混合后，再恒容加热到 700 K。求整个过程的ΔS为若干？已知 $C_{V,\mathrm{m,A}}=1.5\ R$，$C_{V,\mathrm{m,B}}=2.5\ R$

解

$$\left\{\begin{array}{l}\text{纯态}\\ 3\ \text{mol A(g)}\\ 2\ \text{mol B(g)}\end{array}\right.\xrightarrow[(1)]{350\ \text{K},100\ \text{kPa}}\left\{\begin{array}{l}\text{混合态}\\ 3\ \text{mol A}+2\ \text{mol B}\\ p_2=100\ \text{kPa}\\ T_1=350\ \text{K}\end{array}\right.\xrightarrow[(2)]{\text{恒容}}\left\{\begin{array}{l}\text{混合态}\\ 2\ \text{mol A}+2\ \text{mol B}\\ T_2=700\ \text{K}\end{array}\right.$$

$\Delta S=\Delta S_1+\Delta S_2$，

$\Delta S_1=5R\ln\dfrac{p_1}{p_2}=5R\ln\dfrac{p_1}{0.5p_1}=5R\ \ln 2=28.81\ \mathrm{J\cdot K^{-1}}$

$\Delta S_2=(3\times1.5R+2\times2.5R)\ln(T_2/T_1)=54.75\ \mathrm{J\cdot K^{-1}}$

所以　$\Delta S=83.56\ \mathrm{J\cdot K^{-1}}$

3.21 1 mol 理想气体从同一始态 25 ℃，517.5 kPa 分别经历下列过程到达相同的终态 25 ℃，105.3 kPa。此两途径为(1)绝热可逆膨胀后恒压加热到终态；(2)恒压加热，然后经恒容降温到达终态。分别求出此两过程的 Q，W，ΔU，ΔH，ΔS 和ΔG。已知气体的 $C_{V,\mathrm{m}}=\dfrac{3}{2}R$。

解　(1)绝热可逆过程终态温度。因 $\gamma=\dfrac{5}{3}$

$T'=T_1\left(\dfrac{p_1}{p_2}\right)^{\frac{1-\gamma}{\gamma}}=298.15\times\left(\dfrac{517.5}{105.3}\right)^{-\frac{2}{5}}$

$T'=157.7(\mathrm{K})$

$V'=\dfrac{8.314\times157.7}{105.3}=12.45(\mathrm{dm^3})$

$V_{终}=\dfrac{8.314\times298.15}{105.3}=23.54(\mathrm{dm^3})$

$W_1=W'_1+W''_1=\Delta U'_1-p\,\Delta V$

$=\left[\dfrac{3}{2}\times8.314\times(157.7-298.15)+(-105.3)\times(23.54-12.45)\right]$

$=-2919.33(\text{J})$

$\Delta U_1=0, Q_1=\Delta U_1-W_1=-W_1=2919.33\ \text{J}$

$$(2)V_1=\frac{8.314\times 298.15}{517.5}=4.79\ (\text{dm}^3)$$

$$W_2=W'_2+W''_2=W'_2=-p_{外}[V_{终}-V_1]$$

$$=-517.5\times(23.54-4.79)=-9703(\text{J})$$

$\Delta U_2=0, Q_2=-W_2=9703\ \text{J}$

途径(1),(2)的始终态相同,故$\Delta U_1=\Delta U_2=0, \Delta H_1=\Delta H_2=0$

$$\Delta S_1=\Delta S_2=nR\ln\frac{p_1}{p_2}=8.314\times\ln\frac{517.5}{105.3}=13.24(\text{J}\cdot\text{K}^{-1})$$

$$\Delta G_1=\Delta G_2=-T\Delta S=-298.15\times 13.24=-3948(\text{J})$$

3.22 9 mol 某理想气体($C_{p,\text{m}}=29.10\ \text{J}\cdot\text{K}^{-1}\cdot\text{mol}^{-1}$),由始态(450 K,250 kPa)分别经下列不同过程变到该过程所指定的终态。试分别计算各过程的 $Q, W, \Delta U, \Delta H$ 及ΔS。

(1)对抗恒外压 100 kPa,绝热膨胀到 100 kPa;

(2)绝热可逆膨胀到 100 kPa。

解 (1)$(9\ \text{mol}, T_1=450\ \text{K}, p_1=250\ \text{kPa})\xrightarrow{\text{绝热、恒外压}}(9\ \text{mol}, T_2, p_2=100\ \text{kPa})$

$Q=0$

$\Delta U=W$

$$nC_{V,\text{m}}(T_2-T_1)=-p_2\left(\frac{nRT_2}{p_2}-\frac{nRT_1}{p_1}\right)$$

$$T_2=\frac{R\dfrac{p_2T_1}{p_1}+C_{V,\text{m}}T_1}{C_{V,\text{m}}+R}=372.9\ (\text{K})$$

$$\Delta U=W=nC_{V,\text{m}}(T_2-T_1)=9\times(29.10-8.314)\times(372.9-450)$$

$$=-14.42(\text{kJ})$$

$$\Delta H=nC_{p,\text{m}}(T_2-T_1)=-20.19\ \text{kJ}$$

$$\Delta S=nC_{p,\text{m}}\ln\frac{T_2}{T_1}+nR\ln\frac{p_1}{p_2}=19.34\ \text{J}\cdot\text{K}^{-1}$$

(2)$Q=0$

$$T_2=T_1\left(\frac{p_1}{p_2}\right)^{\frac{1-\gamma}{\gamma}}$$

$$\gamma=\frac{29.10}{29.10-8.314}=1.40$$

$T_2=450\times\left(\frac{250}{100}\right)^{\frac{1-1.40}{1.40}}=346.4\ (\mathrm{K})$

$\Delta U=W=nC_{V,\mathrm{m}}(T_2-T_1)=-19.38\ \mathrm{kJ}$

$\Delta H=nC_{p,\mathrm{m}}(T_2-T_1)=-27.13\ \mathrm{kJ}$

因为绝热可逆,所以

$\Delta S=0$

3.23　15 mol 某理想气体,由 300 K,1 MPa 的始态,依次进行下列过程:(1)恒容加热至 600 K;(2)再恒压降温至 500 K;(3)最后绝热可逆膨胀到 400 K。已知该气体的热容比 $\gamma=\frac{C_{p,\mathrm{m}}}{C_{V,\mathrm{m}}}=1.4$。求整个过程的 W,ΔU 及ΔS 各为若干?

解　$n=15$ mol,理想气体

$$\left\{\begin{array}{l}T_1=300\ \mathrm{K}\\p_1=1\ \mathrm{MPa}\end{array}\right.\xrightarrow[(1)]{\mathrm{d}V=0}\left\{\begin{array}{l}T_2=600\ \mathrm{K}\\p_2=2\ \mathrm{MPa}\\V_2=V_1\end{array}\right.\xrightarrow[(2)]{\mathrm{d}p=0}\left\{\begin{array}{l}T_3=500\ \mathrm{K}\\p_3=p_2\end{array}\right.\xrightarrow[(3)]{\text{绝热可逆}}\left\{\begin{array}{l}T_4=400\ \mathrm{K}\\p_4\end{array}\right.$$

$C_{V,\mathrm{m}}=R/(\gamma-1)=2.5\ R$

$\Delta U=nC_{\mathrm{V,m}}(T_4-T_1)=31.18\ \mathrm{kJ}$

$W=W_2+W_3=-nR(T_3-T_2)+2.5nR(T_4-T_3)$

$\quad=[15\times8.314\times(100-2.5\times100)]\times10^{-3}=-18.71(\mathrm{kJ})$

[因 $T_4/T_3=(p_4/p_3)^{1/3.5}$,故 $p_4=p_3(T_4/T_3)^{3.5}=0.9159\ \mathrm{MPa}$]

说明:p_4可以不必求出。

$\Delta S=nC_{p,\mathrm{m}}\ln\frac{T_3}{T_2}+nC_{V,\mathrm{m}}\ln\frac{T_2}{T_1}=[216.11+(-79.58)]$

$\quad=136.53(\mathrm{J\cdot K^{-1}})$

3.24　有系统如下:

A	B
$n_\mathrm{A}=605.5$ mol	$n_\mathrm{B}=456.5$ mol
$T_\mathrm{A}=300$ K	$T_\mathrm{B}=400$ K
$V_1=10\ \mathrm{m^3}$	$V_2=5.0\ \mathrm{m^3}$

A 和 B 皆为理想气体,$C_{V,\mathrm{m,A}}=1.5$ R,$C_{V,\mathrm{m,B}}=2.5$ R,容器及隔板绝热良好,且 A 和 B 无化学反应。试求抽去隔板 A 和 B 混合气体达到平衡时,过程的ΔU,ΔH 及ΔS 各为若干?

解　因 $Q=0$,$\mathrm{d}V=0$,且 $W'=0$,故

$\Delta U=\Delta U_\mathrm{A}+\Delta U_\mathrm{B}=0$

即　$n_A C_{V,m,A}(T-T_A)+n_B C_{V,m,B}(T-T_B)=0$

终态温度

$$T=\frac{1.5n_A T_A+2.5n_B T_B}{1.5n_A+2.5n_B}=355.68\ \text{K}$$

$$\Delta H=\Delta H_A+\Delta H_B=n_A C_{p,m,A}(T-T_A)+n_B C_{p,m,B}(T-T_B)=112.1\ \text{kJ}$$

$$V=V_1+V_2=15\ \text{m}^3$$

$$\Delta S=\Delta S_A+\Delta S_B=n_A C_{V,m,A}\ln\frac{T}{T_A}+n_A R\ln\frac{V}{V_1}+n_B R\ln\frac{V}{V_2}+n_B C_{V,m,B}\ln\frac{T}{T_B}$$

$$=6382.11\ \text{J}\cdot\text{K}^{-1}$$

3.25　今有 3 mol 的水(H_2O,l)在 100 ℃及其饱和蒸气压 101.325 kPa 下全部蒸发成水蒸气(H_2O,g)。已知在此条件下 H_2O (l)的摩尔蒸发焓$\Delta_{vap}H_m=$ 40.668 kJ・mol^{-1},求过程的 $Q,W,\Delta U,\Delta H,\Delta S,\Delta A$ 及ΔG。(液态水的体积相对气态的体积可以忽略)

解　$Q=\Delta H=n\ \Delta_{vap}H_m=3\times40.668=122.0\ (\text{kJ})$

$W=-p\ \Delta V=-nRT=(-3\times8.3145\times373.15)\times10^{-3}=-9.307\ (\text{kJ})$

$\Delta U=Q+W=122.0-9.307=112.70\ (\text{kJ})$

$$\Delta S=\frac{\Delta H}{T}=\frac{122.0\times10^3}{373.15}=326.94\ (\text{J}\cdot\text{K}^{-1})$$

$\Delta A=\Delta U-T\Delta S=-9.30\ (\text{kJ})$

$\Delta G=\Delta H-T\Delta S=0$

3.26　5 mol 甲苯在其沸点 383.2 K 时蒸发为气体,求该过程的 $Q,W,\Delta H,\Delta U,\Delta S,\Delta G,\Delta A$。已知该温度下,甲苯的汽化焓为 362 J・g^{-1},甲苯的摩尔质量 $M=92.16$ g・mol^{-1}。

解　$M=92.16\ \text{g}\cdot\text{mol}^{-1}$

$Q=362\times92.16\times5\times10^{-3}=166.81\ (\text{kJ})$

$\Delta H=Q_p=166.81\ \text{kJ}$

$$W=-p(V_g-V_l)\approx-pV_g=-nRT=-5\times8.314\times383.2\times10^{-3}$$
$$=-15.93(\text{kJ})$$

$\Delta U=Q+W=166.81-15.93=150.88(\text{kJ})$

$$\Delta S=\frac{Q_r}{T}=\frac{166.81\times10^3}{383.2}=435.31(\text{J}\cdot\text{K}^{-1})$$

$\Delta A=\Delta U-T\Delta S=-15.93\ \text{kJ}$

$\Delta G=0$

3.27　铋的正常熔点为 271.2 ℃,在该温度下固态铋与液态铋的密度分别为 9.673 和 10.004 $g \cdot cm^{-3}$，若在熔点时铋的熔融焓为 53.3 $J \cdot g^{-1}$，试求 3 mol液态铋在其熔点凝固成为固态铋时，各热力学函数的改变值ΔU，ΔH，ΔS，ΔA，ΔG 以及 W，Q。已知铋的摩尔质量 $M=209.0\ g \cdot mol^{-1}$。

解　在正常熔点熔化或凝固为可逆相变。

$$\Delta H=Q_p=-3\times 53.3\times M_{Bi}=-3\times 53.3\times 209.0\times 10^{-3}$$
$$=-33.42(kJ \cdot mol^{-1})$$

$$W=-p_{外}(V_s-V_l)=-101.325\times 10^3\times 3\times\left(\frac{209.0}{9.673}-\frac{209.0}{10.004}\right)\times 10^{-6}$$
$$=-0.217(J)$$

$$\Delta U=Q+W=-33.42\ kJ \cdot mol^{-1}$$

$$\Delta S=\frac{\Delta H}{T}=\frac{-33.42\times 10^3}{544.35}=-61.39(J \cdot K^{-1} \cdot mol^{-1})$$

$\Delta A=W=-0.217$ J，$\Delta G=0$。

3.28　反应 $CO_2(g)+2NH_3(g)\longrightarrow(NH_2)_2CO(s)+H_2O(l)$，已知：

物质	$CO_2(g)$	$NH_3(g)$	$(NH_2)_2CO(s)$	$H_2O(l)$
$\frac{\Delta_f H_m^{\ominus}(B,298\ K)}{kJ \cdot mol^{-1}}$	−393.51	−46.19	−333.17	−285.85
$\frac{S_m^{\ominus}(B,298\ K)}{J \cdot K^{-1} \cdot mol^{-1}}$	213.64	192.51	104.60	69.96

问在 25 ℃，标准状态下反应能否自发进行？

解　$\Delta_r G_m(298\ K)=\Delta_r H_m(298\ K)-298.15\times\Delta_r S_m(298\ K)$

则　$\Delta_r G_m(298\ K)=[(-333.17-285.85)+(393.51+2\times 46.19)]$
$$-298.15\times[(104.60+69.96)-(213.64+2\times 192.51)]\times 10^{-3}$$
$$=-133.13-298.15\times(-0.4241)=-6.68\ (kJ \cdot mol^{-1})$$

在标准状态，用 $\Delta_r G_m\leqslant 0$ 作判据。故在标准状态下，25 ℃反应能自发进行。

3.29　已知下列热力学数据：

	金刚石	石墨
$\Delta_c H_m^{\ominus}(B,298.15)/kJ \cdot mol^{-1}$	−395.3	−393.4
$S_m^{\ominus}(B,298.15\ K)/J \cdot K^{-1} \cdot mol^{-1}$	2.43	5.69
体积质量(密度)$\rho/kg \cdot dm^{-3}$	3.513	2.260

求：(1)298.15 K，由石墨转化为金刚石的$\Delta_r G_m^{\ominus}(298.15\ K)$；

(2)298.15 K 时，由石墨转化为金刚石的最小压力。($p^{\ominus}=100$ kPa)

解　由石墨转化为金刚石的反应为：

C(石墨)═C(金刚石)

(1)$\Delta_r G_m^\ominus(298\ K)=\Delta_r H_m^\ominus(298\ K)-298.15\times\Delta_r S_m^\ominus(298\ K)=2.87\ kJ\cdot mol^{-1}$

(2)由热力学函数基本关系式，对于等温、不涉及非体积功的可逆化学变化，有：

$d[\Delta_r G(T)]=\Delta V dp$

设ΔV为常数，积分：则

$\Delta_r G_m(298\ K)-\Delta_r G_m^\ominus(298\ K)=\Delta V(p-p^\ominus)$

若想使石墨自发的变为金刚石，必须$\Delta_r G_m(298\ K)\leqslant 0$，即

$\Delta_r G_m^\ominus(298\ K)+\Delta V(p-p^\ominus)\leqslant 0$

则　$(p-p^\ominus)\geqslant \Delta_r G_m^\ominus(298\ K)/(-\Delta V)$

故　$p\geqslant p^\ominus+\Delta_r G_m^\ominus(298\ K)/(-\Delta V)$

即　$p\geqslant 100+\left(28700/-\left(\frac{12\times10^{-3}}{\rho_{金刚石}}-\frac{12\times10^{-3}}{\rho_{石墨}}\right)\right)$

则　$p\geqslant 1.52\times10^9\ Pa$

故在 298 K 时，石墨转化为金刚石的最小压力为 1.52×10^9 Pa。

3.30　乙醇气相脱水可制备乙烯，其反应为：

$C_2H_5OH(g) = C_2H_4(g)+H_2O(g)$

各物质 298.15 K 时的$\Delta_f H_m^\ominus$及$S_m^\ominus$如下：

物　　质	$C_2H_5OH(g)$	$C_2H_4(g)$	$H_2O(g)$
$\Delta_f H_m^\ominus/kJ\cdot mol^{-1}$	−235.08	52.23	−241.60
$S_m^\ominus/J\cdot K^{-1}\cdot mol^{-1}$	281.73	219.24	188.56

计算 25 ℃下反应的$\Delta_r G_m^\ominus$。

解　$\Delta_r H_m^\ominus(298.15\ K)=-241.60+52.23-(-235.08)$

$=45.71\ (kJ\cdot mol^{-1})$

$\Delta_r S_m^\ominus(298.15\ K)=188.56+219.24-281.73=126.07\ (J\cdot K^{-1}\cdot mol^{-1})$

$\Delta_r G_m^\ominus(298.15\ K)=45710-298.15\times126.07=8122.23\ (J\cdot mol^{-1})$

$=8.122\ kJ\cdot mol^{-1}$

3.31　求证：(1)$\left(\frac{\partial H}{\partial p}\right)_T=V-T\left(\frac{\partial V}{\partial T}\right)_p$

(2)理想气体$\left(\frac{\partial H}{\partial p}\right)_T=0$

证明　由热力学基本方程式：

$dH=TdS+Vdp$　得

$$\left(\frac{\partial H}{\partial p}\right)_T=T\left(\frac{\partial S}{\partial p}\right)_T+V$$

将麦克斯韦关系式$\left(\frac{\partial S}{\partial p}\right)_T=-\left(\frac{\partial V}{\partial T}\right)_p$代入上式，得

$\left(\frac{\partial H}{\partial p}\right)_T=-T\left(\frac{\partial V}{\partial T}\right)_p+V$

由理想气体状态方程$V=\frac{nRT}{p}$得

$\left(\frac{\partial V}{\partial T}\right)_p=\frac{nR}{p}=\frac{V}{T}$

故理想气体$\left(\frac{\partial H}{\partial p}\right)_T=-T\times\frac{V}{T}+V=0$

3.32　证明：$\left(\frac{\partial U}{\partial p}\right)_T=-T\left(\frac{\partial V}{\partial T}\right)_p-p\left(\frac{\partial V}{\partial p}\right)_T$

证明　将热力学基本方程

$$dU=TdS-pdV$$

等温下两边同除 dp 得

$\left(\frac{\partial U}{\partial p}\right)_T=T\left(\frac{\partial S}{\partial p}\right)_T-p\left(\frac{\partial V}{\partial p}\right)_T$

将麦克斯韦关系式$\left(\frac{\partial S}{\partial p}\right)_T=-\left(\frac{\partial V}{\partial T}\right)_p$代入上式，得

$\left(\frac{\partial U}{\partial p}\right)_T=-T\left(\frac{\partial V}{\partial T}\right)_p-p\left(\frac{\partial V}{\partial p}\right)_T$

3.33　证明$\left(\frac{\partial H}{\partial V}\right)_T=T\left(\frac{\partial p}{\partial T}\right)_V+V\left(\frac{\partial p}{\partial V}\right)_T$

证明　由热力学基本方程 $dH=TdS+Vdp$ 得

$$\left(\frac{\partial H}{\partial V}\right)_T=T\left(\frac{\partial S}{\partial V}\right)_T+V\left(\frac{\partial p}{\partial V}\right)_T$$

将麦克斯韦关系式$\left(\frac{\partial S}{\partial V}\right)_T=\left(\frac{\partial p}{\partial T}\right)_V$代入上式，得

$$\left(\frac{\partial H}{\partial V}\right)_T=T\left(\frac{\partial p}{\partial T}\right)_V+V\left(\frac{\partial p}{\partial V}\right)_T$$

3.34　某气体的状态方程为 $pV_m=RT+bp$，式中 b 是只与气体的性质、温度有关的常数。试证明该气体的$\left(\frac{\partial U}{\partial V}\right)_T=\frac{RT^2}{(V_m-b)^2}\left(\frac{\partial b}{\partial T}\right)_V$

证明　由 $dU=TdS-pdV$ 及麦克斯韦关系式$\left(\frac{\partial S}{\partial V}\right)_T=\left(\frac{\partial p}{\partial T}\right)_V$可得：

$\left(\frac{\partial U}{\partial V}\right)_T=T\left(\frac{\partial p}{\partial T}\right)_V-p$　　　　(1)

因 $V_m\left(\frac{\partial p}{\partial T}\right)_V=R+b\left(\frac{\partial p}{\partial T}\right)_V+p\left(\frac{\partial b}{\partial T}\right)_V$

所以 $\left(\frac{\partial p}{\partial T}\right)_V=\frac{R+p\left(\frac{\partial b}{\partial T}\right)_V}{V_m-b}$,将此式代入式(1)得

$$\left(\frac{\partial U}{\partial V}\right)_T=\frac{RT+pT\left(\frac{\partial b}{\partial T}\right)_V}{V_m-b}-p=\frac{pT}{V_m-b}\cdot\left(\frac{\partial b}{\partial T}\right)_V$$

将 $p=RT/(V_m-b)$ 代入上式即可证明

$$\left(\frac{\partial U}{\partial V}\right)_T=\frac{RT^2}{(V_m-b)^2}\left(\frac{\partial b}{\partial T}\right)_V$$

3.35 证明 $\left(\frac{\partial C_p}{\partial p}\right)_T=-T\left(\frac{\partial^2 V}{\partial T^2}\right)_p$

证明 因 $C_p=\left(\frac{\partial H}{\partial T}\right)_p$

故 $$\left(\frac{\partial C_p}{\partial p}\right)_T=\left[\frac{\partial}{\partial p}\left(\frac{\partial H}{\partial T}\right)_p\right]_T=\left[\frac{\partial}{\partial T}\left(\frac{\partial H}{\partial p}\right)_T\right]_p$$

将热力学状态方程 $\left(\frac{\partial H}{\partial p}\right)_T=-T\left(\frac{\partial V}{\partial T}\right)_p+V$ 代入上式得

$$\left(\frac{\partial C_p}{\partial p}\right)_T=\left\{\frac{\partial}{\partial T}\left[-T\left(\frac{\partial V}{\partial T}\right)_p+V\right]_T\right\}_p=-T\left(\frac{\partial^2 V}{\partial T^2}\right)_p-\left(\frac{\partial V}{\partial T}\right)_p+\left(\frac{\partial V}{\partial T}\right)_p$$
$$=-T\left(\frac{\partial^2 V}{\partial T^2}\right)_p$$

对于理想气体,$V=\frac{nRT}{p}$,有 $\left(\frac{\partial V}{\partial T}\right)_p=\frac{nR}{p}$

则 $$\left(\frac{\partial^2 V}{\partial T^2}\right)_p=\left[\frac{\partial}{\partial T}\left(\frac{\partial V}{\partial T}\right)_p\right]_p=\left[\frac{\partial}{\partial T}\left(\frac{nR}{p}\right)\right]_p=0$$

即 $$\left(\frac{\partial C_p}{\partial p}\right)_T=0$$

表明理想气体 C_p 与 p 无关,只是温度的函数。

3.36 钨丝是制造电灯泡灯丝的材料。已知 2600 K 及 3000 K 时钨(s)的饱和蒸气压分别为 7.213×10^{-5} Pa 及 9.173×10^{-3} Pa。计算:

(1)钨(s)的摩尔升华焓 $\Delta_{sub}H_m$;

(2)3100 K 时钨(s)的饱和蒸气压。

解 (1)由克拉贝龙-克劳修斯方程的定积分式

$$\Delta_{sub}H_m=\frac{R\ln\frac{p_2}{p_1}}{\left(\frac{1}{T_1}-\frac{1}{T_2}\right)}$$

$$=8.314\times\ln\frac{9.173\times10^{-3}}{7.213\times10^{-5}}/\left(\frac{1}{2600}-\frac{1}{3000}\right)$$

$$=785.6(\mathrm{kJ\cdot mol^{-1}})$$

(2)已知升华焓$\Delta_{sub}H_m$及 3000 K 的饱和蒸气压和 3100 K 等数据，再代入克拉贝龙-克劳修斯方程，得

$$\ln\frac{p_3}{p_2}=\frac{\Delta_{sub}H_m}{R}\left(\frac{1}{T_2}-\frac{1}{T_3}\right)$$

$$\ln\frac{p_3}{9.173\times10^{-3}\ \mathrm{Pa}}=\frac{785.6\times10^3}{8.314}\times\left(\frac{1}{3000}-\frac{1}{3100}\right)$$

解得 $p_3(\mathrm{s},3100\ \mathrm{K})=2.534\times10^{-2}(\mathrm{Pa})$

3.37　已知固态苯的蒸气压在 0 ℃时为 3.27 kPa，20 ℃时为 12.30 kPa，液态苯的蒸气压在 20 ℃时为 10.02 kPa，液态苯的摩尔蒸发焓为 34.17 kJ·mol⁻¹。求(1)在 35 ℃时液态苯的蒸气压；(2)苯的摩尔升华焓；(3)苯的摩尔熔化焓。

解　(1)
$$\ln\frac{p(35\ ℃)}{p(20\ ℃)}=\frac{\Delta_{vap}H_m}{R}\frac{(T_2-T_1)}{T_1T_2}$$

$$=\frac{34.17\times10^3\times(308.15-293.15)}{8.314\times293.15\times308.15}$$

$$=0.6825$$

$$\ln\frac{p(35\ ℃)}{10.02\ \mathrm{kPa}}=0.6825,\ p(35\ ℃)=19.83\ \mathrm{kPa}$$

(2)
$$\ln\frac{p_2}{p_1}=\frac{\Delta_{sub}H_m}{R}\frac{(T_2-T_1)}{T_1T_2},$$

$$\Delta_{sub}H_m=\left(\frac{8.314\times273.15\times293.15}{293.15-273.15}\ln\frac{12.30\times10^3}{3.27\times10^3}\right)\times10^{-3}$$

$$=44.10\ (\mathrm{kJ\cdot mol^{-1}})$$

(3)
$$\Delta_{sub}H_m=\Delta_{fus}H_m+\Delta_{vap}H_m$$

$$\Delta_{fus}H_m=\Delta_{sub}H_m-\Delta_{vap}H_m=44.10-34.17=9.93\ (\mathrm{kJ\cdot mol^{-1}})$$

五、测验题

(一)选择题

1. 若以 B 代表任一种物质，ν_B为该物质在某一化学反应式中的化学计量数，则在如下 a，b 两种化学反应通式：

(a) $\sum\nu_B B=0$；　　(b) $0=\sum\nu_B B$。(　　)

(1)a 式正确，b 式错误；　　(2)a 式错误，b 式正确；

(3)两式均正确；　　　　　　　　　　(4)两式均错误。

2. 理想气体从状态Ⅰ等温自由膨胀到状态Ⅱ，可用哪个状态函数的变量来判断过程的自发性。(　　)

(1)ΔG　　(2)ΔU　　(3)ΔS　　(4)ΔH

3. 工作在100 ℃和25 ℃的两大热源间的卡诺热机，其效率(　　)。

(1)20%　　(2)25%　　(3)75%　　(4)100%

4. 将克拉贝龙方程用于H_2O的液$\rightleftharpoons$固两相平衡，因为$V_m(H_2O,s)>V_m(H_2O,l)$，所以随着压力的增大，则$H_2O(l)$的凝固点将：(　　)

(1)上升　　(2)下降　　(3)不变　　(4)不能确定

5. 在一定的温度和压力下，已知反应$A\rightarrow 2B$的标准摩尔焓变为$\Delta_r H^{\ominus}_{m,1(T)}$及反应$2A\rightarrow C$的标准摩尔焓变为$\Delta_r H^{\ominus}_{m,2(T)}$，则反应$C\rightarrow 4B$的$\Delta_r H^{\ominus}_{m,3(T)}$是：(　　)。

(1)$2\Delta_r H^{\ominus}_{m,1(T)}+\Delta_r H^{\ominus}_{m,2(T)}$　　(2)$\Delta_r H^{\ominus}_{m,2(T)}-2\Delta_r H^{\ominus}_{m,1(T)}$

(3)$\Delta_r H^{\ominus}_{m,2(T)}+\Delta_r H^{\ominus}_{m,1(T)}$　　(4)$2\Delta_r H^{\ominus}_{m,1(T)}-\Delta_r H^{\ominus}_{m,2(T)}$

6. 25 ℃时有反应$C_6H_6(l)+7\frac{1}{2}O_2(g)\longrightarrow 3H_2O(l)+6CO_2(g)$，若反应中各气体物质均可视为理想气体，则其反应的标准摩尔焓变$\Delta_r H^{\ominus}_m$与反应的标准摩尔热力学能变$\Delta_r U^{\ominus}_m$之差约为：(　　)。

(1)$-3.7\ kJ\cdot mol^{-1}$　　(2)$1.2\ kJ\cdot mol^{-1}$

(3)$-1.2\ kJ\cdot mol^{-1}$　　(4)$3.7\ kJ\cdot mol^{-1}$

7. 1 mol理想气体从相同的始态(p_1,V_1,T_1)分别经绝热可逆膨胀到达终态(p_2,V_2,T_2)，经绝热不可逆膨胀到达(p_2,V'_2,T'_2)，则T'_2 ____ T_2，V'_2 ____ V_2，S'_2 ____ S_2。(选填>，=，<)

8. 已知298 K时，Ba^{2+}和SO_4^{2-}的标准摩尔生成焓为$-537.65\ kJ\cdot mol^{-1}$和$-907.5\ kJ\cdot mol^{-1}$，反应：$BaCl_2+Na_2SO_4 = BaSO_4(s)+2NaCl$的标准摩尔焓变是$-20.08\ kJ\cdot mol^{-1}$，计算$BaSO_4(s)$的标准摩尔生成焓为(　　)。

(1)$1465.23\ kJ\cdot mol^{-1}$　　(2)$-1465.23\ kJ\cdot mol^{-1}$

(3)$1425.07\ kJ\cdot mol^{-1}$　　(4)$-1425.07\ kJ\cdot mol^{-1}$

9. 任意两相平衡的克拉贝龙方程$dT/dp=T\Delta V_m/\Delta H_m$，式中$\Delta V_m$及$\Delta H_m$的正负号(　　)。

(1)一定是$\Delta V_m>0$，$\Delta H_m>0$

(2)一定是$\Delta V_m<0$，$\Delta H_m<0$

(3)一定是相反，即$\Delta V_m>0$，$\Delta H_m<0$或$\Delta V_m<0$，$\Delta H_m>0$

(4)可以相同也可以不同，即上述情况均可能存在

（二）填空题

1. 公式 $\Delta G=W'$的适用条件是________，________。

2. 理想气体节流膨胀时，$\left[\frac{\partial(pV)}{\partial p}\right]_H$ ________ 0。（选填>，=，<）

3. 按系统与环境之间物质及能量的传递情况，系统可分为________系统、________系统、________系统。

4. 已知$\Delta_f H_m^{\ominus}(FeO,s,298\ K)=-226.5\ kJ\cdot mol^{-1}$；

$\Delta_f H_m^{\ominus}(CO_2,g,298\ K)=-393.51\ kJ\cdot mol^{-1}$；

$\Delta_f H_m^{\ominus}(Fe_2O_3,s,298\ K)=-821.32\ kJ\cdot mol^{-1}$；

$\Delta_f H_m^{\ominus}(CO,g,298\ K)=-110.54\ kJ\cdot mol^{-1}$；

则 $Fe_2O_3(s)+CO(g)$═══$2FeO(s)+CO_2(g)$反应的$\Delta_r H_m^{\ominus}(298\ K)=$________。

5. 某气体的 $C_{p,m}=29.16\ J\cdot K^{-1}\cdot mol^{-1}$，1 mol 该气体在恒压下，温度由 20 ℃变为 10 ℃，则其熵变$\Delta S=$__________。

6. 绝热不可逆膨胀过程系统的ΔS ________ 0，绝热不可逆压缩过程系统的ΔS ________ 0。（选填>，< 或=）

7. 5 mol 某理想气体由 27 ℃，10 kPa 恒温可逆压缩到 100 kPa，则该过程的$\Delta U=$________，$\Delta H=$________，$Q=$________，$\Delta S=$________。

8. 公式$\Delta A=W'$的适用条件是________，________。

9. 1 mol 理想气体在绝热条件下向真空膨胀至体积变为原体积的 10 倍，则此过程的$\Delta S=$________。

10. 一绝热气缸带有一无摩擦无质量的活塞，内装理想气体，气缸内壁绕有电阻为 R 的电阻丝，以电流 I 通电加热，气体慢慢膨胀，这是一个________过程；当通电时间 T 后，$\Delta H=$________。（以 I,R,T 表示）

（三）是非题

1. 绝热过程都是等熵过程。是不是？（　　）

2. 热力学第二定律的开尔文说法是：从一个热源吸热使之完全转化为功是不可能的。是不是？（　　）

3. 在恒温恒压条件下，$\Delta G>0$ 的过程一定不能进行。是不是？（　　）

4. 系统由状态 1 经恒温、恒压过程变化到状态 2，非体积功 $W'<0$，且有 $W'>\Delta G$ 和$\Delta G<0$，则此状态变化一定能发生。是不是？（　　）

5. 在−10 ℃，101.325 kPa 下过冷的 H_2O (l)凝结为冰是一个不可逆过程，故此过程的熵变大于零。是不是？（　　）

6. 热力学第二定律的克劳修斯说法是：热从低温物体传给高温物体是不可能的。是不是？（　　）

7. 在恒温恒容条件下，$\Delta A>0$ 的过程一定不能进行。是不是？（　　）

8. 基希霍夫公式的不定积分式 $\Delta_r H_{m(T)}^{\ominus}=\Delta H_0+\Delta aT+\frac{\Delta b}{2}T^2+\frac{\Delta c}{3}T^3$ 中的 ΔH_0 是 $T=0$ K 时的标准摩尔反应焓。是不是？（　　）

（四）计算题

1. 在 273 K，1000 kPa 时，10.0 dm^3 单原子理想气体(1)经过绝热可逆膨胀到终态压力 100 kPa；(2)在恒外压 100 kPa 下绝热膨胀到终态压力100 kPa。分别计算两个过程的终态温度、W，ΔU，ΔH，ΔS。

2. 在 300 K，100 kPa 压力下，2 mol A 和 2 mol B 的理想气体经恒温、恒压混合后，再恒容加热到 600 K。求整个过程的 ΔS 为若干？已知 $C_{V,m,A}=1.5$ R，$C_{V,m,B}=2.5$ R

3. 已知在 298 K，100 kPa 下

$$\mathrm{Sn(白)}\longrightarrow\mathrm{Sn(灰)}$$

过程的 $\Delta H_m=-2197\ \mathrm{J\cdot mol^{-1}}$，$\Delta C_{p,m}=-0.42\ \mathrm{J\cdot K^{-1}\cdot mol^{-1}}$，$\Delta S_m=-7.54\ \mathrm{J\cdot K^{-1}\cdot mol^{-1}}$。

(1)指出在 298 K，100 kPa 下，哪一种晶型稳定。

(2)计算在 283 K，100 kPa 下，白锡变为灰锡过程的 ΔG_m，并指出哪一种锡的晶体更稳定？

（五）证明题

1. 某气体的状态方程为 $p[(V/n)-b]=RT$，式中 b 为常数，n 为物质的量。若该气体经一恒温过程，压力自 p_1 变至 p_2，则证明 $\left(\frac{\partial U}{\partial p}\right)_T=0$。

2. 试证明封闭系统单相纯物质只有 p,V,T 变化过程的 $\left(\frac{\partial H}{\partial p}\right)_T=V-T\left(\frac{\partial V}{\partial T}\right)_p$，理想气体的 $\left(\frac{\partial H}{\partial p}\right)_T=0$。

3. 试证明：$\mu_{J-T}=-\frac{1}{C_{p,m}}\left(\frac{\partial H_m}{\partial p}\right)_T$，$\mu_{J-T}$ 为焦耳-汤姆逊系数。

六、测验题答案

（一）选择题

1. (2)　**2.** (3)　**3.** (1)　**4.** (2)　**5.** (4)　**6.** (1)　**7.** $>$，$>$，$>$　**8.** (2)　**9.** (4)

(二)填空题

1. 封闭系统;恒温恒压可逆过程

2. =

3. 敞开;封闭;隔离

4. 85.35 $kJ \cdot mol^{-1}$

5. $-1.012\ J \cdot K^{-1}$

6. >;>

7. 0;0;-28.72 kJ;$-95.72\ J \cdot K^{-1}$

8. 封闭系统;恒温恒容可逆过程

9. 19.14 $J \cdot K^{-1}$

10. 等压过程;I^2RT

(三)是非题

1. ×　**2.** ×　**3.** ×　**4.** √　**5.** ×　**6.** ×　**7.** ×　**8.** ×

(四)计算题

1. 解　$n=pV/(RT)=4.41\ mol, Q=0$

(1)$\gamma=C_{p,m}/C_{V,m}=5/3$

由绝热可逆过程方程式 $p_1V_1^\gamma=p_2V_2^\gamma$,代入数据得 $V_2=39.8\ dm^3$

$T_2=p_2V_2/(nR)=108.6\ K$

$W=\Delta U=nC_{V,m}(T_2-T_1)=-9.04\ kJ$

$\Delta H=\Delta U+\Delta(pV)=-9.04\times10^3+(10^5\times39.8\times10^{-3}-10^6\times10.0\times10^{-3})\ (J)$

$=-15.06\ (kJ)$

$\Delta S=Q_r/T=0$

(2)绝热:$W=\Delta U=nC_{V,m}(T_2-T_1)$

等外压:$W=-p_2(V_2-V_1)=-p_2(nRT_2/p_2-nRT_1/p_1)$

两式相等,代入数据,解得　$T_2=175\ K$

$W=\Delta U=nC_{V,m}(T_2-T_1)=-5.39\ kJ$

$V_2=nRT_2/p_2=64.16\ dm^3$

$\Delta H=\Delta U+\Delta(pV)=-5.39\times10^3+(10^5\times64.16\times10^{-3}-10^6\times10.0\times10^{-3})(J)$

$=-8.97\ (kJ)$

$\Delta S=nR\ln(V_2/V_1)+nC_{V,m}\ln(T_2/T_1)=43.7\ J \cdot K^{-1}$

2. 解

$$\left\{\begin{array}{l}\text{纯态}\\ 2\ mol, A(g)\\ 2\ mol, B(g)\end{array}\right. \xrightarrow[(1)]{300\ K, 100\ kPa} \left\{\begin{array}{l}\text{混合态}\\ 2\ mol, A+2\ mol, B\\ p=100\ kPa\\ T_1=300\ K\end{array}\right. \xrightarrow[(2)]{\text{恒容}} \left\{\begin{array}{l}\text{混合态}\\ 2\ mol, A+2\ mol, B\\ T_2=600\ K\end{array}\right.$$

$\Delta S=\Delta S_1+\Delta S_2, n=2\ \text{mol}$

$\Delta S_1=2nR\ln(\frac{p_1}{p_2})=2nR\ \ln 2$

$\Delta S_2=(1.5nR+2.5nR)\ln(T_2/T_1)=4nR\ \ln 2$

$\Delta S=\Delta S_1+\Delta S_2=6nR\ln 2=6\times 2\times 8.314\times \ln 2=69.15\ (\text{J}\cdot\text{K}^{-1})$

3. 解 (1)在 298 K,100 kPa 下

$$\Delta G_{\text{m},1}=\Delta H_{\text{m},1}-T_1\Delta S_{\text{m},1}=-2197-298\times(-7.54)$$
$$=49.92(\text{J}\cdot\text{mol}^{-1})$$

白锡稳定。

(2)在 283 K,100 kPa 下

$$\Delta H_{\text{m},2}=\Delta H_{\text{m},1}+\Delta C_{p,\text{m}}(T_2-T_1)=-2190.7\ \text{J}\cdot\text{mol}^{-1}$$

$$\Delta S_{\text{m},2}=\Delta S_{\text{m},1}+\int_{T_1}^{T_2}\frac{\Delta C_{p,\text{m}}}{T}\text{d}T=-7.54-0.42\times\ln\frac{283}{298}$$
$$=-7.52(\text{J}\cdot\text{K}^{-1}\cdot\text{mol}^{-1})$$

$$\Delta G_{\text{m},2}=\Delta H_{\text{m},2}-T_2\Delta S_{\text{m},2}=-62.5\ \text{J}\cdot\text{mol}^{-1}$$

灰锡稳定。

(五)证明题

1. 证明 由热力学基本方程 $\text{d}U=T\text{d}S-p\text{d}V$ 得出:

$$\left(\frac{\partial U}{\partial p}\right)_T=T\left(\frac{\partial S}{\partial p}\right)_T-p\left(\frac{\partial V}{\partial p}\right)_T=-T\left(\frac{\partial V}{\partial T}\right)_p-p\left(\frac{\partial V}{\partial p}\right)_T=-T\cdot\frac{nR}{p}+p\cdot\frac{nRT}{p^2}=0$$

2. 证明 由热力学基本方程式:

$$\text{d}H=T\text{d}S+V\text{d}p$$

得

$$\left(\frac{\partial H}{\partial p}\right)_T=T\left(\frac{\partial S}{\partial p}\right)_T+V$$

将麦克斯韦关系式$\left(\frac{\partial S}{\partial p}\right)_T=-\left(\frac{\partial V}{\partial T}\right)_p$代入上式,得

$$\left(\frac{\partial H}{\partial p}\right)_T=-T\left(\frac{\partial V}{\partial T}\right)_p+V$$

由理想气体状态方程 $V=\frac{nRT}{p}$得

$$\left(\frac{\partial V}{\partial T}\right)_p=\frac{nR}{p}=\frac{V}{T}$$

故理想气体

$$\left(\frac{\partial H}{\partial p}\right)_T=-T\times\frac{V}{T}+V=0$$

3. 证明 设

$$H_\text{m}=f(T,p)$$

$$dH_m = \left(\frac{\partial H_m}{\partial T}\right)_p dT + \left(\frac{\partial H_m}{\partial p}\right)_T dp$$

当 $dH_m = 0$ 时，上式对 T 求导，即得

所以$\left(\frac{\partial H_m}{\partial T}\right)_p dT + \left(\frac{\partial H_m}{\partial T}\right)_T dp = 0$

$$\left(\frac{\partial T}{\partial p}\right)_H = -\frac{1}{\left(\frac{\partial H_m}{\partial T}\right)_p}\left(\frac{\partial H_m}{\partial p}\right)_T = -\frac{1}{C_{p,m}}\left(\frac{\partial H_m}{\partial p}\right)_T$$

第四章　多组分系统热力学
(Chapter 4　Thermodynamics of Multicomponent Systems)

学习目标

通过本章的学习,要求掌握:

1. 偏摩尔量与化学势;
2. 拉乌尔定律与亨利定律;
3. 理想液态混合物的定义与性质;
4. 理想稀溶液的定义与性质;
5. 各种类型化学势的表达式;
6. 逸度与逸度因子;
7. 活度与活度因子;
8. 稀溶液的依数性及其计算。

一、知识结构

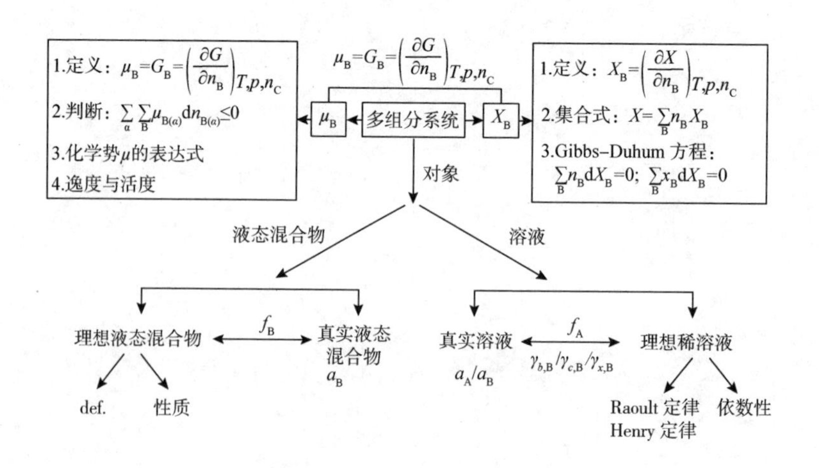

二、基本概念

1. 偏摩尔量

定义：
$$X_B \xlongequal{\text{def}} \left(\frac{\partial X}{\partial n_B}\right)_{T,p,n_C}$$

式中偏导数的下标 n_C 表示除 B 组分外，其他各组分物质的量保持不变。也有的用 $n_{C\neq B}$表示。如果所有组分的物质的量均不变则用下标 n_B 表示。

X_B 定义为组分 B 的某种广度性质的偏摩尔量(partial molar quantity)。

根据定义，偏摩尔量 X_B 为在恒温恒压及除组分 B 以外其余各组分的量均保持不变的条件下，系统广度量 X 随组分 B 的物质的量的变化率。

对于偏摩尔量，应该注意以下几点：

(1)只有广度性质才有偏摩尔量，偏摩尔量本身是强度性质。

(2)只有在恒温、恒压下条件下，系统的广度性质随某一组分的物质的量的变化率才能称为偏摩尔量。

(3)纯物质的偏摩尔量就是它的摩尔量。

(4)偏摩尔量是对某一组分而言，都是温度、压力与组成的函数。

2. 化学势

(1)狭义化学势

定义：保持 T,p 和除组分 B 以外的其他组分不变，体系的吉布斯函数随其物质的量 n_B的变化率称为化学势，所以化学势就是偏摩尔吉布斯函数。用符号 μ_B 表示：

$$\mu_B \xlongequal{\text{def}} G_B = \left(\frac{\partial G}{\partial n_B}\right)_{T,p,n_C}$$

(2)广义化学势

定义：保持特征变量和除组分 B 以外其他组分不变，某热力学函数随其物质的量 n_B的变化率称为化学势。

$$\mu_B = \left(\frac{\partial G}{\partial n_B}\right)_{T,p,n_C} = \left(\frac{\partial U}{\partial n_B}\right)_{S,V,n_C} = \left(\frac{\partial H}{\partial n_B}\right)_{S,p,n_C} = \left(\frac{\partial A}{\partial n_B}\right)_{T,V,n_C}$$

3. 逸度及逸度因子

(1)定义

$$\tilde{p}_B = \varphi_B \cdot p_B$$

$\tilde{p}_B$ 为混合气体中B组分的逸度,它具有压力的量纲。φ_B 为逸度因子,其量纲为一。

(2)纯物质逸度的计算

对于纯物质B,可以通过下述方法求得在某一温度、压力下的纯物质B的逸度 $\tilde{p}_B^*$:

①通过查手册,得到物质的 p_c,T_c;

②根据 $p_r=\frac{p}{p_c}$,$T_r=\frac{T}{T_c}$,求得物质的 p_r,T_r;

③通过查普遍化的逸度因子图,得到物质的 φ_B^*;

④根据定义 $\tilde{p}_B^*=\varphi_B^* p$,求得物质的 $\tilde{p}_B^*$。

(3)路易斯-兰德尔(Lewis-Randall)逸度规则

路易斯-兰德尔(Lewis-Randall)逸度规则:真实气体混合物中组分B的逸度等于该组分处在混合气体的温度和总压下单独存在时的逸度与该组分在混合气体中摩尔分数的乘积。它可被用于计算气体混合物中各组分的逸度。

$$\tilde{p}_B=\varphi_B p_B=\varphi_B y_B p=\varphi_B^* p y_B=\tilde{p}_B^* y_B$$

4. 拉乌尔定律

1887年,法国化学家拉乌尔(Raoult F M)从实验中归纳出一个经验定律:在一定温度下,在稀溶液中,溶剂的蒸气压等于纯溶剂蒸气压乘以溶液中溶剂的摩尔分数。用公式表示,即

$$p_A=p_A^* x_A$$

式中 p_A^* 为在同温度下纯溶剂的饱和蒸气压,x_A 为溶液中溶剂的摩尔分数。此式称为拉乌尔定律(Raoult's Law)。

5. 亨利定律

1803年英国化学家亨利(Henry W)根据实验总结出另一条经验定律:在一定温度下,稀溶液中挥发性溶质在气相中的平衡分压 p_B 与其在溶液中的摩尔分数成正比。用公式表示为

$$p_B=k_{x,B}\cdot x_B$$

式中 $k_{x,B}$ 称为亨利常数,其数值与温度、压力、溶剂和溶质的性质有关。此式即为亨利定律(Henry's Law)。

当溶质的浓度分别以质量摩尔浓度 b_B、浓度 c_B 表示时,亨利定律亦可以表示为:

$$p_B=k_{b,B}\cdot b_B$$

$$p_B = k_{c,B} \cdot c_B$$

$$k_{x,B} = \frac{k_{b,B}}{M_A} = \frac{k_{c,B} \cdot \rho_A}{M_A}$$

6. 稀溶液的依数性

稀溶液的依数性(colligative properties)，是指这些性质只取决于所含溶质粒子的数目，而与溶质的本性无关。稀溶液的依数性包括溶液中溶剂的蒸气压下降、凝固点降低(析出固态纯溶剂)、沸点升高(溶质不挥发)和渗透压的数值。

(1)溶剂蒸气压下降：$\Delta p_A = p_A^* x_B$(稀溶液，溶剂)

(2)凝固点降低公式：$\Delta T_f = K_f \cdot b_B$

(3)沸点升高公式：$\Delta T_b = K_b \cdot b_B$

(4)渗透压：$\Pi = c_B RT$

7. 活度与活度因子

对于真实液态混合物，定义：

$$a_B = f_B \cdot x_B$$

式中，a_B 是真实液态混合物中组分 B 的活度，f_B 是活度因子。对于理想液态混合物，$f_B = 1$。

对于真实溶液的溶剂，定义：

$$a_A = f_A \cdot x_A$$

式中，a_A 是真实溶液中溶剂 A 的活度，f_A 是溶剂的活度因子。对于理想稀溶液中的溶剂，$f_A = 1$。

对于真实溶液的溶质，定义：

①对于真实溶液中的溶质，若溶质浓度以 b_B 表示，定义：

$$a_{b,B} = \gamma_{b,B} \cdot \frac{b_B}{b^\ominus}$$

式中，$a_{b,B}$是真实溶液中溶质 B 的活度，$\gamma_{b,B}$是溶质的活度因子。对于理想稀溶液中的溶质，$\gamma_{b,B} = 1$。

②对于真实溶液中的溶质，若溶质浓度以 c_B 表示，定义：

$$a_{c,B} = \gamma_{c,B} \cdot \frac{c_B}{c^\ominus}$$

式中，$a_{c,B}$是真实溶液中溶质 B 的活度，$\gamma_{c,B}$是溶质的活度因子。对于理想稀溶液中的溶质，$\gamma_{c,B}=1$。

③对于真实溶液中的溶质，若溶质浓度以 x_B 表示，定义：

$$a_{x,B}=\gamma_{x,B}\cdot x_B$$

式中，$a_{x,B}$是真实溶液中溶质 B 的活度，$\gamma_{x,B}$是溶质的活度因子。对于理想稀溶液中的溶质，$\gamma_{x,B}=1$。

三、主要公式

1. 偏摩尔量

(1)定义：$X_B \overset{\text{def}}{=\!=\!=} \left(\frac{\partial X}{\partial n_B}\right)_{T,p,n_C}$

(2)集合公式：$X=\sum_B n_B X_B$

(3)吉布斯-杜亥姆(Gibbs-Duhem)方程：

$$\sum_B x_B \mathrm{d}X_B=0$$

2. 化学势

$$\mu_B=\left(\frac{\partial G}{\partial n_B}\right)_{T,p,n_C}=\left(\frac{\partial U}{\partial n_B}\right)_{S,V,n_C}=\left(\frac{\partial H}{\partial n_B}\right)_{S,p,n_C}=\left(\frac{\partial A}{\partial n_B}\right)_{T,V,n_C}$$

3. 气体组分化学势

(1)纯理想气体：$\mu^*_{(pg)}=\mu^\ominus_{(pg)}+RT\ln\frac{p}{p^\ominus}$

(2)混合理想气体的化学势为：

$$\mu_{B(pg,T,P)}=\mu^\ominus_{B\ B(g,T)}+RT\ln\frac{p_B}{p^\ominus}$$

(3)纯真实气体的化学势为：

$$\mu^*_{(g,T,P)}=\mu^\ominus_{(g,T)}+RT\ln\frac{p}{p^\ominus}+\int_0^p\left(V^*_m-\frac{RT}{p}\right)\mathrm{d}p$$

$$\mu^*_{(g,T,P)}=\mu^\ominus_{(g,T)}+RT\ln\frac{\tilde{p}_B}{p^\ominus}$$

(4)混合真实气体的化学势为：

$$\mu_{B(g,T,P)}=\mu^\ominus_{B(g,T)}+RT\ln\frac{p_B}{p^\ominus}+\int_0^p\left(V_{B(g)}-\frac{RT}{p}\right)\mathrm{d}p$$

$$\mu_{B(g,T,p)}=\mu^{\ominus}_{B(g,T)}+RT\ln\frac{\tilde{p}_B}{p^{\ominus}}$$

4. 逸度的计算

(1)纯物质逸度的计算

对于纯物质 B,可以通过下述方法求得在某一温度、压力下的纯物质 B 的逸度 $\tilde{p}_B^*$：

①通过查手册,得到物质的 p_c,T_c；

②根据 $p_r=\frac{p}{p_c}$,$T_r=\frac{T}{T_c}$,求得物质的 p_r,T_r；

③通过查普遍化逸度因子图,得到物质的 φ_B^*；

④根据定义$\tilde{p}_B^*=\varphi_B^*\cdot p$,求得物质的$\tilde{p}_B^*$。

(2)混合物质逸度的计算

运用路易斯-兰德尔(Lewis-Randall)逸度规则：

$$\tilde{p}_B=\varphi_B p_B=\varphi_B y_B p=\varphi_B^* p y_B=\tilde{p}_B^* y_B$$

5. Raoult 定律

$p_A=p_A^* x_A$

6. Henry 定律

(1) $p_B=k_{x,B}.x_B$

(2) $p_B=k_{b,B}.b_B$

(3) $p_B=k_{c,B}.c_B$

亨利系数的关系：$k_{x,B}=\frac{k_{b,B}}{M_A}=\frac{k_{c,B}.\rho_A}{M_A}$

7. 理想液态混合物

(1)定义：任一组分在全部组成范围内都符合拉乌尔定律的液态混合物称为理想液态混合物,简称为理想混合物。

$$p_B=p_B^* x_B(0\leqslant x_B\leqslant 1)$$

(2)混合性质：

①$\Delta_{mix}V=0$

②$\Delta_{mix}H=0$

③$\Delta_{mix}S_m=-R\sum_B x_B\ln x_B>0$

④$\Delta_{mix}G_m = RT\sum_B x_B \ln x_B < 0$

8.稀溶液的依数性

(1)溶剂蒸气压下降:$\Delta p_A = p_A^* x_B$(稀溶液,溶剂)

(2)凝固点降低公式:$\Delta T_f = K_f \cdot b_B$

$$\Delta T_f = \frac{R\,(T_f^*)^2}{\Delta_{fus}H_{m,A}^{\ominus}} \cdot x_B$$

$$K_f = \frac{R\,(T_f^*)^2}{\Delta_{fus}H_{m,A}} \cdot M_A$$

(3)沸点升高公式: $\Delta T_b = K_b \cdot b_B$

$$\Delta T_b = \frac{R\,(T_b^*)^2}{\Delta_{vap}H_{m,A}^{\ominus}} \cdot x_B$$

$$K_b = \frac{R\,(T_b^*)^2 M_A}{\Delta_{vap}H_{m,A}^{\ominus}}$$

(4)渗透压:$\Pi = c_B RT$

9.液体的化学势

(1)理想液态混合物:$\mu_{B(l)} = \mu_{B(l)}^{\ominus} + RT\ln x_B$

(2)理想稀溶液,溶剂:$\mu_{A(l,T,p)} = \mu_{A(l,T)}^{\ominus} + RT\ln x_A$

(3)理想稀溶液,溶质:$\mu_{B(溶质,T,p)} = \mu_{b,B(溶质,T)}^{\ominus} + RT\ln \frac{b_B}{b^{\ominus}}$

$$\mu_{B(溶质,T,p)} = \mu_{c,B(溶质,T)}^{\ominus} + RT\ln \frac{c_B}{c^{\ominus}}$$

$$\mu_{B(溶质,T,p)} = \mu_{x,B(溶质,T)}^{\ominus} + RT\ln x_B$$

(4)真实液态混合物:$\mu_{B(l,T,P)} = \mu_{B(l,T)}^{\ominus} + RT\ln a_B$

(5)真实溶液,溶剂:$\mu_{A(l,T,P)} = \mu_{A(l,T)}^{\ominus} + RT\ln a_A$

(6)真实溶液,溶质:$\mu_{B(溶质,T,P)} = \mu_{b,B(溶质,T)}^{\ominus} + RT\ln a_{b,B}$

$$\mu_{B(溶质,T,P)} = \mu_{c,B(溶质,T)}^{\ominus} + RT\ln a_{c,B}$$

$$\mu_{B(溶质,T,P)} = \mu_{x,B(溶质,T)}^{\ominus} + RT\ln a_{x,B}$$

10.活度与活度因子的计算

(1)如果气体是理想气体,液态是理想液态混合物,则:

$$p_B = p_B^* x_B;\ a_B = 1$$

(2)如果气体是理想气体,液态是真实液态混合物,则:

$$p_B = p_B^* a_B$$

$$a_B = \frac{p_B}{p_B^*} \qquad f_B = \frac{a_B}{x_B} = \frac{p_B}{p_B^*} \cdot \frac{1}{x_B}$$

(3)如果气体是真实气体，液态是真实液态混合物，则

$$\tilde{p}_B = \tilde{p}_B^* \cdot a_B$$

$$a_B = \frac{\tilde{p}_B}{\tilde{p}_B^*} \qquad f_B = \frac{a_B}{x_B} = \frac{\tilde{p}_B}{\tilde{p}_B^*} \cdot \frac{1}{x_B}$$

四、习题详解

4.1 含质量分数为 w(甲醇)＝0.45 的甲醇的水溶液，已知其中甲醇的偏摩尔体积 V(甲)为 39.0 $cm^3 \cdot mol^{-1}$，水的偏摩尔体积 V(水)为 17.5 $cm^3 \cdot mol^{-1}$。试求溶液的体积质量(密度)(甲醇与水的摩尔质量分别为 32.04 $g \cdot mol^{-1}$ 与 18.02 $g \cdot mol^{-1}$)。

解　取 100 g 水溶液，其中含 45 g 甲醇，55 g 水，则溶液的体积为：

$$V = n(\text{甲})V(\text{甲}) + n(\text{水})V(\text{水})$$

$$= \frac{45.0}{32.04} \times 39.0 + \frac{55.0}{18.02} \times 17.5$$

$$= 108.2(cm^3)$$

溶液的体积质量(密度)为：

$$\rho = \frac{m}{V} = \frac{100}{108.2} = 0.924(g \cdot cm^{-3}) = 0.924(kg \cdot dm^{-3})$$

4.2 乙醇水溶液的体积质量(密度)是 0.8498 $kg \cdot dm^{-3}$，其中水(A)的摩尔分数为 0.42，乙醇(B)的偏摩尔体积是 $57.5 \times 10^{-3} dm^3 \cdot mol^{-1}$。求水(A)的偏摩尔体积(已知乙醇及水的相对分子质量 M_r 分别为 46.07 及 18.02)。

解　$V_m = \frac{1}{\rho}(x_A M_A + x_B M_B)$

$$= \left[\frac{1}{0.8498}(0.42 \times 18.02 + 0.58 \times 46.07)\right] \times 10^{-3}$$

$$= 40.35 \times 10^{-3}(dm^3 \cdot mol^{-1})$$

又因为　$V_m = x_A V_A + x_B V_B$

所以　$V_A = (V_m - V_B x_B)/x_A$

$$= \frac{40.35 \times 10^{-3} - 57.5 \times 10^{-3} \times 0.58}{0.42}$$

$$= 16.7 \times 10^{-3}(dm^3 \cdot mol^{-1})$$

4.3 298.15 K，质量分数为 0.60 的甲醇水溶液的体积质量(密度)是 0.8946 $kg \cdot dm^{-3}$，在此溶液中水的偏摩尔体积为 $1.68\times10^{-2}\ dm^3 \cdot mol^{-1}$。求甲醇的偏摩尔体积(已知水及甲醇的相对分子质量 M_r 分别为 18.02 及 32.04)。

解 以 1 kg 溶液计算，各物质的量

$n(H_2O)=(0.40/18.02)\times10^3=22.198(mol)$

$n(CH_3OH)=(0.60/32.04)\times10^3=18.727(mol)$

则 $x(H_2O)=22.198/40.925=0.542$

$x(CH_3OH)=18.727/40.925=0.458$

溶液体积 $V=m/\rho=1/0.8946=1.1178(dm^3)$

$V_m=1.1178/40.925=0.0273(dm^3 \cdot mol^{-1})$

$V_m=x_{(H_2O)}V_{(H_2O)}+x_{(CH_3OH)}V_{(CH_3OH)}$

$$
\begin{aligned}
V_{(CH_3OH)}&=[V_m-x_{(H_2O)}V_{(H_2O)}]/x_{(CH_3OH)}\\
&=(0.0273-0.542\times0.0168)/0.458\\
&=0.0397(dm^3 \cdot mol^{-1})
\end{aligned}
$$

4.4 在 298.15 K 和 101325 Pa 下氮在 1 cm^3 水中的溶解度为 0.0145 cm^3 (已换算为标准状况下的体积)，求亨利常数 k。已知水的体积质量(密度)为 0.997 $g \cdot cm^3$。

解 在 1 cm^3 水中吸收的 N_2 的物质的量

$$n(N_2)=\frac{pV}{RT}=\frac{101325\times0.0145\times10^{-6}}{8.314\times298.15}=5.93\times10^{-7}(mol)$$

$$n(H_2O)=\frac{1\times0.997}{18}=0.0554(mol)$$

$$x(N_2)=\frac{n(N_2)}{n(N_2)+n(H_2O)}=\frac{5.93\times10^{-7}}{0.0554}=1.07\times10^{-5}$$

$$k_x(N_2)=\frac{p(N_2)}{x(N_2)}=\frac{101325}{1.07\times10^{-5}}=9.47\times10^{9}(Pa)$$

4.5 在 293.19 K 时，从实验测得 0.500 $mol \cdot kg^{-1}$ 的甘露醇水溶液的蒸气压比同温度纯水的蒸气压低 0.0210 kPa。试用拉乌尔定律计算在上述温度时，溶液的蒸气压比纯水的蒸气压降低了多少？(已知在 293.19 K 时，纯水的蒸气压为 2.35 kPa。)

解 $b_B=0.500\ mol \cdot kg^{-1}$ 溶质的摩尔分数

$$x_B=\frac{0.500}{0.500+\dfrac{1000}{18.02}}=0.00892$$

$$\Delta p=p_A^*-p_A^*x_A=p_A^*x_B$$

$=2.35\times0.00892=0.0210(\text{kPa})$

由此可见，对稀溶液拉乌尔定律符合实验结果。

4.6　293.15 K 时，乙醚(A)的蒸气压为 58.955 kPa，今在 120 g 乙醚中溶入某非挥发性有机物质(B)20.0 g，乙醚的蒸气压降低为 56.795 kPa，试求该有机物质的摩尔质量。(已知乙醚的相对分子质量为 74.08 g·mol^{-1})

解　由拉乌尔定律

$$p_A=p_A^* x_A=p_A^*(1-x_B)$$

$$=p_A^*\left(1-\frac{m_B/M_B}{m_A/M_A+m_B/M_B}\right)$$

$$=58.955\times\left(1-\frac{20/M_B}{120/74.08+20/M_B}\right)$$

$$=56.795$$

解得　$M_B=325(\text{g}\cdot\text{mol}^{-1})$

4.7　将含 1 mol A 和 2 mol B 的液态混合物与含 3 mol A 和 4 mol B 的液态混合物在 25 ℃时混合，若所有混合物都是理想液态混合物，则吉布斯函数改变多少？

解　$\Delta_{\text{mix}}G=nRT\sum x_B\ln x_B$；

$$\Delta_{\text{mix}}G=10RT\left(\frac{4}{10}\ln\frac{4}{10}+\frac{6}{10}\ln\frac{6}{10}\right)-3RT\left(\frac{1}{3}\ln\frac{1}{3}+\frac{2}{3}\ln\frac{2}{3}\right)$$

$$-7RT\left(\frac{3}{7}\ln\frac{3}{7}+\frac{4}{7}\ln\frac{4}{7}\right)=-99.7\ \text{J}$$

4.8　已知 101.325 kPa 下，纯苯(A)的标准沸点和蒸发焓分别为 353.3 K 和 30762 J·mol^{-1}，纯甲苯(B)的标准沸点和蒸发焓分别为 383.7 K 和 31999 J·mol^{-1}。苯和甲苯形成理想液态混合物，若有该种液态混合物在 101.325 kPa，375.2 K 沸腾，计算该理想液态混合物的液相组成。

解　在 375.2 K 苯的饱和蒸气压为 $p_{A,2}^*$，则

$$\ln\left(\frac{p_{A,2}^*}{p_{A,1}^*}\right)=-\frac{30726}{8.314}\left(\frac{1}{375.2}-\frac{1}{353.3}\right)=0.6106$$

$$p_{A,2}^*=1.8415\times p_{A,1}^*=1.8415\times p^{\ominus}=184.15(\text{kPa})$$

在 375.2 K 甲苯的饱和蒸气压为 $p_{B,2}^*$，则

$$\ln\left(\frac{p_{B,2}^*}{p_{B,1}^*}\right)=-\frac{31999}{8.314}\left(\frac{1}{375.2}-\frac{1}{383.7}\right)=-0.2272$$

$$p_{B,2}^*=0.7968\times p^{\ominus}=79.68(\text{kPa})$$

在液态混合物沸腾时(101.325 kPa 下)：

$$p=p_{A,2}^* x_A+p_{B,2}^*(1-x_A)$$

$$x_A=(p-p_{B,2}^*)/(p_{A,2}^*-p_{B,2}^*)=\frac{101.325-79.68}{184.15-79.68}=0.2072$$

$$x_B=1-x_A=0.7928$$

4.9 373.15 K时，纯 CCl_4(A)及纯 $SnCl_4$(B)的蒸气压分别为 1.933×10^5 Pa及 0.666×10^5 Pa。这两种液体可组成理想液态混合物。假定以某种配比混合成的这种液态混合物，在外压力为 1.013×10^5 Pa 的条件下，加热到 373.15 K 时开始沸腾。计算：

(1)该液态混合物的组成；

(2)该液态混合物开始沸腾时的第一个气泡的组成。

解 分别以A和B代表 CCl_4 和 $SnCl_4$，则

$$p_A^*=1.933\times10^5\ \text{Pa};\ p_B^*=0.666\times10^5\ \text{Pa}$$

(1) $p=p_A^*+(p_B^*-p_A^*)x_B$

$$x_B=\frac{p-p_A^*}{p_B^*-p_A^*}=\frac{1.013\times10^5-1.933\times10^5}{0.666\times10^5-1.933\times10^5}=0.726$$

$$x_A=1-x_B=0.274$$

(2)开始沸腾时第一个气泡的组成，即上述溶液的平衡气相组成，设为 y_B，则

$$y_Bp=p_B=x_Bp_B^*$$

$$y_B=\frac{x_Bp_B^*}{p}=\frac{0.726\times0.666\times10^5}{1.013\times10^5}=0.477$$

$$y_A=1-y_B=0.523$$

4.10 在136.9 ℃时，纯氯苯(A)的饱和蒸气压为115.9 kPa，纯溴苯(B)为60.85 kPa。求101.325 kPa下，能在上述温度沸腾的液态混合物的组成和蒸气组成。设氯苯(A)和溴苯(B)组成理想液态混合物。

解 沸腾时总压力 $p=101.325$ kPa

$$p_A^*x_A+p_B^*(1-x_A)=101.325$$

则 $x_A=0.735\qquad x_B=0.265$

$$p_A^*x_A=py_A$$

$$y_A=\frac{115.9\times0.735}{101.325}=0.841$$

$$y_B=0.159$$

4.11 在 $p=101.325$ kPa，85 ℃时，由甲苯(A)及苯(B)组成的二组分液态混合物即达到沸腾。该液态混合物可视为理想液态混合物。试计算该理想液态混合物在101.325 kPa及85 ℃沸腾时的液相组成及气相组成。已知85 ℃时纯甲苯和纯苯的饱和蒸气压分别为46.00 kPa和116.9 kPa。

解　由该液态混合物可被视为理想液态混合物,各组分均符合拉乌尔定律,故:

$$p=p_A+p_B=p_A^*+(p_B^*-p_A^*)x_B$$

$$x_B=\frac{p-p_A^*}{p_B^*-p_A^*}=\frac{101.325-46.0}{116.9-46.0}=0.780$$

$$x_A=1-x_B=0.220$$

气相组成,由式

$$y_B=\frac{p_B}{p}=\frac{x_B p_B^*}{p}=\frac{116.9\times0.780}{101.325}=0.900$$

$$y_A=1-y_B=0.100$$

4.12　苯与甲苯形成理想液态混合物,在 293.15 K 时,纯苯(A)的蒸气压是 9.959 kPa,纯甲苯(B)的蒸气压是 2.973 kPa,求 293.15 K 时与等质量的苯和甲苯液态混合物成平衡时苯的蒸气分压力、甲苯的蒸气分压力及总压力。已知苯(A)及甲苯(B)的摩尔质量分别为 78.113 g·mol^{-1}和 92.140 g·mol^{-1}。

解　设液态混合物总质量为 m,已知

$M_A=78.113\ \text{g}\cdot\text{mol}^{-1}\quad M_B=92.140\ \text{g}\cdot\text{mol}^{-1}$

$$x_A=\left(\frac{1}{2}\frac{m}{M_A}\right)\bigg/\left(\frac{1}{2}\frac{m}{M_A}+\frac{1}{2}\frac{m}{M_B}\right)=\frac{1}{78.113}\bigg/\left(\frac{1}{78.113}+\frac{1}{92.140}\right)$$

$$x_A=0.5412$$

$$p_A=p_A^*x_A=9.959\times0.5412=5.39(\text{kPa})$$

$$p_B=p_B^*(1-x_A)=1.36\ \text{kPa}$$

$$p=p_A+p_B=6.75\ \text{kPa}$$

4.13　在 45 ℃时,纯液体 A 的饱和蒸气压是纯液体 B 的饱和蒸气压的 25 倍,组分 A 和 B 形成理想液态混合物,当气液两相平衡时,若气相中 A 和 B 摩尔分数相等,试问液相中组分 A 和 B 的摩尔分数应为多少?

解　$p_A^*=25p_B^*$

$$p_A=p_A^*x_A=25p_B^*(1-x_B)$$

$$p_A=p\cdot y_A;\qquad p_B=p\cdot y_B$$

已知 $y_A=y_B$;　所以 $p_A=p_B$

$$25p_B^*(1-x_B)=p_B^*x_B$$

$$x_B=0.9615$$

$$x_A=0.0385$$

4.14　140 ℃时纯 C_6H_5Cl(A)和纯 C_6H_5Br(B)的蒸气压分别为125.24 kPa和66.10 kPa,假定两液体形成理想液态混合物。若有该混合物在140 ℃,101.325 kPa下沸腾,试求该液态混合物的组成及液面上的蒸气组成。

解 C_6H_5Cl 以 A 表示，C_6H_5Br 以 B 表示

$p=p_A^* x_A+p_B^* x_B=p_A^*+(p_B^*-p_A^*)x_B$

$x_B=\dfrac{p-p_A^*}{p_B^*-p_A^*}=\dfrac{101.325-125.24}{66.10-125.24}=0.404$

$x_A=1-x_B=0.596$

$p\cdot y_A=p_A^* x_A$

$y_A=p_A^* x_A/p=125.24\times 0.596/101.325=0.737$

$y_B=1-y_A=0.263$

4.15 已知 332 K 时，纯 A(l)和纯 B(l)可形成理想液态混合物，此时组分 A(l)和组分 B(l)的蒸气压分别为 65 kPa 和 25 kPa，平衡液相中组分 A 的摩尔分数为 0.20，计算组分 B 在平衡气相与平衡液相的摩尔分数的比值。

解 $p=p_A^* x_A+p_B^*(1-x_A)=65\times 0.20+25\times 0.80=33(\text{kPa})$

$py_B=p_B^* x_B$

则 $\dfrac{y_B}{x_B}=\dfrac{p_B^*}{p}=\dfrac{25}{33}=0.7576$

4.16 两纯液体 A 与 B 形成理想液态混合物，在一定温度 T 时溶液的平衡蒸气压为 58.254 kPa，蒸气中 A 的摩尔分数 $y_A=0.48$，溶液中组分 A 的摩尔分数 $x_A=0.70$，求该温度下两种纯液体物质的饱和蒸气压。

解 $p_A=py_A=p_A^* x_A$

$p_A^*=py_A/x_A=(58.254\times 0.48/0.70)=39.946(\text{kPa})$

$p_B^*=(p-p_A^* x_A)/x_B=(58.254-39.946\times 0.70)/0.30$

$=100.97(\text{kPa})$

4.17 乙醇与甲醇组成理想液态混合物，在 293.15 K 时纯乙醇的饱和蒸气压为 5.94 kPa，纯甲醇的饱和蒸气压为 11.82 kPa。

(1)计算甲醇与乙醇各 120 g 所组成的理想液态混合物中两种物质的摩尔分数；

(2)求与上述组成的理想液态混合物成平衡的蒸气总压力及两物质的分压力。

(已知甲醇和乙醇的摩尔质量分别为 32.0 $g\cdot mol^{-1}$ 与 46.1 $g\cdot mol^{-1}$)

解 (1)$x(\text{甲})=\dfrac{\dfrac{120}{32.0}}{\dfrac{120}{32.0}+\dfrac{120}{46.1}}=0.590$

$x(\text{乙})=0.410$

(2)$p(\text{甲})=p^*(\text{甲})x(\text{甲})=6.98\ \text{kPa}$

$p(乙)=p(乙)x(乙)=2.44\ \text{kPa}$

$p(总)=p(甲)+p(乙)=9.42\ \text{kPa}$

4.18　333.15 K时甲醇(A)的饱和蒸气压83.5 kPa，乙醇(B)的饱和蒸气压是47.0 kPa，两者可形成理想液态混合物。若液态混合物的组成为质量分数$w_B=0.55$，求333.15 K时此液态混合物的平衡蒸气组成。(以摩尔分数表示)。(已知甲醇及乙醇的M_r分别为32.0及46.1)

解　该液态混合物的摩尔分数：

$$x_A=\frac{0.45/32.0}{0.45/32.0+0.55/46.1}=0.5410$$

系统的总压力：

$p=p_A^*x_A+p_B^*x_B=66.75\ \text{kPa}$

平衡蒸气组成：

$$y_A=p_A^*x_A/p=\frac{83.5\times0.5410}{66.75}=0.6768$$

$y_B=0.3232$

4.19　在97.11 ℃时，含3%乙醇水溶液的蒸气压为$p^\ominus$，该温度下纯水的蒸气压为$0.901p^\ominus$，计算97.11 ℃时，在乙醇摩尔分数为0.02的水溶液上面乙醇和水的蒸气压各是多少？

解　$x(乙醇)=\dfrac{3/46}{3/46+97/18}=0.0120$

$x(水)=1-0.0120=0.988$

$$p=p_{水}^*\cdot x(水)+k_x\cdot x(乙醇)$$
$$=0.901p^\ominus\times0.988+k_x\times0.0120=1.0p^\ominus$$

$k_x=9.15\ p^\ominus$，当$x(乙醇)=0.02$，$x(水)=0.98$时

$p(乙醇)=9.15\ p^\ominus\times0.02=18.3\ \text{kPa}$，

$p(水)=0.901\ p^\ominus\times0.98=88.3\ \text{kPa}$

4.20　已知甲苯的摩尔质量为$92\times10^{-3}\ \text{kg}\cdot\text{mol}^{-1}$，沸点为383.15 K，平均摩尔气化焓为$33.84\ \text{kJ}\cdot\text{mol}^{-1}$；苯的摩尔质量为$78\times10^{-3}\ \text{kg}\cdot\text{mol}^{-1}$，沸点为353.15 K，平均摩尔气化焓为$30.03\ \text{kJ}\cdot\text{mol}^{-1}$。有一含苯100 g和甲苯200 g的理想液态混合物，在373.15 K，101.325 kPa下达气液平衡。求：

(1)373.15 K时苯和甲苯的饱和蒸气压；

(2)平衡时液相和气相的组成。

解　(1)克-克方程

$$\ln\frac{p_2}{p_1}=\frac{\Delta H_m(T_2-T_1)}{RT_1T_2}$$

求苯的饱和蒸气压 $p^*_{(苯)}$：

$$\ln\frac{p^*_{(苯)}}{101.325}=\frac{30.03\times10^3\times(373.15-353.15)}{8.314\times353.15\times373.15}=0.5482$$

得：$p^*_{(苯)}=175.30(\mathrm{kPa})$

同理，求甲苯的饱和蒸气压 $p^*_{(甲苯)}$：

$$\ln\frac{p^*_{(甲苯)}}{101.325}=\frac{33.84\times10^3\times(373.15-383.15)}{8.314\times383.15\times373.15}=-0.2847$$

得：$p^*_{(甲苯)}=76.22\ \mathrm{kPa}$

(2)由拉乌尔定律：$p_A=p_A^* x_A$，得

$$p_{(总)}=p_{(苯)}+p_{(甲苯)}=p^*_{(苯)}x_{(苯)}+p^*_{(甲苯)}x_{(甲苯)}$$

代入数据：

$$101.325=175.30x_{(苯)}+76.22\times(1-x_{(苯)})$$

故 $x_{(苯)}=0.2534, x_{(甲苯)}=1-0.2534=0.7466$

$$y_{(苯)}=\frac{p^*_{(苯)}x_{(苯)}}{p_{(总)}}=\frac{175.30\times0.2534}{101.325}=0.4384$$

$$y_{(甲苯)}=1-y_{(苯)}=1-0.4384=0.5616$$

4.21 293.15 K 时，当 HCl 的分压力为 1.013×10^5 Pa，它在苯中的平衡组成(以摩尔分数表示)为 0.0456。若 20 ℃时纯苯的蒸气压为 0.100×10^5 Pa，问苯与 HCl 的总压力为 1.013×10^5 Pa 时，150 g 苯中最多可以溶解 HCl 多少克？(已知 HCl 的 $M_r=36.46$，C_6H_6 的 $M_r=78.11$)

解 按理想稀溶液处理：$p_{(HCl)}=k_x\cdot x_{(HCl)}$

$$k_x=\frac{p_{(HCl)}}{x_{(HCl)}}=\frac{1.013\times10^5\ \mathrm{Pa}}{0.0456}=22.21\times10^5\ \mathrm{Pa}$$

$$p=p_{(HCl)}+p_{(苯)}=k_x x_{(HCl)}+p^*_{(苯)}[1-x_{(HCl)}]$$
$$=p^*_{(苯)}+[k_x-p^*_{(苯)}]x_{(HCl)}$$

则 $$x_{(HCl)}=\frac{p-p^*_{(苯)}}{k_x-p^*_{(苯)}}=\frac{1.013\times10^5-0.100\times10^5}{22.21\times10^5-0.100\times10^5}=0.0413$$

$$x_{(HCl)}=\frac{n_{(HCl)}}{n_{(HCl)}+n_{(苯)}}=\frac{n_{(HCl)}}{n_{(HCl)}+\left(\frac{150}{78.11}\right)}=0.0413$$

解得：$n_{(HCl)}=0.0827(\mathrm{mol})$

则 $m_{(HCl)}=n_{(HCl)}\cdot M_{r(HCl)}=0.0827\times36.46=3.02(\mathrm{g})$

4.22 某乙醇的水溶液，含乙醇的摩尔分数为 $x_{乙醇}=0.040$。在 97.12 ℃时该溶液的蒸气总压力等于 101.325 kPa，已知在该温度时纯水的蒸气压为 91.30 kPa。若该溶液可视为理想稀溶液，试计算该温度下，在摩尔分数为

$x_{乙醇}=0.300$的乙醇水溶液上面乙醇和水的蒸气分压力。

解　该溶液可视为理想稀溶液，则有

$p=p_A x_A+k_{x,B}x_B$

先由上式计算 97.12 ℃时乙醇溶在水中的亨利系数，即

$101.325=91.30\times(1-0.0400)+k_x(乙醇)\times0.0400$

解得　　$k_x(乙醇)=342\ \text{kPa}$，于是求得当 $x(乙醇)=0.0300$ 时

$$\begin{aligned}p(乙醇)&=k_x(乙醇)\cdot x(乙醇)\\&=342\times0.0300\\&=10.26(\text{kPa})\end{aligned}$$

$$\begin{aligned}p(水)&=p(水)\cdot x(水)\\&=91.30\times(1-0.0300)\\&=88.56(\text{kPa})\end{aligned}$$

4.23　20 ℃时，乙醚的蒸气压为 59.00 kPa。今有 120.0 g 乙醚中溶入某非挥发性有机物 12.00 g，蒸气压下降到 56.80 kPa，则该有机物的摩尔质量为多少？（已知乙醚的摩尔质量为 74 $\text{g}\cdot\text{mol}^{-1}$）

解　$$p_A=p_A^* x_A=p_A^*(1-x_B)=p_A^*\left(1-\frac{m_B/M_B}{m_A/M_A+m_B/M_B}\right)$$

$$=59.00\times\left(1-\frac{12/M_B}{120/74.00+12/M_B}\right)$$

$$=56.80$$

解得：　$M_B=191(\text{g}\cdot\text{mol}^{-1})$

4.24　20 ℃下 HCl 溶于苯中达到气液平衡。液相中每 120 g 苯含有 1.98 g HCl，气相中苯的摩尔分数为 0.095。已知苯与 HCl 的摩尔质量分别为 78.11 $\text{g}\cdot\text{mol}^{-1}$ 与 36.46 $\text{g}\cdot\text{mol}^{-1}$，20 ℃苯的饱和蒸气压为 10.01 kPa。试计算 20 ℃时 HCl 在苯中溶解的亨利系数。

解　$$x(\text{HCl})=\frac{\dfrac{1.98}{36.46}}{\dfrac{1.98}{36.46}+\dfrac{120}{78.11}}=0.0341$$

$x(C_6H_6)=1-0.0341=0.9659$

苯是溶剂服从拉乌尔定律

$p(C_6H_6)=p^*(C_6H_6)\cdot x(C_6H_6)$

$p(C_6H_6)=p\cdot y(C_6H_6)$

$$p=\frac{p^*(C_6H_6)\cdot x(C_6H_6)}{y(C_6H_6)}=\frac{10.01\times0.9659}{0.095}=101.78(\text{kPa})$$

$p(\text{HCl})=p[1-y(\text{C}_6\text{H}_6)]$

$$k(\text{HCl})=\frac{p[1-y(\text{C}_6H_6)]}{x(\text{HCl})}=\frac{101.78\times(1-0.095)}{0.0341}=2701.2(\text{kPa})$$

4.25 在 150 g 水中溶入摩尔质量为 110.1 g·mol^{-1}的不挥发溶质 2.250 g，沸点升高 0.115 K。若再加入摩尔质量未知的另一种不挥发溶质 2.170 g，沸点又升高 0.109 K。

(1)计算水的摩尔沸点升高系数 K_b，未知物的摩尔质量和水的摩尔蒸发焓 $\Delta_{vap}H_m$；

(2)求该溶液在 298.15 K 时的蒸气压。

解 (1)$b_B=\left(\frac{2.250/110.1}{0.15}\right)=0.1362(\text{mol}\cdot\text{kg}^{-1})$

$K_b=\Delta T_b/b_B=(0.115/0.1362)=0.844(\text{K}\cdot\text{kg}\cdot\text{mol}^{-1})$

$$M_2=\frac{K_b\cdot m_2}{\Delta T_b\cdot m_1}=\left(\frac{0.844\times2.170\times10^{-3}}{0.109\times0.15}\right)=112(\text{g}\cdot\text{mol}^{-1})$$

$$\Delta_{vap}H_m=\frac{R\,(T_b^*)^2M_1}{K_b}$$

$$=\left[\frac{8.314\times(373.15)^2\times18\times10^{-3}}{0.844}\right]=24.69(\text{kJ}\cdot\text{mol}^{-1})$$

(2)298.15 K 时纯水蒸气压为 p_A^*，则

$$\ln\frac{p_A^*}{p_A}=\frac{\Delta_{vap}H_m}{R}\left(\frac{T-T_b^*}{T\cdot T_b^*}\right)$$

$$=\frac{24690}{8.314}\times\left(\frac{298.15-373.15}{298.15\times373.15}\right)=-2.002$$

$p_A^*=101325\times0.135=13685(\text{Pa})$

$$x_B(\text{总})=\frac{2.250/110.1+2.170/112}{2.250/110.1+2.170/112+150/18}$$

$$=4.75\times10^{-3}$$

溶液的蒸气压 $p=p_A^*[1-x_B(\text{总})]=13620(\text{Pa})$

4.26 把 0.788 g 硝基苯溶于 25.2 g 萘中，形成的溶液其凝固点下降 1.78 K。纯萘的凝固点是 353.0 K。试求萘的摩尔凝固点降低系数 K_f 及摩尔熔化焓 $\Delta_{fus}H_m$。(已知硝基苯的 $M_r=123.11$，萘的 $M_r=128.17$)

解 $K_f=\frac{\Delta T_f}{b_B}=\frac{\Delta T_f\cdot m_A}{n_B}=\frac{1.78\times25.2}{0.788/123.11}$

$=7.01(\text{K}\cdot\text{kg}\cdot\text{mol}^{-1})$

又 $K_f=\frac{R(T_f^*)^2M_A}{\Delta_{fus}H_m}$

则　　$\Delta_{fus}H_m=\frac{R(T_f^*)^2\cdot M_A}{K_f}$

$=\frac{8.314\times(353.0)^2\times128.17\times10^{-3}}{7.01}$

$=18.94(kJ\cdot mol^{-1})$

4.27　12 g 葡萄糖($C_6H_{12}O_6$)溶于 400 g 乙醇中,溶液的沸点较纯乙醇上升 0.1435 ℃,另有 3 g 不挥发的有机物质溶于 100 g 乙醇中,此溶液的沸点则上升 0.1285 ℃,求此有机物质的摩尔质量。(已知 $C_6H_{12}O_6$ 的摩尔质量为 $180.16\ g\cdot mol^{-1}$)

解　以 A 代表乙醇,B 代表葡萄糖,C 代表有机物

$b_B=12/(180.16\times400)=0.1665(mol\cdot kg^{-1})$

$\Delta T_b=K_b\cdot b_B$

$K_b=\Delta T_b/b_B=0.1435/0.1665=0.862(K\cdot mol^{-1}\cdot kg)$

$b_C=\frac{m_C}{M_C\times100}=\frac{3}{M_C\times100}$

$\Delta T_b'=K_b\cdot b_c=0.862\times\frac{0.03}{M_C}=0.1285(K)$

$M_C=0.03\times0.862/0.1285=201.2\times10^{-3}(kg\cdot mol^{-1})$

4.28　由氯仿(A)、丙酮(B)组成的真实液态混合物,$x_A=0.735$ 时,在 28.20 ℃时的饱和蒸气总压力为 29390 Pa,丙酮在气相的组成 $y_B=0.8260$。已知纯氯仿在同一温度下的蒸气压为 29564 Pa,若以同温同压下的纯氯仿为标准态,计算该真实液态混合物中活度因子及活度。设蒸气可视为理想气体。

解　对真实液态混合物,若蒸气视为理想气体,则可计算任意组分的活度及活度因子(系数)。即

$a_A=\frac{p_A}{p_A^*}=\frac{py_A}{p_A^*}=\frac{29390\times(1-0.8260)}{29564}=0.1730$

$f_A=a_A/x_A=0.1730/0.735=0.2354$

4.29　在 275 K 时,纯液体 A 与 B 的蒸汽压分别为 2.95×10^4 Pa 和 2.00×10^4 Pa,若取 A,B 各 3 mol 混合,则气相总压为 2.24×10^4 Pa,气相中 A 的摩尔分数为 0.52,设蒸汽为理想气体,求溶液中各物质的活度及活度系数。

解　$p_A=y_Ap=0.52\times2.24\times10^4=1.165\times10^4(Pa)$

$a_A=\frac{p_A}{p_A^*}=\frac{1.165\times10^4}{2.95\times10^4}=0.395$

$a_B=\frac{p_B}{p_B^*}=\frac{y_Bp}{p_B^*}=\frac{0.48\times2.24\times10^4}{2.00\times10^4}=0.538$

$$\gamma_A=\frac{a_A}{x_A}=\frac{0.395}{0.5}=0.79$$

$$\gamma_B=\frac{a_B}{x_B}=\frac{0.538}{0.5}=1.08$$

4.30 25 ℃时，异丙醇(A)和苯(B)的液态混合物，当 $x_A=0.720$ 时，测得 $p_A=4861.8\ \text{Pa}$，蒸气总压力 $p=13318.7\ \text{Pa}$，试计算异丙醇(A)和苯(B)的活度和活度系数(均以纯液体 A 或 B 为标准态)。(已知 25 ℃时纯异丙醇 $p_A^*=5866.2\ \text{Pa}$；纯苯 $p_B^*=12585.6\ \text{Pa}$)

解 $$a_A=\frac{p_A}{p_A^*}=\frac{4861.8}{5866.2}=0.829$$

$$f_A=\frac{a_A}{x_A}=\frac{0.829}{0.720}=1.151$$

$$a_B=\frac{p_B}{p_B^*}=\frac{p-p_A}{p_B^*}=\frac{13318.7-4861.8}{12585.6}=0.672$$

$$f_B=\frac{a_B}{x_B}=\frac{0.672}{0.280}=2.4$$

五、测验题

(一)选择题

1. 一封闭系统，当状态从 A 到 B 发生变化时，经历两条任意的不同途径(途径 1，途径 2)，则下列四式中，(　　)是正确的。

(1)$Q_1=Q_2$　　(2)$W_1=W_2$

(3)$Q_1+W_1=Q_2+W_2$　　(4)$\Delta U_1=\Delta U_2$

2. 下列关于偏摩尔量的理解，错误的是：(　　)。

(1)只有广度性质才有偏摩尔量

(2)偏摩尔量是广度性质

(3)纯物质的偏摩尔量就是其摩尔量

(4)偏摩尔量就是强度性质

3. 下列关于化学势的定义错误的是：(　　)。

(1)$\mu_B=\left(\frac{\partial U}{\partial n_B}\right)_{T,V,n_c(C\neq B)}$　　(2)$\mu_B=\left(\frac{\partial G}{\partial n_B}\right)_{T,P,n_c(C\neq B)}$

(3)$\mu_B=\left(\frac{\partial A}{\partial n_B}\right)_{T,p,n_c(C\neq B)}$　　(4)$\mu_B=\left(\frac{\partial H}{\partial n_B}\right)_{T,P,n_c(C\neq B)}$

4. 恒压过程是指：(　　)。

(1)系统的始态和终态压力相同的过程

(2)系统对抗外压力恒定的过程

(3)外压力时刻与系统压力相等的过程

(4)外压力时刻与系统压力相等且等于常数的过程

5. 一定温度下,某物质B的摩尔蒸发焓为$\Delta_{vap}H_m$,摩尔升华焓为$\Delta_{sub}H_m$则在此温度下,该物质B的摩尔凝固焓$\Delta_l^s H_m$=(　　)。($\Delta_l^s H_m$中的l,s分别代表液态和固态。)

(1)$\Delta_{vap}H_m+\Delta_{sub}H_m$　　(2)$-\Delta_{vap}H_m+\Delta_{sub}H_m$

(3)$\Delta_{vap}H_m-\Delta_{sub}H_m$　　(4)$-\Delta_{vap}H_m+\Delta_{sub}H_m$

6. 已知环己烷、醋酸、萘、樟脑的(摩尔)凝固点降低系数K_f分别是20.2,9.3,6.9及39.7 K·kg·mol^{-1}。今有一未知物能在上述四种溶剂中溶解,欲测定该未知物的相对分子质量,最适宜的溶剂是:(　　)。

(1)萘　　(2)樟脑

(3)环己烷　　(4)醋酸

7. 苯在101325 Pa下的沸点是353.25 K,沸点升高系数是2.57 K·kg·mol^{-1},则苯的气化焓为:(　　)。(已知C_6H_6的M_r=78.11)

(1)31.53 kJ·mol^{-1}　　(2)335 kg·mol^{-1}

(3)7.42 kJ·mol^{-1}　　(4)74.2 kg·mol^{-1}

8. 1 mol理想气体经一恒温可逆压缩过程,则:(　　)。

(1)$\Delta G>\Delta A$　　(2)$\Delta G<\Delta A$

(3)$\Delta G=\Delta A$　　(4)ΔG与ΔA无法比较

9. 物质的量为n的理想气体恒温压缩,当压力由p_1变到p_2时,其ΔG是:(　　)。

(1)$nRT\ln\frac{p_1}{p_2}$　　(2)$\int_{p_1}^{p_2}\frac{n}{RT}p\,dp$

(3)$V(p_2-p_1)$　　(4)$nRT\ln\frac{p_2}{p_1}$

10. 公式$dG=-SdT+Vdp$可适用下述哪一过程:(　　)。

(1)在298 K,100 kPa下水蒸气凝结成水的过程

(2)理想气体膨胀过程

(3)电解水制$H_2(g)$和$O_2(g)$的过程

(4)在一定温度压力下,由$N_2(g)+3H_2(g)$合成$NH_3(g)$的过程

11. 对于只做膨胀功的封闭系统$\left(\frac{\partial A}{\partial V}\right)_T$的值是:(　　)

(1)大于零　　　　(2)小于零

(3)等于零　　　　(4)不能确定

(二)填空题

1. 热力学基本方程 $dH = TdS + Vdp + \sum \mu_B dn_B$ 的适用条件为组成________变的________系统和________。

2. 今有恒温恒压下的化学反应：$aA + bB = yY + zZ$，则用化学势表示的该反应自发向正方向(向右)进行的条件为：________________。

3. 一定量的氮气在恒定的温度下增大压力，则其吉布斯函数________。(选填增大、不变，减小)

4. 试写出理想稀溶液中溶质B的化学势表达式，其中溶质B的质量摩尔浓度以 b_B 表示，$\mu_B =$ ________。

5. 某些情况下混合气体中组分B的逸度 $\tilde{p}_B$ 可用路易斯-兰德尔规则 $\tilde{p}_B = \tilde{p}_B^* y_B$ 计算，式中 $\tilde{p}_B^*$ 是________，y_B 是________。

(三)是非题

1. 理想气体的熵变公式 $\Delta S = nC_{p,m}\ln\left(\frac{V_2}{V_1}\right) + nC_{V,m}\ln\left(\frac{p_2}{p_1}\right)$ 只适用于可逆过程。是不是？(　　)

2. 组成可变的均相系统的热力学基本方程 $dG = -SdT + Vdp + \sum_{B=1} \mu_B dn_B$，既适用于封闭系统也适用于敞开系统。是不是？(　　)

3. 一定温度下，微溶气体在水中的溶解度与其平衡气相分压成正比。是不是？(　　)

4. 理想混合气体中任意组分B的化学势表达式为：$\mu_B = \mu_B^\ominus(g, T) + RT\ln(p_B/p^\ominus)$。是不是？(　　)

5. 偏摩尔量与化学势是同一个公式的两种不同表示方式。是不是？(　　)

6. 实际混合气体其化学势表达式为：$\mu_B = \mu_B^\ominus(g, T) + RT\ln(\tilde{p}_B/p^\ominus)$，式中 $\tilde{p}_B = \tilde{p}_B^* y_B$，式中 $\tilde{p}_B^*$ 为纯组分B在混合气体的 T，p 下的逸度，y_B 为组分B的摩尔分数。是不是？(　　)

7. 在 $p = p$(环)=定值下电解水制氢气和氧气 $H_2O(l) \xlongequal{电解} H_2(g) + \frac{1}{2}O_2(g)$，则 $Q = \Delta H$。是不是？(　　)

8. 在一定温度下，稀溶液中挥发性溶质与其蒸气达到平衡时气相中的分压与该组分在液相中的组成成正比。是不是？(　　)

(四)计算题

1. 20 ℃时，乙醚(A)的蒸气压为 58.955 kPa，今在 100 g 乙醚中溶入某非挥发性有机物质(B)10.0 g，乙醚的蒸气压降低为 56.795 kPa，试求该有机物质的摩尔质量。

2. 已知樟脑($C_{10}H_{16}O$)的正常凝固点为 178.4 ℃，摩尔熔化焓为 6.50 kJ·mol^{-1}，计算樟脑的摩尔降低系数 K_f？(已知樟脑的摩尔质量 $M_r=152.2$ g·mol^{-1})

3. 已知苯的正常沸点为 80.1 ℃，摩尔气化焓 $\Delta_{vap}H_m=30.77$ kJ·mol^{-1}，计算苯的摩尔沸点升高系数 K_b 为多少？(苯的摩尔质量 $M_r=78.11$ g·mol^{-1})

4. 在 100 ℃时，己烷(A)的饱和蒸气压为 245.21 kPa，辛烷(B)的饱和蒸气压为 47.12 kPa。若由其组成的液态混合物于 100 ℃时 101.325 kPa 下沸腾，求：

(1)液相的组成；

(2)气相的组成。

(己烷、辛烷的混合物可看作理想液态混合物)

六、测验题答案

(一)选择题

1.(3),(4)　**2.**(2)　**3.**(1),(3),(4)　**4.**(4)　**5.**(3)　**6.**(2)　**7.**(1)　**8.**(3)　**9.**(4)　**10.**(2)　**11.**(2)

(二)填空题

1. 可；均相封闭；$W'=0$

2. $(a\mu_A+b\mu_B)>(y\mu_Y+z\mu_Z)$ 或 $\sum\nu_B\mu_B<0$

3. 增大

4. $\mu_B=\mu^{\ominus}_{b,B(溶质,T)}+RT\ln\left(\frac{b_B}{b^{\ominus}}\right)$

5. 纯物质 B 在系统温度和总压力下的逸度；物质 B 在混合气体中的摩尔分数

(三)是非题

1. ×　**2.** √　**3.** √　**4.** √　**5.** ×　**6.** √　**7.** ×　**8.** √

(四)计算题

1. 解　由拉乌尔定律

$$p_A=p_A^*x_A=p_A^*(1-x_B)$$

$$=p_A^*\left(1-\frac{m_B/M_B}{m_A/M_A+m_B/M_B}\right)$$

$$=58.955\times\left(1-\frac{10/M_B}{100/74.08+10/M_B}\right)$$

$$=56.795$$

解得 $M_B=195(g\cdot mol^{-1})$

2. 解 $K_f=\dfrac{R\,(T_f^*)^2M_A}{\Delta_{fus}H_m}$

$$=\frac{8.314\times(451.6)^2\times152.2\times10^{-3}}{6.50\times10^3}$$

$$=39.7(K\cdot kg\cdot mol^{-1})$$

3. 解 $K_b=\dfrac{R\,(T_b^*)^2M_A}{\Delta_{vap}H_m}$

$$=\frac{8.314\times(353.25)^2\times78.11}{30.77\times10^3}$$

$$=2.63(K\cdot kg\cdot mol^{-1})$$

4. 解 $p_A=p_A^*x_A=245.21x_A$

$p_B=p_B^*x_B=47.12(1-x_A)$

$p_A+p_B=101.325\ kPa$

$x_A=0.274$；$x_B=0.726$

$y_A=\dfrac{p_A^*x_A}{p}=\dfrac{245.21\times0.274}{101.325}=0.663$

$y_B=0.337$

第五章　化学平衡
（Chapter 5　Chemical Equilibrium）

学习目标

通过本章的学习，要求掌握：

1. 化学平衡的热力学条件；
2. 化学反应等温方程式；
3. 标准平衡常数 $K^{\ominus}$ 的意义与计算；
4. 温度对标准平衡常数的影响；
5. 压力和惰性气体对化学反应平衡组成的影响；
6. 同时反应平衡组成的计算；
7. 真实气体化学平衡的计算。

一、知识结构

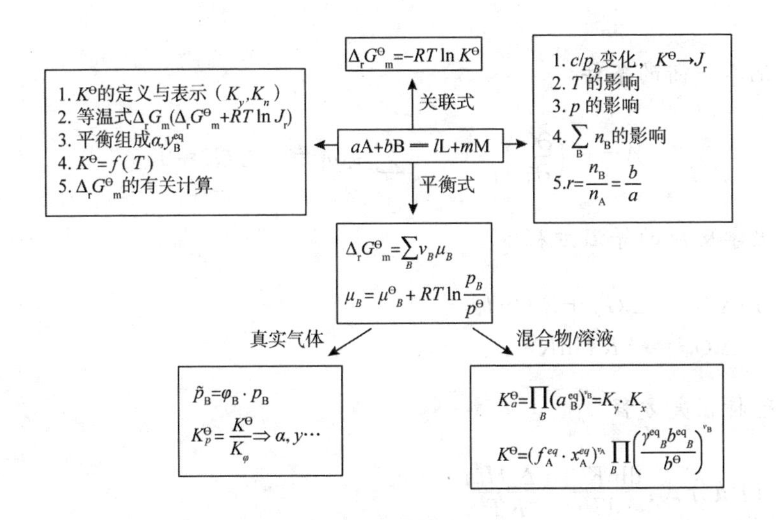

二、基本概念

1. 标准平衡常数

理想气体的可逆化学反应：$a\mathrm{A(g)}+d\mathrm{D(g)} \rightleftharpoons g\mathrm{G(g)}+h\mathrm{H(g)}$

当上述反应达到平衡时，系统的 $\Delta_r G_m=0$，此时各组分的分压称为平衡分压，标准平衡常数可表示为：

$$K^{\ominus}=\frac{(p_{\mathrm{G}}^{\mathrm{eq}}/p^{\ominus})^{g}\ (p_{\mathrm{H}}^{\mathrm{eq}}/p^{\ominus})^{h}}{(p_{\mathrm{A}}^{\mathrm{eq}}/p^{\ominus})^{a}\ (p_{\mathrm{D}}^{\mathrm{eq}}/p^{\ominus})^{d}}$$

2. 理想气体反应的等温方程

$$\Delta_r G_m=-RT\ln K^{\ominus}+RT\ln J_r$$

该式表明在等温定压下 $\Delta_r G_m$ 与 $K^{\ominus}$ 及各组分的分压商 J_r 之间的定量关系。从此等温方程可以看出，$\Delta_r G_m$ 的正负号取决于 J_r 与 $K^{\ominus}$ 的相对大小。因此，将反应任意时刻的 J_r 与 $K^{\ominus}$ 进行比较，就可以判断化学反应的方向。

当 $J_r<K^{\ominus}$，则 $\Delta_r G_m<0$，反应正向自发；

当 $J_r=K^{\ominus}$，则 $\Delta_r G_m=0$，反应处于平衡状态；

当 $J_r>K^{\ominus}$，则 $\Delta_r G_m>0$，反应逆向自发。

三、主要公式

1. 化学平衡的条件

$$A=-\left(\frac{\partial G}{\partial \xi}\right)_{T,p}=-\sum_{\mathrm{B}}\nu_{\mathrm{B}}\mu_{\mathrm{B}}=-\Delta_r G_m=0$$

2. 化学反应的等温方程

(1) $\Delta_r G_m=\Delta_r G_m^{\ominus}+RT\ln J_r$

(2) $\Delta_r G_m^{\ominus}=-RT\ln K^{\ominus}$

3. 范特霍夫方程

(1) 微分式：$\dfrac{\mathrm{d}\ln K^{\ominus}}{\mathrm{d}T}=\dfrac{\Delta_r H_m^{\ominus}}{RT^2}$

(2)积分式：$\ln\frac{K_2^{\ominus}}{K_1^{\ominus}}=-\frac{\Delta_r H_m^{\ominus}}{R}\left(\frac{1}{T_2}-\frac{1}{T_1}\right)$

4. 如何处理温度对平衡常数的影响

(1)当 $\Delta_r C_{p,m}=\sum_B \nu_B . C_{p,m}=0$，$\Delta_r H_m^{\ominus}$ 为常数

$$\begin{cases}\ln\frac{K_2^{\ominus}}{K_1^{\ominus}}=\frac{\Delta_r H_m^{\ominus}}{R}\frac{(T_2-T_1)}{T_1\cdot T_2}\\ \ln K^{\ominus}=-\frac{\Delta_r H_m^{\ominus}}{R}\frac{1}{T}+C\longrightarrow\begin{cases}\ln K^{\ominus}\sim\frac{1}{T}\text{作图，是一条直线}\\ m=-\frac{\Delta_r H_m^{\ominus}}{R}\end{cases}\end{cases}$$

(2)当 $\Delta_r C_{p,m}=\sum_B \nu_B . C_{p,m}\neq 0$，$\Delta_r H_m^{\ominus}=f(T)$

$$\begin{cases}①\Delta_r C_{p,m}=\sum_B \nu_B C_{p,m,B}\\ ②\text{求 }\Delta_r H^{\ominus}_{m(298.15)},\Delta_r S^{\ominus}_{m(298.15)},\Delta_r G^{\ominus}_{m(298.15)}\\ ③\Delta_r G^{\ominus}_{m(298.15)}\rightarrow K^{\ominus}_{1(298.15)}\leftarrow\prod_B\left(\frac{p_B^{eq}}{p^{\ominus}}\right)^{\nu_B}\\ ④\Delta_r H^{\ominus}_{m(T)}=\Delta_r H^{\ominus}_{m(298.15)}+\int_{298.15}^{T}\Delta_r C_{p,m}\mathrm{d}T\text{（有相变，分段积分）}\\ ⑤\Delta_r H^{\ominus}_{m(T)}=f(T)\\ ⑥\ln K^{\ominus}=\int\frac{\Delta_r H_m^{\ominus}(T)}{RT^2}\mathrm{d}T\\ ⑦\ln\frac{K_2^{\ominus}}{K_1^{\ominus}}=\int_{T_1}^{T_2}\frac{\Delta_r H_m^{\ominus}(T)}{RT^2}\mathrm{d}T\end{cases}$$

四、习题详解

5.1　在温度为 1000 K、压力为 101.325 kPa 时，反应 $2SO_3(g)\rightleftharpoons 2SO_2(g)+O_2(g)$ 的 $K_c=3.54\ \mathrm{mol\cdot m^{-3}}$。试求：(1)该反应的 K_p 和 K_x；(2)反应 $SO_3(g)\rightleftharpoons SO_2(g)+\frac{1}{2}O_2(g)$ 的 K'_p 和 K'_c。

解　(1)$K_p=K_c(RT)^{\Delta\nu}=3.54\times(8.314\times1000)^1=2.94\times10^4(\mathrm{Pa})$

$$K_x=K_p p^{-\Delta\nu}=K_p/p=\frac{2.943\times10^4}{101325}=0.291$$

(2)$K'_p=K_p^{1/2}=171.5\ (\text{Pa})^{1/2}$

$K'_c=K_c^{1/2}=1.88\ \text{mol}^{1/2}\cdot\text{m}^{-3/2}$

5.2 已知 298 K 时,NO_2 和 N_2O_4 的标准生成吉布斯自由能分别为 51.84 kJ · mol^{-1} 和 98.07 kJ · mol^{-1}。试求 298 K 及 101.325 kPa 下,反应 $N_2O_4(g)\rightleftharpoons 2NO_2(g)$ 的 $K^{\ominus}$、K_x 和 K_c。

解　反应　　$N_2O_4(g)\rightleftharpoons 2NO_2(g)$

设反应前　　1　　　　0

平衡时　　$1-x$　　　$2x$

$\sum n_i=1+x$

$$K^{\ominus}=\frac{\left(\frac{2x}{1+x}\right)^2\left(\frac{p}{p^{\ominus}}\right)}{\frac{1-x}{1+x}}=\frac{4x^2}{1-x^2}\left(\frac{p}{p^{\ominus}}\right)=K_x\left(\frac{p}{p^{\ominus}}\right)$$

$$\Delta_r G_m^{\ominus}(298\ \text{K})=2\times\Delta_f G_m^{\ominus}(NO_2)-\Delta_f G_m^{\ominus}(N_2O_4)=[(51.84\times 2)-98.074]$$

$$=5.61(\text{kJ}\cdot\text{mol}^{-1})=RT\ln K^{\ominus}$$

$K^{\ominus}=1.04\times 10^{-1}=0.104$

$$K_x=K^{\ominus}\left(\frac{p}{p^{\ominus}}\right)^{-1}=0.104$$

$$K_c=K^{\ominus}\left(\frac{RT}{p^{\ominus}}\right)^{-\Delta\nu}=0.104\times\left(\frac{8.314\times 298}{100000}\right)^{-1}$$

$$=4.20(\text{mol}\cdot\text{m}^{-3})$$

5.3 在 903 K 及 $p^{\ominus}$ 时,化学反应 $2SO_2(g)+O_2(g)=\!=\!=2SO_3(g)$ 的 $K^{\ominus}=29.5$,反应起始时 $SO_2(g)$ 与 $O_2(g)$ 物质的量之比为 1∶2。求 SO_2 及 O_2 的转化率。

解　　　　$2SO_2(g)\ +\ O_2(g)=\!=\!=2SO_3(g)$

起始时　　1　　　2　　　0

平衡时　　$1-a$　　$2-\frac{1}{2}a$　　a

平衡时摩尔分数　$\frac{2(1-a)}{6-a}$　　$\frac{4-a}{6-a}$　　$\frac{2a}{6-a}$

所以　$$K^{\ominus}=\frac{[p_{SO_3}/p^{\ominus}]^2}{[p_{SO_2}/p]^2[p_{O_2}^{\ominus}/p^{\ominus}]}=a^2\left(\frac{6-a}{4-a}\right)\frac{1}{(1-a)^2}$$

$\alpha=0.81$　(SO_2 的转化率)

$\frac{1}{2}\alpha/2=0.20$　(O_2 的转化率)

5.4 已知合成氨反应 $N_2(g)+3H_2(g)=\!=\!=2NH_3(g)$,在开始时只有反应物氢气和氮气,两者比例为 3∶1。试计算:(1)在 673 K 及 $10p^{\ominus}$ 压力下,平衡化合物中氨气的摩尔分数为 0.0385,求反应的平衡常数 $K^{\ominus}$;(2)若反应的总压力

增加到 $50p^{\ominus}$ 时，混合气体中氨的摩尔分数为多少？

解　(1)反应前与平衡时各物质的摩尔分数如下：

$$N_2(g)+3H_2(g)\longrightarrow 2NH_3(g)$$

反应前	1	3	0
平衡时	$1-x$	$3-3x$	$2x$

$0.0385=\dfrac{2x}{4-2x}$，$x=0.0741$

$$K^{\ominus}=\frac{p_{NH_3}^2(p^{\ominus})^2}{p_{N_2}p_{H_2}^3}=\frac{4x^2(4-2x)^2}{27(1-x)^4}\left(\frac{p^{\ominus}}{p}\right)^2=1.64\times10^{-4}$$

(2)由(1)得：

$$K_p^{\ominus}=\frac{4x(4-2x)^2}{27(1-x)^4}\left(\frac{p^{\ominus}}{p}\right)^2=1.64\times10^{-4}$$

将 p 和 $K^{\ominus}$ 值代入，得 $x=0.46$

即 673 K 及 $50p^{\ominus}$ 时平衡混合气中氨的摩尔分数为 15%。

5.5　乙苯脱氢生产苯乙烯的反应为 $C_6H_5C_2H_5(g)\rightleftharpoons C_6H_5C_2H_3(g)+H_2(g)$，在 900 K 时 $K^{\ominus}=2.7$。若起始时只有反应物乙苯为 1 mol，试计算平衡时：(1)在 $p^{\ominus}$ 下得到苯乙烯的摩尔数；(2)在 $0.1p^{\ominus}$ 下得到苯乙烯的摩尔数；(3)在 $p^{\ominus}$ 下，加入 10 mol 水汽作为惰性物质，得到苯乙烯的摩尔数。

解　(1)该体系的平衡组成如下：

$$C_6H_5C_2H_5(g)\rightleftharpoons C_6H_5C_2H_3(g)+H_2(g)$$

各物质的量	$1-n$	n	n
各物质的摩尔分数	$\dfrac{1-n}{1+n}$	$\dfrac{n}{1+n}$	$\dfrac{n}{1+n}$

则

$$K^{\ominus}=\frac{\left(\dfrac{n}{1+n}\right)^2}{\dfrac{1-n}{1+n}}\left(\frac{p}{p^{\ominus}}\right)$$

将 p、$K^{\ominus}$ 值代入得

$$\frac{n^2}{1-n^2}=2.7$$

解得

$$n=0.854\ \text{mol}$$

(2)当 $p=0.1p^{\ominus}$ 时，代入上式得

$$n=0.982\ \text{mol}$$

(3)在有水汽存在的情况下，平衡时体系物质总量为 $(11+n)$mol，则

$$K^{\ominus}=\frac{n^2}{(1-n)(11+n)}\left(\frac{p}{p^{\ominus}}\right)$$

代入 $K^{\ominus}$ 和 p 值,整理后得方程

$$3.7n^2+27n-29.7=0$$

解得

$$n=0.971(\text{mol})$$

5.6 五氯化磷的气相分解反应为 $PCl_5(g)$ ══ $PCl_3(g)+Cl_2(g)$,在 523 K 及 $p^{\ominus}$ 下达平衡后,测得混合物密度 ρ 为 2.695 kg·m^{-3}。试计算:(1) PCl_5 的离解度;(2)该反应在 523 K 时的 $K^{\ominus}$ 和 $\Delta_r G_m^{\ominus}$。

解 (1)体系的组成情况如下:

$$PCl_5(g) \rightleftharpoons PCl_3(g)+Cl_2(g)$$

	$PCl_5(g)$	$PCl_3(g)$	$Cl_2(g)$
反应前	n_0	0	0
平衡时	$n_0(1-\alpha)$	$n_0\alpha$	$n_0\alpha$

平衡时物质的总量 $\sum n_i=n_0(1+\alpha)$

设体系为混合理想气体,则

$$pV=\sum n_iRT=n_0(1+\alpha)RT$$

因而

$$\alpha=\frac{pV}{n_0RT}-1=\frac{pVM_{PCl_5}}{W_0RT}-1$$

根据质量守恒定理

$$W_0=W_{混}=\sum W_i$$

$$n_0=\frac{W_0}{M_{PCl_5}}=\frac{W_{混}}{M_{PCl_5}},\rho=\frac{W_{混}}{V}$$

W_0 和 $W_{混}$ 分别表示起始 PCl_5 的质量和平衡时混合气的质量,因此

$$\alpha=\frac{pM_{PCl_5}}{\rho RT}-1=\frac{101325\times 208.2\times 10^{-3}}{2.695\times 8.314\times 523}-1=0.80$$

$$(2)K^{\ominus}=\frac{\left(\frac{p_{PCl_3}}{p^{\ominus}}\right)\left(\frac{p_{Cl_2}}{p^{\ominus}}\right)}{\left(\frac{p_{PCl_5}}{p^{\ominus}}\right)}=\frac{\left(\frac{\alpha}{1+\alpha}\right)^2}{\left(\frac{1-\alpha}{1+\alpha}\right)}\left(\frac{p}{p^{\ominus}}\right)$$

当 $p=p^{\ominus}$, $\alpha=0.80$, $K^{\ominus}=1.78$,则

$$\Delta_r G_m^{\ominus}(523\ \text{K})=-RT\ln K^{\ominus}=-8.314\times 523\times \ln 1.78=-2.51(\text{kJ}\cdot\text{mol}^{-1})$$

5.7 在一个抽空的密闭容器内,于 290 K 下充入光气($COCl_2$)至压力为 94657.2 Pa,此时光气不离解。将该容器加热到 773 K,容器中压力增高到

267573.2 Pa。设气体符合理想气体定律，试计算：

(1)773 K 时光气的离解度；

(2)离解反应的平衡常数 $K^{\ominus}$ 和 K_c；

(3)773 K 时反应的 $\Delta_r G_m^{\ominus}$。

解　(1)反应的始、终态组成情况如下

$$COCl_2(g) \rightleftharpoons CO(g) + Cl_2(g)$$

	$COCl_2(g)$	$CO(g)$	$Cl_2(g)$
反应前	n_0	0	0
平衡时	$n_0(1-\alpha)$	$n_0\alpha$	$n_0\alpha$

平衡时物质的总量 $\sum n_i = n_0(1+\alpha)$

设容器体积不变，根据理想气体定律

$$\frac{p_{始}}{p_{平}} = \frac{n_0 R T_{始}}{n_0(1+\alpha)RT_{平}} = \frac{T_{始}}{(1+\alpha)T_{平}}$$

$$\alpha = \frac{T_{始}\ p_{平}}{T_{平}\ p_{始}} - 1 = \frac{290 \times 267573.2}{773 \times 94657.2} - 1 = 0.0605$$

(2)$$K^{\ominus} = \frac{\alpha^2}{1-\alpha^2}\left(\frac{p}{p^{\ominus}}\right) = \frac{(0.0605)^2}{1-(0.0605)^2} \times \frac{267573.2}{1000000} = 9.83 \times 10^{-3}$$

$$K_c = K^{\ominus}\left(\frac{RT}{p^{\ominus}}\right)^{-\Delta\nu} = 9.83 \times 10^{-3} \times \left[\frac{8.314 \times 773}{100000}\right]^{-1}$$

$$= 0.153(\text{mol} \cdot \text{m}^{-3})$$

(3)$$\Delta_r G_m^{\ominus}(773\ \text{K}) = -RT\ln K^{\ominus}$$

$$= -8.314 \times 773 \times \ln(9.83 \times 10^{-3})$$

$$= -29.71(\text{kJ} \cdot \text{mol}^{-1})$$

5.8　已知 973 K 时，反应 $CO(g) + H_2O(g) \rightleftharpoons CO_2(g) + H_2(g)$ 的平衡常数 $K^{\ominus} = 0.71$。试问：

(1)各物质的分压皆为 $1.5p^{\ominus}$ 时，该反应能否自发进行？

(2)若增加反应物压力，使 $p_{CO} = 10p^{\ominus}$，$p_{H_2O} = 5p^{\ominus}$，而 $p_{CO_2} = p_{H_2} = 1.5p^{\ominus}$ 时该反应能否自发进行？

解　(1)根据化学反应等温式

$$\Delta_r G_m = \Delta_r G_m^{\ominus} + RT\ln J_r = -RT\ln K^{\ominus} + RT\ln J_r$$

$$= -8.314 \times 973 \times \ln(0.71) + 0$$

$$= 2.77(\text{kJ} \cdot \text{mol}^{-1}) > 0$$

故该反应不能自发进行。

(2)$$\Delta_r G_m = RT\ln\frac{J_r}{K^{\ominus}} = 8.314 \times 973 \times \ln\frac{1.5 \times 1.5}{0.71 \times 10 \times 5}$$

$$= -22.3(\text{kJ} \cdot \text{mol}^{-1}) < 0$$

此时反应可自发进行。

5.9 已知 298 K 时下列两个反应：(1) $2CO(g)+O_2(g) \rightleftharpoons 2CO_2(g)$，$\Delta_r G_m^{\ominus} = -514.2\ kJ \cdot mol^{-1}$ 和 (2) $2H_2(g)+O_2(g) \rightleftharpoons 2H_2O(g)$，$\Delta_r G_m^{\ominus} = -457.2\ kJ \cdot mol^{-1}$。求同温度时下列反应 $CO(g)+H_2O(g) \rightleftharpoons CO_2(g)+H_2(g)$ 的 $\Delta_r G_m^{\ominus}$ 和 $K^{\ominus}$。

解 反应(3)$=\frac{1}{2}$[反应(1)－反应(2)]，所以

$$\Delta_r G_m^{\ominus}(3)=\frac{1}{2}[\Delta_r G_m^{\ominus}(1)-\Delta_r G_m^{\ominus}(2)]=-28.5\ kJ \cdot mol^{-1}$$

$$K^{\ominus}(3)=\exp\left(\frac{-\Delta_r G_m^{\ominus}(3)}{RT}\right)=9.9\times 10^4$$

本题也可以先求得 $K^{\ominus}(1)$ 和 $K^{\ominus}(2)$，进而

$$K^{\ominus}(3)=\left[\frac{K^{\ominus}(1)}{K^{\ominus}(2)}\right]^{\frac{1}{2}}=9.9\times 10^4$$

5.10 已知 298 K 下甲醇的蒸气压为 $0.1632p^{\ominus}$，摩尔熵和燃烧热如下：

物 质	CO	H_2	$CH_3OH(l)$
$S_m^{\ominus}(298\ K)/(J \cdot mol^{-1} \cdot K^{-1})$	197.90	130.59	126.78
$\Delta_c H_m^{\ominus}(298\ K)/(kJ \cdot mol^{-1})$	−282.92	−285.81	−726.38

求在 298 K 下有催化剂存在时，由 CO 和 H_2 生成 CH_3OH 的 $K^{\ominus}$。

解 反应可以设计为

$$\begin{array}{ccc} CO(g,p^{\ominus})+2H_2(g,p^{\ominus}) & \xrightarrow{\Delta_r G_m^{\ominus}(g)} & CH_3OH(g,p^{\ominus}) \\ \downarrow \Delta G_1 & & \uparrow \Delta G_4 \\ CH_3OH(l,p^{\ominus}) \xrightarrow{\Delta G_2} CH_3OH(l,p^*) & \overset{\Delta G_3}{\rightleftharpoons} & CH_3OH(g,p^*) \end{array}$$

$$\Delta_r G_m^{\ominus}(g)=\Delta G_1+\Delta G_2+\Delta G_3+\Delta G_4$$

$$\Delta G_1=\Delta H_1-T\Delta S_1$$

$$\Delta H_1=(-282.92)+2\times(-285.81)-(-726.38) =-128.16(kJ \cdot mol^{-1})$$

$$\Delta S_1=126.78-2\times 130.59-197.90 =-332.3(J \cdot mol^{-1} \cdot K^{-1})$$

所以

$$\Delta G_1=-128.16\times 10^3-298\times(-332.3) =-29.14(kJ \cdot mol^{-1})$$

$\Delta G_2 \approx 0$

$\Delta G_3 = 0$

$$\Delta G_4 = -RT\ln\left(\frac{p_{CH_3OH}}{p^{\ominus}}\right) = -8.314\times298\times\ln(0.1632)$$
$$=4.49(\text{kJ}\cdot\text{mol}^{-1})$$

所以　$\Delta_r G_m^{\ominus}(g) = -29.14 + 4.49$
$$= -24.65(\text{kJ}\cdot\text{mol}^{-1})$$

又因为 $\Delta_r G_m^{\ominus}(g) = -RT\ln K^{\ominus}$

故　$$\ln K^{\ominus} = -\frac{\Delta_r G_m^{\ominus}(g)}{RT} = \frac{24650}{8.314\times298} = 9.949$$

得　$K^{\ominus} = 2.09\times10^4$

5.11　工业上电解水生产的氢含氧 0.5%(体积)，而导体工业为了得到高纯氢(氧允许量为 1.0 μL·L^{-1})，让含 99.5%的氢气在 298 K 及 101.325 kPa 下通过某催化剂，发生反应$2H_2(g)+O_2(g)=2H_2O(g)$。试计算平衡时氧的含量，其氢的纯度是否到了要求?

解　查表可知水蒸汽的标准吉布斯生成自由能为-228.40 kJ·mol^{-1}，反应$2H_2(g)+O_2(g)═2H_2O(g)$的标准吉布斯自由能变化

$$\Delta_r G_m^{\ominus} = 2\Delta_f G_m^{\ominus}[H_2O(g)] - 2\Delta_f G_m^{\ominus}(H_2) - \Delta_f G_m^{\ominus}(O_2)$$
$$= 2\times(-228.40) = -456.80(\text{kJ}\cdot\text{mol}^{-1}) = -RT\ln K^{\ominus}$$

解得　$K^{\ominus} = 1.18\times10^{80}$

体系中组分的组成情况

	$2H_2(g)$	+	$O_2(g)$ ═	$2H_2O(g)$
反应前	99.5		0.5	
平衡时	$98.5+2n$		n	$1-2n$

平衡时物质的总量 $\sum n_i = 99.5+n$

$$K^{\ominus} = \frac{(x_{H_2O})^2}{(x_{H_2})^2(x_{O_2})}\left(\frac{p}{p^{\ominus}}\right)^{-1} = \frac{\left(\frac{1-2n}{99.5+n}\right)^2}{\left(\frac{n}{99.5+n}\right)\left(\frac{98.5+2n}{99.5+n}\right)^2}\left(\frac{101.325}{100}\right)^{-1}$$
$$= 0.9869\times\frac{(1-2n)^2(99.5+n)}{n(98.5+2n)^2}$$

在 n 是一个非常小的数时，可近似得

$n(98.5)^2\times1.18\times10^{80} = 99.5\times0.9869$

$n \approx 8.6\times10^{-83}$

由此,氧的含量已远远小于 1 μL·L^{-1},符合要求。

5.12 在 903 K 及 $p^{\ominus}$下,1 mol SO_2(g)和 1 mol O_2(g)的混合气体通过一铂催化剂管,则部分SO_2(g)氧化为SO_3(g),反应平衡后,将气体冷却,并用 KOH 吸收 SO_2 和 SO_3,测得体系中剩余的气体在 273 K,$p^{\ominus}$ 时体积为 13.78dm^3,求 $K^{\ominus}$。

解 反应 $SO_2(g)+\frac{1}{2}O_2(g)═══SO_3(g)$

起始时	1	1	0
平衡时	$1-\alpha$	$1-\frac{1}{2}\alpha$	α

$$n_{O_2}=\frac{pV}{RT}=\frac{100000\times 13.78\times 10^{-3}}{8.314\times 273}=0.607(\text{mol})=1-\frac{1}{2}\alpha$$

所以

$$\alpha=0.786\ \text{mol},n_{SO_2}=0.224\ \text{mol},n_{SO_3}=0.786\ \text{mol},\sum n_B=1.617\ \text{mol}$$

进而算得

$$x_{SO_2}=0.139,x_{O_2}=0.375,x_{SO_3}=0.486$$

所以

$$K^{\ominus}=\frac{(p_{SO_3}/p^{\ominus})}{(p_{SO_2}/p^{\ominus})(p_{O_2}/p^{\ominus})}=\frac{x_{SO_2}}{x_{SO_3}(x_{O_2})^{1/2}}=\frac{0.486}{0.139\times(0.375)^{1/2}}=5.71$$

5.13 用蒸气密度法测定二聚分子的离解反应常数。在 437 K,蒸气乙酸在体积为 21.45 cm^{3}的容器中质量为 0.0519 g,压力为 $p^{\ominus}$。用同样容器加热到 471 K,压力不变,乙酸的量为 0.0380 g。求乙酸在气相中二聚物离解反应的平衡常数、离解率和反应焓。

解 乙酸(HAc)在气相中二聚物离解反应

$$(HAc)_2 \rightleftharpoons 2HAc$$

起始时	n	0	
平衡时	$n(1-\alpha)$	$2n\alpha$	$\sum n_0=n(1+\alpha)$
摩尔分数	$\frac{1-\alpha}{1+\alpha}$	$\frac{2\alpha}{1+\alpha}$	

$$K^{\ominus}=\frac{(p_{(HAc)_2}/p^{\ominus})^2}{[(p_{HAc_2})/p^{\ominus}]}=\frac{4\alpha^2}{1-\alpha^2}(p/p^{\ominus})$$

又 $pV=\sum n_B RT=n(1+\alpha)RT$

所以

$$\alpha=\frac{100000\times 21.45\times 10^{-6}}{\left(\frac{0.0519}{120}\right)\times(8.314)\times 437}-1=0.365$$

$K^{\ominus}=0.615$

而在 471 K，$\alpha=0.730$，$K^{\ominus}=4.56$

所以

$$\Delta_r H_m^{\ominus}=\frac{R_1T_1T_2}{(T_2-T_1)}\text{In}\frac{K^{\ominus}(T_2)}{K^{\ominus}(T_1)}$$

$$=\frac{8.314\times 437\times 471}{471-437}\times\ln\frac{4.56}{0.615}$$

$$=100.84(\text{kJ}\cdot\text{mol}^{-1})$$

5.14 苯乙烯可以通过乙苯脱氢和乙苯氧化脱氢得到

$$C_6H_5\ CH_2—CH_3(g)\longrightarrow C_6H_5\ CH=CH_2(g)+H_2 \quad ①$$

$$C_6H_5\ CH_2—CH_3(g)+\frac{1}{2}O_2\longrightarrow C_6H_5CH=CH_2\ (g)+H_2O(g) \quad ②$$

(1)请查表求出 298.2 K 时，上述两反应的标准平衡常数，并判断反应进行的程度。

(2)在 873.2 K 及 $p^{\ominus}$ 下，采用反应式①制备苯乙烯时，若乙苯(g)与水蒸汽的摩尔比为 1∶9。试计算乙苯平衡转化率。

解 (1)查表结果如下：

物质	$C_6H_5\ CH_2—CH_3(g)$	$C_6H_5CH=CH_2(g)$	$H_2O(g)$
$\Delta_f G_m^{\ominus}/(\text{kJ}\cdot\text{mol}^{-1})$	130.58	213.80	−228.60
$\Delta_f H_m^{\ominus}/(\text{kJ}\cdot\text{mol}^{-1})$	29.79	147.30	−241.84

反应①$\Delta_r G_m^{\ominus}=83.22\ \text{kJ}\cdot\text{mol}^{-1}$，$K^{\ominus}=2.643\times 10^{-15}$

反应②$\Delta_r G_m^{\ominus}=-145.38\ \text{kJ}\cdot\text{mol}^{-1}$，$K^{\ominus}=2.928\times 10^{25}$

所以在 298.2 K 及 $p^{\ominus}$ 下，反应①转化率极低，反应②几乎全部转化。

(2)先求 873 K 及 $p^{\ominus}$ 时 $K^{\ominus}$

$$\ln\frac{K^{\ominus}(873.2\ \text{K})}{K^{\ominus}(298.2\ \text{K})}=\frac{\Delta_r H_m^{\ominus}}{R}\left(\frac{1}{298.2}-\frac{1}{873.2}\right)$$

$$\Delta_r H_m^{\ominus}=117.51(\text{kJ}\cdot\text{mol}^{-1})$$

所以 $K^{\ominus}(873.2\ \text{K})=9.48\times 10^{-2}$

$$C_6H_5C_2H_5(g)\longrightarrow C_6H_5C_2H_3\ (g)+H_2\ (g),\ H_2O(g)$$

	$C_6H_5C_2H_5(g)$	$C_6H_5C_2H_3(g)$	$H_2(g)$	$H_2O(g)$
起始	1	0	0	9
平衡	$1-\alpha$	α	α	9

$$K^{\ominus}=\frac{\left(\frac{\alpha}{10+\alpha}\right)^2\left(\frac{p}{p^{\ominus}}\right)^2}{\left(\frac{1-\alpha}{10+\alpha}\right)\left(\frac{p}{p^{\ominus}}\right)}=\frac{\alpha^2}{(10+\alpha)(1-\alpha)}\left(\frac{p}{p^{\ominus}}\right)$$

因为 $p=p^{\ominus}$，有 $0.0948=\dfrac{\alpha^2}{10-9\alpha-\alpha^2}$

$$1.09484\alpha^2+0.8532\alpha-0.9484=0$$

$$\alpha=0.62$$

5.15 固体 $NaHCO_3$ 在真空容器中发生反应 $2NaHCO_3(s)=\!=\!=Na_2CO_3(s)+H_2O(g)+CO_2(g)$，而 298 K 下各组分的热力学数据如下：

物质	$NaHCO_3$	Na_2CO_3	H_2O	CO_2
$\Delta_f H_m^{\ominus}/(kJ\cdot mol^{-1})$	−947.7	−1130.9	−241.8	−393.5
$S_m^{\ominus}/(J\cdot mol^{-1}\cdot K^{-1})$	102.1	136.6	188.7	213.6

求：(1)298 K 时，平衡体系的总压力为多少？

(2)体系温度多高时，平衡总压力为 101.325 kPa？

解 (1)$\ln K^{\ominus}=-\dfrac{\Delta_r G_m^{\ominus}}{RT}$

$\Delta_r H_m^{\ominus}=129.2\ kJ\cdot mol^{-1}$，$\Delta_r S_m^{\ominus}=334.7\ J\cdot mol^{-1}\cdot K^{-1}$

所以 $\Delta_r G_m^{\ominus}=29.46\ kJ\cdot mol^{-1}$

$$K^{\ominus}=\left(\frac{p_{H_2O}}{p^{\ominus}}\times\frac{p_{CO_2}}{p^{\ominus}}\right)=\frac{1}{4}\left(\frac{p}{p^{\ominus}}\right)^2=\exp\left(\frac{-\Delta_r G_m^{\ominus}}{RT}\right)=6.86\times10^{-6}$$

故 $p=524\ Pa$

(2)$\ln\dfrac{K^{\ominus}(T_2)}{K^{\ominus}(T_1)}=\dfrac{\Delta_r H_m^{\ominus}}{R}\left(\dfrac{1}{T_1}-\dfrac{1}{T_2}\right)$

$T_1=298\ K$，$K^{\ominus}(T_1)=6.86\times10^{-6}$，$K^{\ominus}(T_2)=\dfrac{1}{4}\left(\dfrac{101.325\ kPa}{p^{\ominus}}\right)^2=0.257$

代入上式，求得 $T=373.4\ K$。

5.16 已知有如下两个反应：

$2NaHCO_3(s)=\!=\!=Na_2CO_3(s)+H_2O(g)+CO_2(g)$，

$\Delta_r G_m^{\ominus}=[129.1\times10^3-334.2(T/K)]\ J\cdot mol^{-1}$ ①

$NH_4HCO_3(s)=\!=\!=NH_3(g)+H_2O(g)+CO_2(g)$，

$\Delta_r G_m^{\ominus}=[171.5\times10^3-476.4(T/K)]\ J\cdot mol^{-1}$ ②

试回答：(1)在 298 K，当 $NaHCO_3(s)$、$Na_2CO_3(s)$ 和 $NH_4HCO_3(s)$ 平衡共存时 $NH_3(g)$ 的 p_{NH_3} 是多少？(2)当 $p_{NH_3}=0.5\times10^5\ Pa$，欲使三者平衡共存，需

T 为多少？若 T 超过此值，体系中物质相态将发生何种变化？

解　(1)在 298 K，若三者平衡共存，反应①与反应②必同时平衡，则 p_{H_2O} 与 p_{CO_2} 必然相同。

$\Delta_r G_m^{\ominus}(1)=129.1\times10^3-334.2\times298=29.51\times10^3(J\cdot mol^{-1})$

$K^{\ominus}(1)=p_{H_2O}p_{CO_2}/(p^{\ominus})^2=6.721\times10^{-6}$

$\Delta_r G_m^{\ominus}(2)=171.5\times10^3-476.4\times298=29.53\times10^3(J\cdot mol^{-1})$

$K^{\ominus}(2)=\dfrac{p_{NH_3}p_{H_2O}p_{CO_2}}{(p^{\ominus})^3}=6.663\times10^{-6}$

$K^{\ominus}(2)/K(1)=p_{NH_3}/p^{\ominus}=0.9914$

所以　$p_{NH_3}=99.14$ kPa

(2)若指定 $p_{NH_3}=0.5\times10^5$ Pa，则

$K^{\ominus}(2)/K^{\ominus}(1)=p_{NH_3}/p^{\ominus}=0.5\times10^5\ Pa/p^{\ominus}=0.5$

$\ln(0.5)=\ln[K^{\ominus}(2)/K^{\ominus}(1)]=-[\Delta_r G_m^{\ominus}(2)-\Delta_r G_m^{\ominus}(1)]/RT$

$\ln(0.5)=-[42.2\times10^3-142.2(T/K)]/RT-5.763\ T$

$=-42400+142.2\ T$

$T=286.6$ K

若超过此温度，$NH_4HCO_3(s)$将继续分解直至消失。

5.17　将$NH_4I(s)$迅速加热到 308.9 K 时完全分解，测得蒸气压为36.66 kPa($NH_3(g)$和 HI(g)分压之和)。如果恒温过一段时间，HI(g)发生下列分解：$HI(g)=\frac{1}{2}H_2(g)+\frac{1}{2}I_2(g)$，从而使$NH_4I(s)$上方的压力增大。已知 308.9 K 时 HI(g)分解反应的 $K^{\ominus}=0.127$，求$NH_4I(s)$上方的总压力。

解　体系内有两个反应同时达平衡

$$NH_4I(s)=\!=\!=NH_3(g)+HI(g)\quad K^{\ominus}(1)$$

$$\qquad\qquad\qquad x\qquad x-2y$$

$$HI(g)=\!=\!=\frac{1}{2}H_2(g)+\frac{1}{2}I_2(g)\quad K^{\ominus}(2)=0.127$$

$$x-2y\qquad y\qquad y$$

$K^{\ominus}(1)=\dfrac{1}{4}\left(\dfrac{36.66}{100}\right)^2=3.36\times10^{-2}$

同时平衡时

$K^{\ominus}(1)=x(x-2y)=x^2-2xy$

$K^{\ominus}(2)=\dfrac{y}{x-2y}$

所以

$K^{\ominus}(1)K^{\ominus}(2)=xy$

$x=\sqrt{K^{\ominus}(1)+2\,K^{\ominus}(1)K^{\ominus}(2)}=0.2053$

$x=\dfrac{p_{NH_3}}{p^{\ominus}}$

故　$p_{NH_3}=20.53\ \text{kPa}$

$p_{总}=p_{NH_3}+p_{HI}+p_{H_2}+p_{I_2}=2p_{NH_3}=41.06\ \text{kPa}$

5.18 在 298 K 时将 1 mol 乙醇与 0.091 mol 乙醛混合，所得溶液为63.0 cm^3。当反应达到平衡后，90.72%的乙醛依下式反应

$2C_2H_5OH(l)+CH_3CHO(l)═CH_3CH(OC_2H_5)_2(l)+H_2O(l)$。

(1)若溶液为理想溶液，计算平衡常数；

(2)若溶液用 0.30 dm^3 的惰性溶剂冲稀，试问乙醇参与反应的百分数为多少？

解　(1)设反应达平衡时浓度为

$2C_2H_5OH(l)+CH_3CHO(l)═CH_3CH(OC_2H_5)_2(l)+H_2O(l)$

c_1　　　　c_2　　　　c_3　　　　c_4

$c_3=\dfrac{0.091\times 90.72\%}{63.0\times 10^{-3}}=1.31(\text{mol}\cdot\text{dm}^{-3})$

$c_3=c_4$

$c_2=\dfrac{0.091}{63.0\times 10^{-3}}\times(1-90.72\%)=0.134(\text{mol}\cdot\text{dm}^{-3})$

$c_1=\dfrac{1}{63.0\times 10^{-3}}-2\times c_3=13.25(\text{mol}\cdot\text{dm}^{-3})$

由于理想溶液，则

$$K^{\ominus}=\frac{\left(\frac{c_3}{c^{\ominus}}\right)\left(\frac{c_4}{c^{\ominus}}\right)}{\left(\frac{c_1}{c^{\ominus}}\right)^2\left(\frac{c_2}{c^{\ominus}}\right)}=0.073$$

(2)若用 0.30 dm^3 的惰性溶液冲稀，反应达平衡时，设乙醛参与反应的分数为α，则

$c_3=\dfrac{0.091\times\alpha}{63.0\times 10^{-3}+0.30}=0.251\alpha(\text{mol}\cdot\text{dm}^{-3})=c_4$

$c_2=0.251(1-\alpha)\text{mol}\cdot\text{dm}^{-3}$

$c_1=(2.755-0.502\alpha)\text{mol}\cdot\text{dm}^{-3}$

$K^{\ominus}=\dfrac{\left(\frac{c_3}{c^{\ominus}}\right)\left(\frac{c_4}{c^{\ominus}}\right)}{\left(\frac{c_1}{c^{\ominus}}\right)^2\left(\frac{c_2}{c^{\ominus}}\right)}=0.073$

将各物质浓度代入上式，得

$0.252\alpha^3 + 0.4204\alpha^2 + 10.356\alpha - 7.59 = 0$

$\alpha = 0.704$

因此乙醇参与反应的百分数为：$\frac{2\times 0.091\times 0.704}{1.0}\times 100\% = 12.81\%$。

5.19　在 298 K 时，将$NH_4HS(s)$放入抽空的瓶中，发生分解反应$NH_4HS(s) = NH_3(g) + H_2S(g)$。当反应达平衡时，测得瓶中压力为 66660 Pa，求 $K^{\ominus}$。若瓶中原已盛有$NH_3(g)$，其压力为 39996 Pa，问达平衡时瓶中总压为多少？

解　该体系达平衡时　　$p_{总} = p_{NH_3} + p_{H_2S}$

当反应开始无$NH_3(g)$时，$p_{总} = 66660$ Pa，则

$$p_{NH_3} = p_{H_2S} = 33330 \text{ Pa}$$

所以　$K^{\ominus} = \left(\frac{p_{NH_3}}{p^{\ominus}}\right)\left(\frac{p_{H_2S}}{p^{\ominus}}\right) = \left(\frac{33330}{100000}\right)^2 = 0.111$

若瓶中原有$NH_3(g)$，$p^0_{NH_3} = 39996$ Pa，则平衡时有

$$p_{H_2S} = p,\quad p_{NH_3} = p + p^0_{NH_3}$$

则　$K^{\ominus} = \left(\frac{p + p^0_{NH_3}}{p^{\ominus}}\right)\left(\frac{p}{p^{\ominus}}\right) = 0.111$

$$p^2 + p^0_{NH_3}p = 0.111\times(p^{\ominus})^2$$

解得　$p = 18.86$ kPa

总压 $p_{总} = 2p + p^0_{NH_3} = 77.72$ kPa

5.20　已知在 323 K 平衡时，存在如下①②反应。反应①的离解压力为 3999.3 Pa，反应②的水蒸气压力为 6052.7 Pa。试计算体系中含有$NaHCO_3(s)$、$Na_2CO_3(s)$、$CuSO_4\cdot 5H_2O(s)$和$CuSO_4\cdot 3H_2O(s)$在达成平衡时二氧化碳的分压。

$2NaHCO_3(s) = Na_2CO_3(s) + H_2O(g) + CO_2(g)$　　①

$CuSO_4\cdot 5H_2O(s) = CuSO_4\cdot 3H_2O(s) + 2H_2O(g)$　　②

解　$K^{\ominus}(1) = \left(\frac{p_{H_2O}}{p^{\ominus}}\right)\left(\frac{p_{CO_2}}{p^{\ominus}}\right) = \left(\frac{p}{2p^{\ominus}}\right)^2 = 4.0\times 10^{-4}$

$K^{\ominus}(2) = \left(\frac{p_{H_2O}}{p^{\ominus}}\right)^2 = \left(\frac{6052.7}{100000}\right)^2 = 3.7\times 10^{-3}$

混合体系达到平衡时，必须同时满足上述两个方程，即

$p_{H_2O} = 6052.7$ Pa

$$\left(\frac{p_{CO_2}}{p^{\ominus}}\right) = \frac{K^{\ominus}(1)}{\left(\frac{p_{H_2O}}{p^{\ominus}}\right)} = \frac{4.0\times 10^{-4}}{6.0527\times 10^{-2}} = 6.61\times 10^{-3}$$

所以　　$p_{CO_2}=661\ \mathrm{Pa}$

5.21 反应$LaCl_3(s)+H_2O(g) \rightleftharpoons LaOCl(s)+2HCl(g)$在 804 K 和 733 K 时 $K^{\ominus}$分别测得为 0.63 和 0.125。

(1)估算反应 $\Delta_r H_m^{\ominus}$；

(2)若在 900 K 时 HCl(g)的平衡压力为 266.64 Pa，估算 $H_2O(g)$的平衡压力。

解　(1)因为$\left(\dfrac{\partial \ln K^{\ominus}}{\partial T}\right)_p=\dfrac{\Delta_r H_m^{\ominus}}{RT^2}$，假定 $\Delta_r H_m^{\ominus}$ 为常数，则

$$\ln\frac{K^{\ominus}(T_2)}{K^{\ominus}(T_1)}=\frac{\Delta_r H_m^{\ominus}}{R}\left(\frac{1}{T_1}-\frac{1}{T_2}\right)$$

$$\Delta_r H_m^{\ominus}=\frac{RT_1T_2\ln\dfrac{K^{\ominus}(T_2)}{K^{\ominus}(T_1)}}{T_2-T_1}$$

$$=\frac{8.314\times 804\times 733\ln\dfrac{0.63}{0.125}}{804-733}=111.62(\mathrm{kJ\cdot mol^{-1}})$$

(2)$\ln K^{\ominus}(900\ \mathrm{K})=\dfrac{\Delta_r H_m^{\ominus}}{R}\left(\dfrac{1}{T_1}-\dfrac{1}{T_2}\right)+\ln K^{\ominus}(T_1)$

代入上述各项已知数据($T_1=733$ K)，计算得：

$$K^{\ominus}(900\ \mathrm{K})=3.74$$

$$K^{\ominus}=\frac{(p_{HCl}/p^{\ominus})^2}{(p_{H_2O}/p^{\ominus})}$$

故　　$p_{H_2O}=0.19\ \mathrm{Pa}$

5.22 在 800 K 的容器中放入固态 ZnO 和液态锌，然后通入氢气，发生下列化学反应 $ZnO(s)+H_2(g) \rightleftharpoons Zn(g)+H_2O(g)$。该反应 $\Delta_r G_m^{\ominus}=[232000-160(T/\mathrm{K})]\mathrm{J\cdot mol^{-1}}$，液态锌的蒸汽压方程为 $\lg\left(\dfrac{p}{p^{\ominus}}\right)=-\dfrac{6164}{T}+5.22$。问达到平衡时，平衡体系内 H_2和 $H_2O(g)$的物质的量比为多少？(设气体符合理想气体)

解　$\Delta_r G_m^{\ominus}(800\ \mathrm{K})=232000-160\times 800=104000(\mathrm{J\cdot mol^{-1}})$

所以

$$K^{\ominus}=\exp\left(-\frac{\Delta_r G_m^{\ominus}}{RT}\right)=\exp\left(\frac{-104000}{8.314\times 800}\right)=1.62\times 10^{-7}$$

$$K^{\ominus}=\frac{\left(\dfrac{p_{H_2O}}{p^{\ominus}}\right)\left(\dfrac{p_{Zn}}{p^{\ominus}}\right)}{\left(\dfrac{p_{H_2}}{p^{\ominus}}\right)}=1.62\times 10^{-7}$$

$$\lg\left(\frac{p_{Zn}}{p^{\ominus}}\right)=\frac{-6164}{800}+5.22=-2.485$$

$$\left(\frac{p_{Zn}}{p^{\ominus}}\right)=3.3\times10^{-3}$$

平衡体系中 H_2 和 $H_2O(g)$ 的物质的量比为

$$\frac{n_{H_2}}{n_{H_2O}}=\frac{p_{H_2}}{p_{H_2O}}=\frac{3.3\times10^{-3}}{1.62\times10^{-7}}=2.04\times10^{4}$$

5.23　若已测得甲烷、苯和甲苯在 500 K 时的标准生成吉布斯自由能分别为 $-33.8\ kJ\cdot mol^{-1}$，$162\ kJ\cdot mol^{-1}$ 和 $172.4\ kJ\cdot mol^{-1}$。今若以等物质的量的甲烷与苯的混合物在 500 K 通过催化剂，试问：

(1)根据热力学分析预期得到甲苯的最高产量为若干(用百分数表示)。

(2)若在 500 K 时，以等摩尔量甲苯与氢混合，按上述过程反应，试问甲苯的平衡转化率为若干？

解(1)　　$CH_4(g)+C_6H_6(g)\rightleftharpoons C_6H_5CH_3(g)+H_2(g)$

反应前　　1　　1　　0　　0

平衡时　　$1-\alpha$　　$1-\alpha$　　α　　α

平衡时总的物质的量为 2 mol，甲苯的产率为 $\alpha/2$。

$$\Delta_r G_m^{\ominus}=\Delta_f G_m^{\ominus}(C_6H_5CH_3)+\Delta_f G_m^{\ominus}(H_2)-\Delta_f G_m^{\ominus}(CH_4)-\Delta_f G_m^{\ominus}(C_6H_6)$$

$$=172.4-162-(-33.8)=43.8\ kJ\cdot mol^{-1}$$

$$\ln K^{\ominus}=-\frac{\Delta_r G_m^{\ominus}}{RT}=\frac{-43800}{8.314\times500}=-10.536$$

$$K^{\ominus}=2.65\times10^{-5}$$

$$K^{\ominus}=\frac{\alpha^2}{(1-\alpha^2)}=2.65\times10^{-5}$$

$$\alpha=5.2\times10^{-3}$$

$$x_{甲苯}=\alpha/2=0.26\%$$

(2)如按上述过程进行反应为

$C_6H_5CH_3(g)+H_2(g)\rightleftharpoons CH_4(g)+C_6H_6(g)$

反应前　　1　　1　　0　　0

平衡时　$1-\beta$　　$1-\beta$　　β　　β

温度不变，平衡常数不变，故求得此逆反应平衡转化率为 99.46%。

5.24　对于合成甲醇的反应 $CO(g)+2H_2(g)\rightleftharpoons CH_3OH(g)$，如找到适合的催化剂，在 773 K 可使反应进行得很快。工业生产时，为使在 $CO:H_2=1:2$ 的条件下有 10% 转化，试估算体系的压力应达多少？(假定 $\Delta_r H_m^{\ominus}$ 不随温度

改变）

物质	CO	H_2	CH_3OH
$\Delta_f H_m^{\ominus}(289\ K)/(kJ \cdot mol^{-1})$	−110.52	0	−201.25
$S_m^{\ominus}(289\ K)/(J \cdot mol^{-1} \cdot K^{-1})$	197.91	130.59	237.6

解 $\Delta_r H_m^{\ominus} = \Delta_f H_m^{\ominus}(CH_3OH) - \Delta_f H_m^{\ominus}(CO) - 2\Delta_f H_m^{\ominus}(H_2)$

$= -90.73\ kJ \cdot mol^{-1}$

$\Delta_r S_m^{\ominus} = S_m^{\ominus}(CH_3OH) - S_m^{\ominus}(CO) - 2S_m^{\ominus}(H_2)$

$= 237.6 - 197.91 - 2 \times 130.59 = -221.49\ (J \cdot mol^{-1} \cdot K^{-1})$

$\Delta_r G_m^{\ominus} = \Delta_r H_m^{\ominus} - T\Delta_r S_m^{\ominus}$

$\Delta_r G_m^{\ominus}(773\ K) = -90.73 \times 10^3 - 773 \times (-221.49)$

$= 80.48 \times 10^3 (J \cdot mol^{-1})$

$$\ln K^{\ominus} = -\frac{\Delta_r G_m^{\ominus}}{RT} = -12.523$$

$K^{\ominus} = 3.64 \times 10^{-6}$

当反应转化10%时，$CO(g) + 2H_2(g) \rightleftharpoons CH_3OH(g)$

平衡时　　0.9　　1.8　　0.1

分压　　$\frac{0.9}{2.8}\left(\frac{p}{p^{\ominus}}\right)$　$\frac{1.8}{2.8}\left(\frac{p}{p^{\ominus}}\right)$　$\frac{0.1}{2.8}\left(\frac{p}{p^{\ominus}}\right)$，$p$ 为总压

$$K^{\ominus} = \frac{0.1 \times (2.8)^2}{0.9 \times (1.8)^2}\left(\frac{p}{p^{\ominus}}\right)^{-2} = 3.64 \times 10^{-6}$$

$p = 2.72 \times 10^2 \times p^{\ominus} = 2.72 \times 10^7\ Pa$

5.25 已知气相反应 $A(g) \rightleftharpoons B(g)$，在 290 K 时 $\Delta_r G_m^{\ominus}$ 和 $\Delta_r H_m^{\ominus}$ 分别为 $28.45\ kJ \cdot mol^{-1}$ 和 $41.84\ kJ \cdot mol^{-1}$。现将 0.5 mol A 放入 10 dm^3 容器中，试计算 500 K 时各气体的分压。

解 因为$\left(\frac{\partial \ln K^{\ominus}}{\partial T}\right)_p = \frac{\Delta_r H_m^{\ominus}}{RT^2}$，设 $\Delta_r H_m^{\ominus}$ 与 T 无关，则

$$\ln K^{\ominus}(500\ K) = \frac{\Delta_r H_m^{\ominus}}{R}\left(\frac{1}{T_1} - \frac{1}{T_2}\right) - \frac{\Delta_r G_m^{\ominus}(290\ K)}{RT_1}$$

$$= \frac{41.84 \times 10^3}{8.314}\left(\frac{1}{290} - \frac{1}{500}\right) - \frac{28.45 \times 10^3}{8.314 \times 290} = -4.51$$

所以　$K^{\ominus} = 0.011$

设平衡时，B 的物质的量为 x，则 A 的为 $0.5 - x$，于是

$$K^{\ominus} = \frac{\frac{x}{0.5}}{\frac{0.5 - x}{0.5}} = \frac{x}{0.5 - x} = 0.011$$

$x=0.0054=n_B$

$n_A=0.5-x=0.4946\ \text{mol}$

故 $p_A=\dfrac{n_ART}{V}=\dfrac{0.4946\times8.314\times500}{10\times10^{-3}}$

$=2.056\times10^5(\text{Pa})$

$p_B=\dfrac{0.0054\times8.314\times500}{10\times10^{-3}}=2.245\times10^3(\text{Pa})$

5.26 反应$CuSO_4\cdot3H_2O(s)\rightleftharpoons CuSO_4(s)+3H_2O(g)$的平衡常数 $K^\ominus$ 在 298 K 和 323 K 分别为 1.0×10^{-6} 和 1.0×10^{-4}。

(1)问 298 K 时将$CuSO_4\cdot3H_2O(s)$放在水蒸气气压为 2026.5 Pa 的空气中会不会分解？

(2)假设 $\Delta_rH_m^\ominus$ 与温度无关，请计算 298 K 时$CuSO_4\cdot3H_2O(s)$分解反应的 $\Delta_rG_m^\ominus$，$\Delta_rH_m^\ominus$ 和 $\Delta_rS_m^\ominus$；

(3)298 K 时在 2 dm^3烧瓶中，为使 0.01 mol 的$CuSO_4(s)$完全变为三水化合物，问最少需引入多少水蒸气？

解　(1)由下式判断反应的方向：

$$\Delta_rG_m=\Delta_rG_m^\ominus+RT\ln J_r=RT\ln\frac{J_r}{K^\ominus}=RT\ln\frac{\left(\frac{2026.5}{100000}\right)^3}{10^{-6}}=RT\ln8.322>0,$$

不会分解。

(2)可联立下列方程求解 $\Delta_rH_m^\ominus$ 和 $\Delta_rS_m^\ominus$

$$\begin{cases}-R\times298\times\ln10^{-6}=\Delta_rH_m^\ominus-298\times\Delta_rS_m^\ominus\\-R\times323\times\ln10^{-4}=\Delta_rH_m^\ominus-323\times\Delta_rS_m^\ominus\end{cases}$$

解得：　$\Delta_rH_m^\ominus=147.41\ \text{kJ}\cdot\text{mol}^{-1}$，

$\Delta_rS_m^\ominus=379.81\ \text{J}\cdot\text{mol}^{-1}\cdot\text{K}^{-1}$

$\Delta_rG_m^\ominus(298\ \text{K})=-RT\ln K^\ominus=34.23\ \text{kJ}\cdot\text{mol}^{-1}$

本题也可由下式求出 $\Delta_rH_m^\ominus$：

$$\ln\frac{K^\ominus(T_2)}{K^\ominus(T_1)}=\frac{\Delta_rH_m^\ominus}{R}\left(\frac{1}{T_1}-\frac{1}{T_2}\right)$$

由下式求 $\Delta_rS_m^\ominus$：

$$\Delta_rG_m^\ominus=\Delta_rH_m^\ominus-T\Delta_rS_m^\ominus$$

(3)298 K 时三水化合物的分解压力：

$$\frac{p_{H_2O}}{p^\ominus}=\sqrt[3]{K^\ominus}=10^{-2}$$

故 $$n=\frac{pV}{RT}=\frac{0.01p^{\ominus}\times 2\times 10^{-3}}{8.314\times 298}=8.07\times 10^{-4}(\text{mol})$$

需引入水蒸气的物质的量为：使 0.01 mol $CuSO_4$(s)完全转变为三水化合物需消耗 0.03 mol 水蒸气，为维持平衡需 8.07×10^{-4} mol 水蒸气，共需引入水蒸气至少应为 $0.03+8.07\times 10^{-4}\approx 3.1\times 10^{-2}$ mol。

5.27 在 298 K 时 Hg_2Cl_2(s)和 AgCl(s)的溶解度分别为 $6.5\times 10^{-7}\ \text{mol}\cdot\text{dm}^{-3}$ 和 $1.3\times 10^{-5}\ \text{mol}\cdot\text{dm}^{-3}$，各物质的标准摩尔生成吉布斯自由能如下：

物质	Hg_2Cl_2(s)	AgCl(s)
$\Delta_f G_m^{\ominus}/(\text{kJ}\cdot\text{mol}^{-1})$	−210.66	−109.72

求 298 K 及 101.325 kPa 下，反应 $2Ag(s)+Hg_2Cl_2(s)=\!=\!=2AgCl(aq)+2Hg(l)$ 的标准平衡常数。

解 将反应设计如下：

$$2Ag(s)+Hg_2Cl_2(a=1)\xrightarrow{\Delta G_{II}^{\ominus}}2AgCl(a=1)+2Hg(l)$$

$$\downarrow \Delta G_1 \qquad\qquad \uparrow \Delta G_4$$

$$2Ag(s)+Hg_2Cl_2(c_1)=\!=\!=2AgCl(c_2)+2Hg(l)$$

$$\downarrow \Delta G_2 \qquad\qquad \uparrow \Delta G_3$$

$$2Ag(s)+Hg_2Cl_2(s)\xrightarrow{\Delta G_{I}^{\ominus}}2AgCl(s)+2Hg(l)$$

$$\begin{aligned}\Delta G_{I}^{\ominus}&=2\Delta_f G_m^{\ominus}(AgCl)-\Delta_f G_m^{\ominus}(Hg_2Cl_2)\\&=2\times(-109.72)-1\times(-210.66)\\&=-8.78\ \text{kJ}\cdot\text{mol}^{-1}\end{aligned}$$

$$\Delta G_2=\Delta G_3=0$$

$$\begin{aligned}\Delta G_{II}^{\ominus}&=\Delta G_{I}^{\ominus}+\Delta G_1+\Delta G_4=\Delta G_{I}^{\ominus}+RT\ln\frac{\left(\frac{c_1}{c^{\ominus}}\right)}{\left(\frac{c_2}{c^{\ominus}}\right)^2}\\&=8.78\times 10^3+8.314\times 298\times\ln\frac{6.5\times 10^{-7}}{(1.3\times 10^{-5})^2}\\&=11672(\text{J}\cdot\text{mol}^{-1})\end{aligned}$$

由于 Hg_2Cl_2(s)和 AgCl(s)的溶解度很小，故假定其活度等于浓度。

$$\ln K^{\ominus}=-\frac{\Delta G_{II}^{\ominus}}{RT}=-\frac{11672}{8.314\times 298}=-4.71$$

$$K^{\ominus}=0.009$$

5.28 在 298 K 时正辛烷(g)的标准摩尔燃烧焓为 $-5507.2\ \text{kJ}\cdot\text{mol}^{-1}$。而

CO_2(g)和 H_2O(l)的标准摩尔生成热分别为$-393.1\ kJ\cdot mol^{-1}$和$-285.6\ kJ\cdot mol^{-1}$，C_8H_{18}、石墨和 H_2(g)的标准摩尔规定熵分别为 $463.3\ J\cdot mol^{-1}K^{-1}$，$5.684\ J\cdot mol^{-1}K^{-1}$和 $130.5\ J\cdot mol^{-1}K^{-1}$。试求：

(1)298 K 下，正辛烷生成反应的 $K^{\ominus}$ 及 K_c；

(2)增加压力、升高温度对正辛烷产率有无影响？

(3)在 298 K 及 $p^{\ominus}$ 下，平衡混合物中正辛烷的摩尔分数能否达到 0.17？若希望达到 0.5 时需要多大压力？

解　(1)正辛烷的生成反应为 $8\,C(s)+9H_2(g)\longrightarrow C_8H_{18}(g)$

$$\Delta_r H_m^{\ominus}(298\ K)=\sum \nu_B \Delta_c H_m^{\ominus}(298\ K)$$
$$=8\times(-393.1)+9\times(-285.6)-1\times(-5507.2)$$
$$=-208.0\ kJ\cdot mol^{-1}$$

$$\Delta_r S_m^{\ominus}(298\ K)=\sum \nu_B S_m^{\ominus}(298\ K,B)=-756.672\ J\cdot mol^{-1}\cdot K^{-1}$$

$$\Delta_r G_m^{\ominus}(298\ K)=\Delta_r H_m^{\ominus}(298\ K)-T\Delta_r S_m^{\ominus}(298\ K)=17.49\ kJ\cdot mol^{-1}$$

$$\ln K^{\ominus}=-\frac{\Delta_r G_m^{\ominus}}{RT}=-\frac{17490}{8.314\times 298}=-7.0593$$

$$K^{\ominus}=8.6\times 10^{-4}$$

$$K^{\ominus}=K_c\left(\frac{RT}{p^{\ominus}}\right)^{-8}$$

$$K_c=K^{\ominus}\left(\frac{RT}{p^{\ominus}}\right)^{8}=1.22\times 10^{8}\ mol^{-8}\cdot dm^{24}$$

(2)因为 $\Delta_r V_m^{\ominus}<0$，所以增加压力有利于 $C_8H_{18}(g)$的生成。因为 $\Delta_r H_m^{\ominus}<0$，所以增加温度不利于 $C_8H_{18}(g)$生成。

(3)在 298 K 及 $p^{\ominus}$ 下，若 $x(C_8H_{18})=0.17$，则 $x(H_2)=0.83$，$J_r=\frac{p_{C_8H_{18}}/p^{\ominus}}{(p_{H_2(g)}/p^{\ominus})^9}=\frac{0.17}{0.83^9}=0.9094$，$J_r>K^{\ominus}$，所以不可能达到$x(C_8H_{18})=0.1$。若要 $x(H_2)=0.5$，则

$$K^{\ominus}=\frac{(0.5p/p^{\ominus})}{(0.5p/p^{\ominus})^9}=8.6\times 10^{-4}$$

所以　　　　$p=4.83\times 10^{5}\ Pa$

5.29 将 1.958×10^{-3} mol 的 $I_2(g)$放入体积为 0.25 dm^3的石英容器中，在高温下进行下列反应 $I_2(g)\rightleftharpoons 2I(g)$，在 1073 K 时测得容器内的平衡气体总压为 74.393 kPa。已知 1273 K 时此反应的平衡常数 $K_p=16.598$ kPa。假定反应热不随温度变化，求 1.958×10^{-3} mol 的 $I_2(g)$在 1073 K 完全分解为 I(g)时的热效应。

解 设 $I_2(g)$,$I(g)$为理想气体,

$$
\begin{array}{llll}
 & I_2(g) & \longrightarrow & 2I(g) \\
t=0 & p_0=\dfrac{nRT}{V} & & 0 \\
t=\infty & p & & 2(p_0-p)
\end{array}
$$

所以 $p_{总}=p+2(p_0-p)$

即有

$$
\begin{aligned}
p=p_{I_2}&=2p_0-p_{总}\\
&=\frac{2\times1.958\times10^{-3}\times8.314\times1073}{0.25\times10^{-3}}-74393\\
&=139737-74393=65344(\mathrm{Pa})
\end{aligned}
$$

而对组分碘原子,则有:

$$p_1=2(p_0-p)=9049\ \mathrm{Pa}$$

所以 $K_p(1073\ \mathrm{K})=\dfrac{p_1^2}{p_{I_2}}=\dfrac{(9049)^2}{(65344)}=1253.1(\mathrm{Pa})$

又 $\ln\dfrac{K_p(1273\ \mathrm{K})}{K_p(1073\ \mathrm{K})}=\dfrac{\Delta_r H_m^{\ominus}}{R}\left(\dfrac{T_2-T_1}{T_1T_2}\right)$

故

$$
\begin{aligned}
\Delta_r H_m^{\ominus}&=\frac{RT_1T_2}{(T_2-T_1)}\ln\frac{K_p(1273\ \mathrm{K})}{K_p(1073\ \mathrm{K})}\\
&=\frac{8.314\times1273\times1073}{1273-1073}\times\ln\frac{16598}{1253.1}\\
&=146.7(\mathrm{kJ\cdot mol^{-1}})
\end{aligned}
$$

因此,1.958×10^{-3} mol I_2分解需吸收热量

$Q=1.958\times10^{-3}\times146.7=287.25(\mathrm{J})$

5.30 在 613 K 往抽成真空容器中单独放入$NH_4Cl(s)$时分解反应$NH_4Cl(s)\rightleftharpoons NH_3(g)+HCl(s)$的平衡压力为 104.67 kPa。在同样条件下,单独放入$NH_4I(s)$时分解反应$NH_4I(s)\rightleftharpoons NH_3(g)+HI(g)$的平衡压力为 18.85 kPa。现将两种固体同时放入,加热到 613 K,当两个反应都达到平衡时,体系的总压力为多少?设 HI(g)不分解,且两种盐不形成固溶体。

解 $NH_4Cl(s)$单独存在时:

$NH_4Cl(s)\rightleftharpoons NH_3(g)+HCl(g)\qquad p_1=104.67\ \mathrm{kPa}$

$p_{NH_3}=p_{HCl}=p_1/2$

$K^{\ominus}(1)=\left(\dfrac{p_{NH_3}}{p^{\ominus}}\right)\left(\dfrac{p_{HCl}}{p^{\ominus}}\right)=\left(\dfrac{p_1}{2p^{\ominus}}\right)^2=0.274$

$NH_4I(s)$单独存在时:

$NH_4I(s) \rightleftharpoons NH_3(g) + HI(g)$，$p_2 = 18.85\ kPa$

$$K^\ominus(2) = \left(\frac{p_{NH_3}}{p^\ominus}\right)\left(\frac{p_{HI}}{p^\ominus}\right) = \left(\frac{p_2}{2p^\ominus}\right)^2 = 8.9 \times 10^{-3}$$

当两个反应同时存在时：

$$\begin{cases} \dfrac{p_{NH_3} p_{HCl}}{(p^\ominus)^2} = K^\ominus(1) = 0.274 & ① \\ \dfrac{p_{NH_3} p_{HI}}{(p^\ominus)^2} = K^\ominus(2) = 8.9 \times 10^{-3} & ② \\ p_{NH_3} = p_{HCl} + p_{HI} & ③ \end{cases}$$

由式①除式②，可得 $p_{HCl} = 30.845 p_{HI}$

将此式代入式②，结合式③，可得

$(30.845 p_{HI} + p_{HI}) p_{HI} = K^\ominus(2)(p^\ominus)^2$

$p_{HI} = 1.67\ kPa$

$p_{HCl} = 51.5\ kPa$

总压力 $p = p_{NH_3} + p_{HI} + p_{HCl} = 2(p_{HI} + p_{HCl}) = 106.34\ kPa$

本题的简便解法：即设同时平衡时 $p_{HCl} = x$，$p_{HI} = y$，则

$$K^\ominus(1) = (x+y)x/(p^\ominus)^2 = \frac{1}{4}(p_1/p^\ominus)^2 \quad ④$$

$$K^\ominus(2) = (x+y)y/(p^\ominus)^2 = \frac{1}{4}(p_2/p^\ominus)^2 \quad ⑤$$

两式相加，得

$(x+y)^2 = \dfrac{1}{4}(p_1^2 + p_2^2)$，即 $x + y = \dfrac{1}{2}(p_1^2 + p_2^2)^{1/2}$

总压力 $p = 2(x+y) = (p_1^2 + p_2^2)^{1/2} = 106.34\ kPa$

5.31 在 400～500 K 之间，反应 $PCl_5(g) \rightleftharpoons PCl_3(g) + Cl_2(g)$ 的标准吉布斯自由能变化可由下式表示 $\Delta_r G_m^\ominus = (83.68 \times 10^3 - 33.43 T \lg T - 72.26 T)\ J \cdot mol^{-1}$。

(1)计算 450 K 时反应的 $\Delta_r G_m^\ominus$、$\Delta_r H_m^\ominus$、$\Delta_r S_m^\ominus$ 和 $K^\ominus$；

(2)在体积为 1 dm^3 的抽空容器内通入 1 g 的 $PCl_5(g)$，问在 450 K 达到平衡时，$PCl_3(g)$ 的离解度和容器内总压力为多少？

解 (1)体系定性温度取算术平均：(400 K+500 K)/2=450 K

$$\begin{aligned} \Delta_r G_m^\ominus &= (83.68 \times 10^3 - 33.43 \times 450 \lg 450 - 72.26 \times 450)\ J \cdot mol^{-1} \\ &= 11.25\ kJ \cdot mol^{-1} \end{aligned}$$

$$\Delta_r S_m^\ominus = -\left(\frac{\partial \Delta_r G_m^\ominus}{\partial T}\right)_p = \left(33.43 \lg 450 + \frac{33.43}{\ln 10} + 72.26\right) = 175.5\ J \cdot mol^{-1}$$

$$\Delta_r H_m^\ominus = \Delta_r G_m^\ominus + T \Delta_r S_m^\ominus = 90.25\ kJ \cdot mol^{-1}$$

$$K^{\ominus}=\exp\left(-\frac{\Delta_r G_m^{\ominus}}{RT}\right)=4.95\times10^{-2}$$

(2) $K^{\ominus}=\frac{\alpha^2}{1-\alpha^2}\left(\frac{p}{p^{\ominus}}\right)$（$\alpha$ 为离解度）

$$p=\frac{n_0(1+\alpha)RT}{V}$$

所以 $K^{\ominus}=\frac{n_0\alpha^2 RT}{(1-\alpha)Vp^{\ominus}}=0.0495$

而 $n_0=\frac{1\times10^{-3}}{208.2\times10^{-3}}=4.80\times10^{-3}(\text{mol})$

代入 $K^{\ominus}$ 中，得

$$\alpha^2+0.28\alpha-0.28=0$$

$$\alpha=0.407$$

$$p=\frac{n_0(1+\alpha)RT}{V}=\frac{4.8\times10^{-3}\times(1+0.407)\times8.314\times450}{10^{-3}}=25.27(\text{kPa})$$

5.32 在 900 K 和 101.325 kPa 下，$SO_3(g)$部分分解为$SO_2(g)$和 $O_2(g)$，达到平衡时测得混合气体的密度为 0.94 g · dm^{-3}。试计算反应在 900 K 时的平衡常数。

解 反应式为

$$SO_3(g)\rightleftharpoons SO_2(g)+\frac{1}{2}O_2(g)$$

平衡时 $n_0(1-\alpha)$ $n_0\alpha$ $\frac{1}{2}n_0\alpha$

平衡时，总的物质的量为 $n=n_0\left(1+\frac{1}{2}\alpha\right)\text{mol}$

$$\rho=\frac{n_0 M_{SO_3}}{V}$$

$$pV=nRT=n_0\left(1+\frac{1}{2}\alpha\right)RT$$

所以 $V=\frac{n_0\left(1+\frac{1}{2}\alpha\right)RT}{p}$

故 $\rho=\frac{M_{SO_3}p}{\left(1+\frac{1}{2}\alpha\right)RT}$

$$0.94=\frac{80\times10^{-3}\times101325}{\left(1+\frac{1}{2}\alpha\right)\times8.314\times900}$$

$\alpha=0.305$

$$K^{\ominus}=\frac{\left(\dfrac{\alpha}{1+\frac{1}{2}\alpha}\right)\left(\dfrac{\frac{1}{2}\alpha}{1+\frac{1}{2}\alpha}\right)^{1/2}}{\left(\dfrac{1-\alpha}{1+\frac{1}{2}\alpha}\right)}=\frac{\alpha}{1-\alpha}\left(\dfrac{\frac{1}{2}\alpha}{1+\frac{1}{2}\alpha}\right)^{1/2}=0.16$$

5.33 $N_2O_4(g)$的分解反应为$N_2O_4(g)\rightleftharpoons 2\,NO_2(g)$，在 273 K 及 11.551 kPa 压力下，当反应达到平衡时，平衡混合物的密度是反应开始时纯$N_2O_4(g)$密度的 0.84 倍。试计算反应的$K^{\ominus}$和$\Delta_r G_m^{\ominus}$。

解　　反应　　　$N_2O_4(g)\rightleftharpoons 2NO_2(g)$

　　平衡时　　$n_0(1-\alpha)$　　$2n_0\alpha$

平衡时，体系中总的物质的量：$n=n_0(1+\alpha)$

平衡时，混合物密度　$\rho=\dfrac{n_0 M_{N_2O_4}}{V}$，　$V=\dfrac{nRT}{p}$

起始时，纯$N_2O_4(g)$密度　　$\rho_0=\dfrac{n_0 M_{N_2O_4}}{V_0}$，　$V_0=\dfrac{n_0 RT}{p}$

所以　$\dfrac{\rho}{\rho_0}=\dfrac{V_0}{V}=\dfrac{1}{1+\alpha}=0.84$

$\alpha=0.19$

$$K^{\ominus}=\frac{\left[\dfrac{2\alpha n_0}{n_0(1+\alpha)}\right]^2}{\left[\dfrac{n_0(1-\alpha)}{n_0(1+\alpha)}\right]}\frac{p}{p^{\ominus}}=\frac{4\alpha^2}{1-\alpha^2}\cdot\frac{p}{p^{\ominus}}=1.73\times10^{-2}$$

$\Delta_r G_m^{\ominus}=-RT\ln K^{\ominus}=9.21\ \mathrm{kJ\cdot mol^{-1}}$

5.34 在 298 K 时，正戊烷(g)和异戊烷(g)的$\Delta_f G_m^{\ominus}$分别为$-194.4\ \mathrm{kJ\cdot mol^{-1}}$和$-200.8\ \mathrm{kJ\cdot mol^{-1}}$，其液体的蒸气压由下式给出：

正戊烷 $\lg(p_n^*/p^{\ominus})=3.9715-\dfrac{1065}{T-41}$

异戊烷 $\lg(p_i^*/p^{\ominus})=3.9089-\dfrac{1020}{T-40}$

(1)求 298 K 时气相异构化反应的$K^{\ominus}$；

(2)如果液相形成理想溶液，求 298 K 在液相中异构化反应的K_x。

解　(1)该体系反应式为

$$n\text{-}C_5H_{12}(g)\overset{K^{\ominus}}{\rightleftharpoons} i\text{-}C_5H_{12}(g)$$

$$n\text{-}C_5H_{12}(l) \xrightleftharpoons{K_x} i\text{-}C_5H_{12}(l)$$

气相反应：

$$\Delta_r G_m^{\ominus}(g) = (-200.8) - (-194.4) = -6.4(\text{kJ} \cdot \text{mol}^{-1})$$

所以

$$\ln K^{\ominus} = -\frac{\Delta_r G_m^{\ominus}}{RT} = -\frac{-6400}{8.314 \times 298} = 2.583$$

$$K^{\ominus} = 13.24$$

(2) $$K^{\ominus} = \frac{p_i}{p_n} = \frac{p_i^* x_i}{p_n^* x_n} = \frac{p_i^*}{p_n^*} K_x$$

式中 p_n^*、p_i^* 由给定公式计算：

$$(p_n^*/p^{\ominus}) = 0.672$$

$$(p_i^*/p^{\ominus}) = 0.902$$

$$K_x = K^{\ominus} \frac{p_n^*}{p_i^*} = 13.24 \times \frac{0.672}{0.902} = 9.86$$

5.35 在 473 K，下列化学反应达平衡 $2NOCl(g) \rightleftharpoons 2NO(g) + Cl_2(g)$。

(1)在瓶中引入一定量 NOCl(g)，平衡时总压为 101.325 kPa，NOCl(g)分压为 64.848 kPa，计算 $K^{\ominus}$；

(2)在 473 K 附近每增加一度，$K^{\ominus}$ 增加 1.5%，计算 $\Delta_r H_m^{\ominus}$ 和 $\Delta_r S_m^{\ominus}$。

解 (1) $p = p_{NOCl} + p_{NO} + p_{Cl_2}$

所以 $$p_{NO} + p_{Cl_2} = 101.325 \text{ kPa} - 64.848 \text{ kPa} = 36.477 \text{ kPa}$$

$$p_{NO} = 2p_{Cl_2}$$

$$p_{Cl_2} = 12.159 \text{ kPa}, p_{NO} = 24.318 \text{ kPa}$$

故 $$K^{\ominus} = \frac{(p_{NO}/p^{\ominus})^2 (p_{Cl_2}/p^{\ominus})}{(p_{NOCl}/p^{\ominus})^2} = 1.71 \times 10^{-2}$$

(2) $$\left(\frac{\partial \ln K^{\ominus}}{\partial T}\right)_p = \frac{\Delta_r H_m^{\ominus}}{RT^2}$$

$$\frac{(\partial K^{\ominus}/K^{\ominus})}{\partial T} = 0.015 = \frac{\Delta_r H_m^{\ominus}}{RT^2}$$

所以 $$\Delta_r H_m^{\ominus} = 0.015 \times 8.314 \times (473)^2$$

$$= 27.90(\text{kJ})$$

$$\Delta_r G_m^{\ominus} = -RT\ln K^{\ominus} = -8.314 \times 473$$

$$\times \ln(1.71 \times 10^{-2}) = 16.0(\text{kJ} \cdot \text{mol}^{-1})$$

故 $$\Delta_r S_m^{\ominus} = \frac{\Delta_r H_m^{\ominus} - \Delta_r G_m^{\ominus}}{T} = 25.2(\text{J} \cdot \text{mol}^{-1} \cdot \text{K}^{-1})$$

五、测验题

(一)选择题

1. 设反应 $aA(g) = yY(g) + zZ(g)$，在 101.325 kPa、300 K 下，A 的转化率是 600 K 的 2 倍，而且在 300 K 下系统压力为 101325 Pa 的转化率是 $2\times$101325 Pa 的 2 倍，故可推断该反应(　　)。

(1)平衡常数与温度、压力成反比

(2)是一个体积增加的吸热反应

(3)是一个体积增加的放热反应

(4)平衡常数与温度成正比，与压力成反比

2. 某反应 $A(s) = Y(g) + Z(g)$ 的 $\Delta_r G_m^\ominus$ 与温度的关系为 $\Delta_r G_m^\ominus = (-45000 + 110\ T/K)\ J\cdot mol^{-1}$，在标准压力下，要防止该反应发生，温度必须(　　)。

(1)高于 136 ℃　　(2)低于 184 ℃

(3)高于 184 ℃　　(4)低于 136 ℃

3. 已知等温反应

①$CH_4(g) = C(s) + 2H_2(g)$

②$CO(g) + 2H_2(g) = CH_3OH(g)$

若提高系统总压力，则平衡移动方向为(　　)。

(1)①向左，②向右　　(2)①向右，②向左

(3)①和②都向右　　(4)①和②都向左

4. 在等温等压下，当反应的 $\Delta_r G_m^\ominus = 5\ kJ\cdot mol^{-1}$ 时，该反应能否进行(　　)。

(1)能正向自发进行　　(2)能逆向自发进行

(3)不能判断　　(4)不能进行

5. 已知反应 $3O_2(g) = 2O_3(g)$ 在 25 ℃时 $\Delta_r H_m^\ominus = -280\ J\cdot mol^{-1}$，则对该反应有利的条件是(　　)。

(1)升温升压　　(2)升温降压

(3)降温升压　　(4)降温降压

6. 当以 5 mol H_2 气与 4 mol Cl_2 气混合，最后生成 2 mol HCl 气。若以下式为基本单元，$H_2(g) + Cl_2(g) \longrightarrow 2HCl(g)$，则反应进度 ξ 应是(　　)。

(1)1 mol　　(2)2 mol

(3)4 mol　　(4)5 mol

7. 已知反应 $CO(g) + 1/2O_2(g) = CO_2(g)$ 的 ΔH，下列说法中何者不正确(　　)。

(1)ΔH 是 $CO_2(g)$的生成热

(2)ΔH 是 $CO(g)$的燃烧热

(3)ΔH 是负值

(4)ΔH 与反应 ΔU 的数值不等

8. 在一定温度和压力下,能用以判断一个化学反应方向的是(   )。

(1)$\Delta_r H_m^\ominus$　　(2)K_p

(3)$\Delta_r G_m$　　(4)$\Delta_r H_m$

9. Ag_2O 分解可用下列两个反应方程之一表示,其相应的平衡常数也一并列出:

Ⅰ.　$Ag_2O(s) = 2Ag(s) + (1/2)O_2(g)$　　$K_p(\text{Ⅰ})$

Ⅱ.　$2Ag_2O(s) = 4Ag(s) + O_2(g)$　　$K_p(\text{Ⅱ})$

设气相为理想气体,而且已知反应是吸热的,试问下列结论正确的是(   )。

(1)$K_p(\text{Ⅰ}) = K_p(\text{Ⅱ})$

(2)$K_p(\text{Ⅰ}) = K_p^2(\text{Ⅱ})$

(3)$O_2(g)$的平衡压力与计量方程的写法无关

(4)$K_p(\text{Ⅰ})$随温度降低而减小

10. 对理想气体反应 $CO(g) + H_2O(g) = H_2(g) + CO_2(g)$,下述关系正确的是(   )。

(1)$K_y < K_p$　　(2)$K_p = K_y$

(3)$K_y = K_c$　　(4)$K_p < K_c$

(二)填空题

1. 在 1100 ℃时,发生下列反应:(1)$Cu_2S(s) + H_2(g) = 2Cu(s) + H_2S(g)$, $K_1^\ominus = 3.9\times10^{-3}$;(2)$C(s) + 2S(s) = CS_2(g)$, $K_2^\ominus = 0.258$;(3)$2H_2S(g) = 2H_2(g) + 2S(s)$, $K_3^\ominus = 2.29\times10^{-2}$。则该温度下反应 $C(s) + 2Cu_2S(s) = 4Cu(s) + CS_2(g)$的 $K^\ominus$ 为__________。

2. 在 2000 K 时反应 $CO(g) + \frac{1}{2}O_2(g) = CO_2(g)$的 $K^\ominus = 6.433$,则反应 $2CO_2(g) = 2CO(g) + O_2(g)$的 $K^\ominus =$__________。

3. 戊烷的标准燃烧焓为$-3520\ kJ\cdot mol^{-1}$,$CO_2(g)$和 $H_2O(l)$的标准摩尔生成焓分别为$-395\ kJ\cdot mol^{-1}$和$-286\ kJ\cdot mol^{-1}$,则戊烷的标准摩尔生成焓为__________。

4. 已知下列反应的平衡常数:

$H_2(g) + S(s) = H_2S(g)$,　　K_1

$S(s)+O_2(g)=\!=\!=SO_2(g)$，　　K_2

则反应 $H_2S(g)+O_2(g)=\!=\!=H_2(g)+SO_2(g)$的平衡常数为_________。

5. 若反应 $A(g)+1/2B(g)=\!=\!=C(g)+1/2D(g)$的 $K_p^{\ominus}=100$，$\Delta_r G_m^{\ominus}=50\ kJ\cdot mol^{-1}$，则相同温度下反应 $2A(g)+B(g)=\!=\!=2C(g)+D(g)$的 $K_p^{\ominus}=$________，$\Delta_r G_m^{\ominus}=$__________。

6. 反应 $2NH_3(g)=\!=\!=N_2(g)+3H_2(g)$在某温度下的标准平衡常数为0.25，则在相同温度下$\frac{1}{2}N_2(g)+\frac{3}{2}H_2(g)=\!=\!=NH_3(g)$的标准平衡常数为________。

(三)是非题

1. 一个已达平衡的化学反应，只有当标准平衡常数改变时，平衡才会移动。(　　)

2. 因 $K^{\ominus}=f(T)$，所以对于理想气体的化学反应，当温度一定时，其平衡组成也一定。(　　)

3. 凡是 $\Delta G>0$ 的过程都不能进行。(　　)

4. 惰性气体的加入不会影响平衡常数，但会影响气相反应中的平衡组成。(　　)

5. 克拉贝龙方程适用于纯物质的任何两相平衡。(　　)

6. 由$\Delta_r G_m^{\ominus}=-RT\ln K^{\ominus}$，因为 $K^{\ominus}$是平衡常数，所以$\Delta_r G_m^{\ominus}$ 是化学反应达到平衡时的摩尔吉布斯函数变化值。(　　)

7. 溶液的化学势等于溶液中各组分化学势之和。(　　)

8. 一个已达平衡的化学反应，只有当标准平衡常数改变时，平衡才会移动。(　　)

9. 25 ℃时 $H_2(g)$的标准摩尔燃烧焓等于 25 ℃时 $H_2O(g)$的标准摩尔生成焓。(　　)

10. 化学反应的标准平衡常数 $K^{\ominus}$是量纲一的量。(　　)

(四)计算题

1. 在 323 K 时，下列反应中 $NaHCO_3(s)$和 $CuSO_4\cdot 5H_2O(s)$的分解压力分别为 4 000 Pa 和 6052 Pa：

反应①$2NaHCO_3(s)=\!=\!=Na_2CO_3(s)+H_2O(g)+CO_2(g)$

反应②$CuSO_4\cdot 5H_2O(s)=\!=\!=CuSO_4\cdot 3H_2O(s)+2H_2O(g)$

求：

(1)反应①和②的 $K_{①}^{\ominus}$和 $K_{②}^{\ominus}$；

(2)将反应①，②中的四种固体物质放入一真空容器中，平衡后 CO_2的分压力为多少($T=323$ K)？

2. 已知反应 A (s)+4B (g)══3Y (s)+4Z (g)在 800 K 时进行。有关数据如下：

物质	$\dfrac{\Delta_f H_m^\ominus(298\ K)}{kJ\cdot mol^{-1}}$	$\dfrac{S_m^\ominus(298\ K)}{J\cdot mol^{-1}\cdot K^{-1}}$	$\dfrac{C_{p,m}(298\sim800\ K)}{J\cdot mol^{-1}\cdot K^{-1}}$
A(s)	−1116.71	151.46	193.00
B(g)	0	130.58	28.33
Y(s)	0	27.15	30.88
Z(g)	−241.84	188.74	36.02

(1)计算下表中的数据：

温度	$\dfrac{\Delta_r H_m^\ominus}{kJ\cdot mol^{-1}}$	$\dfrac{\Delta_r S_m^\ominus}{J\cdot mol^{-1}\cdot K^{-1}}$	$\dfrac{\Delta_r G_m^\ominus}{kJ\cdot mol^{-1}}$	$K^\ominus$
298 K				
800 K				

(2)800 K 时，将 A(s)和 Y(s)置于体积分数分别为 $w(B)=0.50$，$w(Z)=0.40$，w(惰性气体)$=0.10$ 的混合气体中，上述反应将向哪个方向进行？($p^\ominus=100$ kPa)

3. 已知下列两反应的 $K^\ominus$ 值如下：

$FeO(s)+CO(g)══Fe(s)+CO_2(g)$　　　$K_1^\ominus$

$Fe_3O_4(s)+CO(g)══3FeO(s)+CO_2(g)$　　　$K_2^\ominus$

T/K	$K_1^\ominus$	$K_2^\ominus$
873	0.871	1.15
973	0.678	1.77

而且两反应的 $\sum \nu_B C_{p,m}(B)=0$　试求：

(1)在什么温度下 Fe(s)，FeO(s)，$Fe_3O_4(s)$，CO(g)及 $CO_2(g)$全部存在于平衡系统中；

(2)此温度下 $\dfrac{p(CO_2)}{p(CO)}=?$

4. $2HgO(s)══2Hg(g)+O_2(g)$，在反应温度下及 $p^\ominus=101.325$ kPa 时，$K^\ominus=4\times10^{-3}$。试问：(1)HgO(s)的分解压力多大？(2)当达到分解温度时，与 HgO(s)平衡的 p_{Hg}有多大？(3)若在标准状态下反应，体系的总压力是多少？

5. 合成氨反应为 $3H_2(g)+N_2(g) = 2NH_3(g)$，所用反应物氢气和氮气的摩尔比为 3∶1，在 673 K、1000 kPa 压力下达成平衡，平衡产物中氨的摩尔分数为 0.0385。

试求：(1)反应在该条件下的标准平衡常数和 $\Delta_r G_m^\ominus$；

(2)在该温度下，若要使氨的摩尔分数为 0.05，应控制总压为多少？

六、测验题答案

(一)选择题

1. (3) **2.** (3) **3.** (1) **4.** (3) **5.** (3) **6.** (1) **7.** (1) **8.** (3) **9.** (4) **10.** (2)

(二)填空题

1. 8.99×10^{-8}

2. 0.0241

3. $-171.0\ \text{kJ}\cdot\text{mol}^{-1}$

4. K_2/K_1

5. 10000、$100\ \text{kJ}\cdot\text{mol}^{-1}$

6. 2

(三)是非题

1. ×　**2.** ×　**3.** ×　**4.** √　**5.** √　**6.** ×　**7.** ×　**8.** ×　**9.** ×　**10.** √

(四)计算题

解　(1)$K_{①}^\ominus=\left(\dfrac{p_1/2}{p^\ominus}\right)^2=\left(\dfrac{3999/2}{10\times10^5}\right)^2=3.998\times10^{-4}$

$$K_{②}^\ominus=\left(\frac{p_2}{p^\ominus}\right)^2=\left(\frac{6053}{1.0\times10^5}\right)^2=3.66\times10^{-3}$$

(2)同时平衡时，由反应 ②的平衡条件可知

$$p(H_2O)=p_2=6053\ \text{Pa}$$

由反应 ①的平衡条件 $K_{p,1}^\ominus=p(H_2O)/p^\ominus\cdot p(CO_2)/p^\ominus$，得

$p(CO_2)=K_{p,1}^\ominus(p^\ominus)^2/p(H_2O)=3.998\times10^{-4}\times(10^5)^2/6053=660.5(\text{Pa})$

2. 解　(1)

温度	$\dfrac{\Delta_r H_m^\ominus}{\text{kJ}\cdot\text{mol}^{-1}}$	$\dfrac{\Delta_r S_m^\ominus}{\text{J}\cdot\text{K}^{-1}\cdot\text{mol}^{-1}}$	$\dfrac{\Delta_r G_m^\ominus}{\text{kJ}\cdot\text{mol}^{-1}}$	$K^\ominus$
298 K	149.35	162.6	100.9	2.07×10^{-18}
800 K	114.4	93.90	39.29	2.72×10^{-3}

(2)$J_r^\ominus=\dfrac{(p_Z/p^\ominus)^4\,(p_Y/p^\ominus)^3}{(p_A/p^\ominus)(p_B/p^\ominus)^4}=\left(\dfrac{0.4p}{0.5p}\right)^4=0.410$

$J_r^\ominus>K^\ominus$，故反应向左进行。

3. 解　(1)$K_1^\ominus=p(CO_2)/p(CO)$

$K_2^\ominus=p(CO_2)/p(CO)$

全部物质存在于反应平衡系统中，由必然有 $K_1^\ominus=K_2^\ominus$，此时之温度就为所要求的温度。

$$\ln K_1^\ominus=-\frac{\Delta_r H_{m,1}^\ominus}{RT}+C_1$$

$$\ln K_2^\ominus=-\frac{\Delta_r H_{m,2}^\ominus}{RT}+C_2$$

将数据代入上式，分别求得：

$C_1=-4.29$　　　$\Delta_r H_{m,1}^\ominus=-31573\ J\cdot mol^{-1}$

$C_2=+4.91$　　　$\Delta_r H_{m,2}^\ominus=35136\ J\cdot mol^{-1}$

$$-\frac{\Delta_r H_{m,1}^\ominus}{RT}+C_1=-\frac{\Delta_r H_{m,2}^\ominus}{RT}+C_2$$

则　$T=\dfrac{\Delta_r H_{m,2}^\ominus-\Delta_r H_{m,1}^\ominus}{R(C_2-C_1)}=872\ K$

(2)在 872 K 时　$p(CO_2)/p(CO)=K_1$

故算出K_1(在 872 K)，得

$p(CO_2)/p(CO)=1.071$

4. 解　(1)$p_{Hg}=2p_{O_2}$　$K^\ominus=\left(\dfrac{p_{O_2}}{p^\ominus}\right)\times\left(\dfrac{p_{Hg}}{p^\ominus}\right)^2=\dfrac{4p_{O_2}^3}{(p^\ominus)^3}$

$p_{O_2}=\left(\dfrac{K^\ominus}{4}\right)^{\frac{1}{3}}\times p^\ominus=10.1325\ kPa$　　$p(\text{分解})=3p_{O_2}=30.3975\ kPa$

(2)$p(\text{分解})=p^\ominus$，

$p_{O_2}=\dfrac{1}{3}p^\ominus=33.8\ kPa$　$p_{Hg}=2p_{O_2}=67.6\ kPa$

(3)标准状态下各物质的压力均为 $p^\ominus$，

$p=p_{O_2}+p_{Hg}=2p^\ominus=202.65\ kPa$

5. 解　(1)设平衡时氨的摩尔分数为 x，即 $x=0.0385$，

反应前与平衡时各物质的摩尔分数如下：

	$3H_2(g)$ +	$N_2(g)$ ══	$2NH_3(g)$
反应前	3/4	1/4	0
平衡时	$0.75(1-x)$	$0.25(1-x)$	x

设平衡时系统总压为 p,则

$$K^{\ominus}=\frac{\left(\frac{p_{NH_3}}{p^{\ominus}}\right)^2}{\left(\frac{p_{N_2}}{p^{\ominus}}\right)\left(\frac{p_{H_2}}{p^{\ominus}}\right)^3}=\frac{256x^2}{27\,(1-x)^4}\left(\frac{p}{p^{\ominus}}\right)^{-2}=1.64\times10^{-4}$$

$$\Delta_r G_m^{\ominus}=-RT\ln K_p^{\ominus}=48.77\ \mathrm{kJ\cdot mol^{-1}}$$

$$(2)K^{\ominus}=\frac{\left(\frac{p_{NH_3}}{p^{\ominus}}\right)^2}{\left(\frac{p_{N_2}}{p^{\ominus}}\right)\left(\frac{p_{H_2}}{p^{\ominus}}\right)^3}=\frac{256x^2}{27\,(1-0.05)^4}\left(\frac{p}{p^{\ominus}}\right)^{-2}=1.64\times10^{-4}$$

解得　$p=1332.1\ \mathrm{kPa}$

第六章　相平衡
（Chapter 6　Phase Equilibrium）

学习目标

通过本章的学习，要求掌握：

1. Gibbs 相律；
2. 单组分系统相图的特点和运用；
3. 二组分系统气液平衡相图的特点和运用；
4. 二组分系统固液平衡相图的特点和运用；
5. 杠杆规则；
6. 由实验数据绘制相图的方法；
7. 三组分系统液-液平衡相图。

一、知识结构

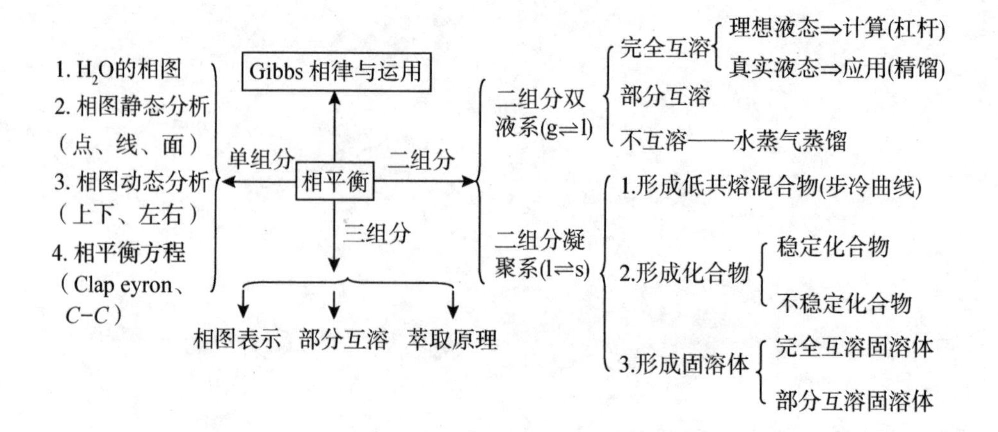

二、基本概念

1. 相与相数

体系内部物理和化学性质完全均匀的部分称为相。系统内相的总数称为相数,用 P 表示。

一个系统不论有多少种气体,也只有一个气相。

不同种液体因相互溶解程度不同而出现分层,按其互溶程度可以组成一相、两相或三相共存。

一般系统中存在几种固体则有几个固相。两种固体粉末无论混合得多么均匀,仍是两个相。"固溶体"除外,它是一个固相。

2. 相律

$F=C-P+2$

定义 $C=S-R-R'$,称为独立组分数。定义式中 2 表示 T 和 p 两个变量。这是 1875 年由吉布斯推导出来的,称为吉布斯相律。

3. 自由度数

可独立改变而不影响系统原有相数的强度变量数目,用 F 表示。

如果已指定某个强度变量,除该变量以外的其他强度变量数被称为条件自由度,用 F^* 表示。

例如:指定了压力,$F^*=F-1$

指定了压力和温度,$F^{**}=F-2$

4. Konovalov-Gibbs 定律

假如在液态混合物中增加某组分后,蒸气总压增加(或在一定压力下液体的沸点下降),则该组分在气相中的含量>它在液相中的含量。

5. 相平衡分析要点

(1)是气液平衡相图,还是固液平衡相图?

(2)属于哪种类型?

(3)确定单相区,然后确定两相区。

(4)静态分析(面,线,点)计算 F、C、P。

(5)动态分析(上下,左右),对物理过程进行分析与说明。

(6)分析相图一定要明确:

①相:有几个相,是什么相。

②组分:有几个组分,是什么组分。

③组成:(气液平衡 x_A,x_B,y_A,y_B;固液平衡 x_A,x_B,w_A,w_B)

④量:气液平衡计算 n_L、n_g、$n_{A(l)}$、$n_{B(l)}$、$n_{A(g)}$、$n_{B(g)}$、n_A、n_B

固液平衡计算 n_L、n_s、$n_{A(l)}$、$n_{B(l)}$、$n_{A(s)}$、$n_{B(s)}$、n_A、n_B

6. 相平衡计算

(1)量的计算

根据杠杆规则

(2)气液平衡组成的计算

①Clausius-Clapeyron 方程

②Raoult 定律

③分压力定律

(3)固液平衡的计算

根据杠杆规则,组成直接从相图中读出。

三、主要公式

1. Cibbs 相律

$$F=C-P+2$$

2. Clausius-Clapeyron 方程

$$\ln \frac{p_2}{p_1}=\frac{\Delta_{\mathrm{Vap}} H_{\mathrm{m}}}{R}\left(\frac{T_2-T_1}{T_1 T_2}\right)$$

3. Raoult 定律

$$p_A=p_A^* x_A$$

4. Henry 定律

(1) $p_B=k_{x,B} \cdot x_B$

(2) $p_B=k_{b,B} \cdot b_B$

(3) $p_B = k_{c,B} \cdot c_B$

5. 二组分气液平衡计算公式

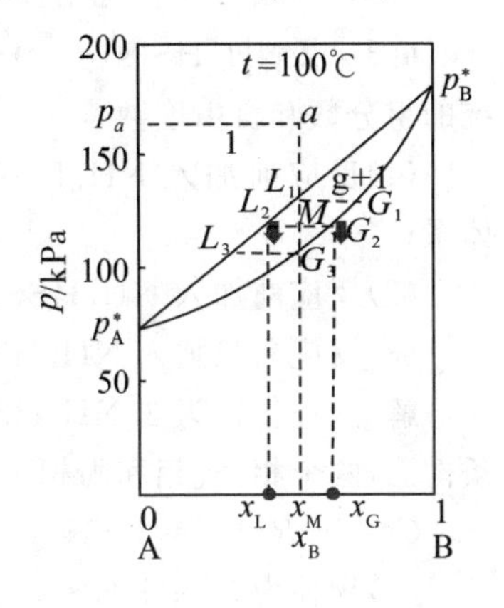

杠杆规则：$n_L \cdot \overline{L_2M} = n_g \cdot \overline{MG_2}$

(1) $n_L \cdot (x_M - x_L) = n_g \cdot (x_G - x_M)$

(2) $n_L + n_g = n_{总}$

(3) $n_L = n_{A(l)} + n_{B(l)}$

$n_{A(l)} = x_A \cdot n_L \quad n_{B(l)} = x_B \cdot n_L$

(4) $n_g = n_{A(g)} + n_{B(g)}$

$n_{A(g)} = y_A \cdot n_g \quad n_{B(g)} = y_B \cdot n_g$

(5) $n_A = n_{A(l)} + n_{A(g)}$

$n_B = n_{B(l)} + n_{B(g)}$

四、习题详解

6.1 一种含有 K^+、Na^+、SO_4^{2-}、NO_3^- 的水溶液系统，求其组分数是多少？在某温度和压力下，此系统最多能有几相平衡共存？

解 物种数为5：K^+、Na^+、SO_4^{2-}、NO_3^- 和水，限制条件为电中性（$[K^+]+[Na^+]=2[SO_4^{2-}]+[NO_3^-]$），物种间无化学反应平衡。

$C=S-R-R'=5-0-1=4$。

$F=C-P+2$，由于已确定温度和压力

$F=4-P+0=4-P\geqslant 0$

所以 $P\leqslant 4$。最多能有四个相平衡共存。

6.2 在一抽成真空的容器中放入过量的 $NH_4I(s)$ 后，系统达到平衡时存在如下平衡：

$NH_4I(s) \longrightarrow NH_3(g) + HI(g)$ (1)

$2HI(g) \longrightarrow H_2(g) + I_2(g)$ (2)

$2NH_4I(s) \longrightarrow 2NH_3(g) + H_2(g) + I_2(g)$ (3)

试求该系统的自由度。

解 物种为5[$NH_4I(s)$、$NH_3(g)$、$HI(g)$、$H_2(g)$ 和 $I_2(g)$]，独立方程式有两个，(1)×2+(2)=(3)，限制条件有两个 $[H_2(g)]=[I_2(g)]$，$[NH_3(g)]=[HI(g)]+[H_2(g)]+[I_2(g)]$，两个相：气相和固相。

$C=S-R-R'=5-2-2=1$

$F=C-P+2=1-2+2=1$

6.3 求 $NH_4HS(s) \rightleftharpoons H_2S(g)+NH_3(g)$ 的平衡体系在下列情况下的系统的组分数和自由度数。

(1)反应前加入 $NH_4HS(s)$ 和任意量的 $NH_3(g)$ 及 $H_2S(g)$ 组成的平衡体系;

(2)反应前加入 $NH_4HS(s)$ 和任意量的 $NH_3(g)$ 组成的平衡体系;

(3)反应前只加入 $NH_4HS(s)$ 的平衡体系。

解 (1)物种为3[$NH_4HS(s)$、$H_2S(g)$、$NH_3(g)$],独立方程式数为1,限制条件无,两个相:气相和固相。

$C=S-R-R'=3-1-0=2 \quad F=C-P+2=2-2+2=2$

(2)物种为3[$NH_4HS(s)$、$H_2S(g)$、$NH_3(g)$],独立方程式数为1,限制条件无,两个相:气相和固相。

$C=S-R-R'=3-1-0=2 \quad F=C-P+2=2-2+2=2$

(3)物种为3[$NH_4HS(s)$、$H_2S(g)$、$NH_3(g)$],独立方程式数为1,限制条件一个$[H_2S(g)]=[NH_3(g)]$,两个相:气相和固相。

$C=S-R-R'=3-1-1=1 \quad F=C-P+2=1-2+2=1$

6.4 $FeCl_3(s)$ 和 $H_2O(l)$ 能生成 $FeCl_3 \cdot 7H_2O(s)$,$FeCl_3 \cdot 6H_2O(s)$,$2FeCl_3 \cdot 5H_2O(s)$,$FeCl_3 \cdot 2H_2O(s)$ 四种水合物,求体系的组分数及与在恒压下时可能平衡共存的相最多有多少种?

解 无论 $FeCl_3(s)$ 和 $H_2O(l)$ 能生成多少水合物,体系的组分数为2。

设整个系统在恒压下最多可能平衡共存的相数为 P,则 $F=C-P+1=2-P+1=3-P \geqslant 0, P \leqslant 3$。

6.5 硫的相图如右图。

(1)试写出图中的线和点各代表哪些相的平衡;

(2)叙述系统的状态在等温下由 a 加压到 e 所发生的相变化。

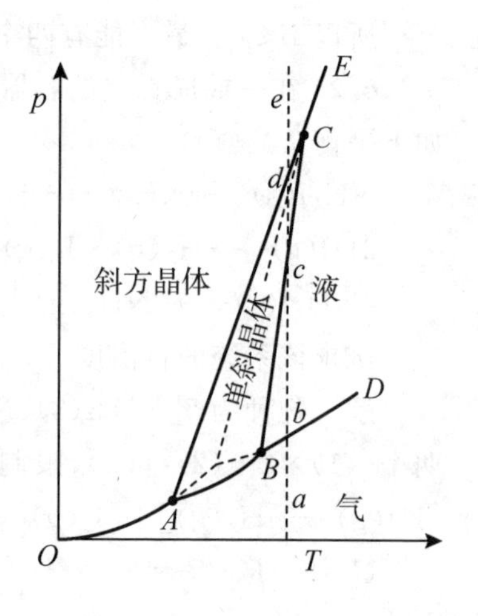

解 (1)A点:气相、斜方晶体和单斜晶体三相共存;B 点:气相、单斜晶体和液相三相共存;C 点:液相、斜方晶体和单斜晶体三相共存。

两相平衡线:AB,单斜晶体和气相平衡;BC,单斜晶体和液相平衡;AC,单斜晶体和斜方晶体平衡;OA,气相和斜方晶体平衡;BD,液相和气相平衡；EC，液相和斜方晶体平衡。

(2)从 a 到 e 的加压过程，开始 ab 段为气相加压，到 b 出现液态硫，气相消失后进入 bc 段，为液态硫的加压过程，c 点为液相和单斜硫的两相平衡，液相消失后的 cd 段为单斜硫的加压过程，d 点出现斜方硫后为斜方晶体和单斜晶体两相共存，最后当单斜硫消失为斜方硫的加压过程。

6.6 在 136.7 ℃时，纯氯苯(A)的饱和蒸气压为 115.7 kPa，纯溴苯(B)的为 60.80 kPa。设氯苯(A)和溴苯(B)组成理想液态混合物。今有组成为 $x_B=0.2$ 的氯苯-溴苯混合物 10 mol，在 101 325 Pa、136.7 ℃成气-液平衡。求：

(1)平衡时液相组成和蒸气组成；

(2)平衡时气、液两相的物质的量 $n(\mathrm{g})$、$n(\mathrm{l})$。

解　(1) $p=101.325\ \mathrm{kPa}=p_A^*+(p_B^*-p_A^*)x_B$

$$=115.7+(115.7-60.80)x_B$$

$x_B=0.262$；$x_A=1-x_B=0.738$

$$y_B=\frac{p_B}{p}=\frac{p_B^*x_B}{p_A^*+(p_B^*-p_A^*)x_B}=\frac{60.80\times0.262}{101.325}=0.157$$

$y_A=1-y_B=0.843$

(2) $n_L(x_M-x_L)=n_G(x_G-x_M)$

$n_L(0.2-262)=(10-n_L)(0.157-2)$

$n_L=4.09\ \mathrm{mol}$，$n_G=10-n_L=5.91\ \mathrm{mol}$

6.7 如下图所示，当 $T=T_1$ 时，由 4.7 mol A 和 5.3 mol B 组成的二组分溶液物系点在 O 点。气相点 M 对应的 $x_B(\mathrm{g})=0.40$，液相点 M 对应的 $x_B(\mathrm{l})=0.67$，求两相的量。

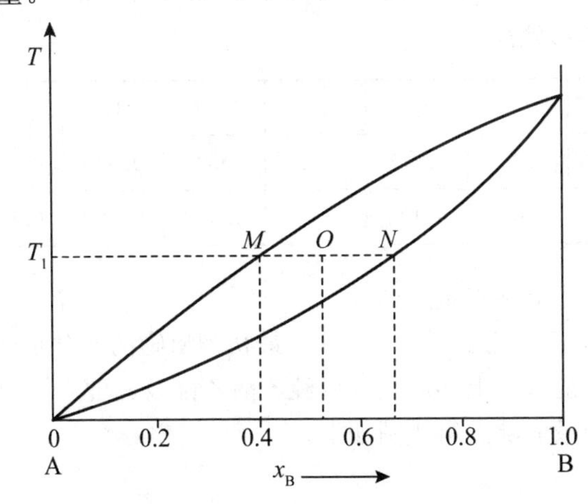

解　$n_L(x_O-x_N)=n_G(x_M-x_O)$

$x_B = 0.53$

$n_L(0.53-0.67)=(10-n_L)(0.4-0.53)$

$n_L = 4.8\ \text{mol}, n_G = 10 - n_L = 5.2\ \text{mol}$

6.8 丙烷和正丁烷在一个标准压力下的沸点分别为 231.1 K 和 272.7 K，其蒸气压数据如下：

T/K		242.0	256.9
p/kPa	丙烷	157.9	294.7
	正丁烷	26.3	52.9

丙烷和正丁烷两种液体可形成理想液态混合物。请用以上数据作出该体系的温度-物质的量分数相图,并指出各区域存在的相及自由度。

解 相图如下。气相线和液相线的自由度也为 1。

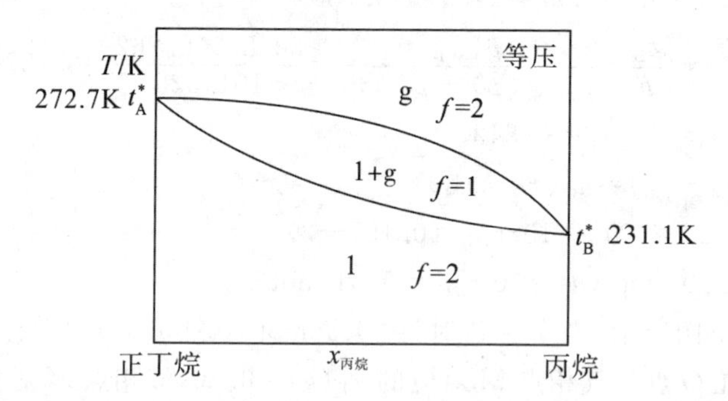

6.9 在标准压力和不同温度下,乙醇及乙酸乙酯系统的液相组成和平衡气相组成如下表(摩尔分数)：

T/℃	78.3	76.4	72.8	71.6	71.8	75	77.15
x(乙酸乙酯,l)	0.000	0.058	0.290	0.538	0.640	0.900	1.000
y(乙酸乙酯,g)	0.000	0.120	0.400	0.538	0.602	0.836	1.000

(1)画出此物系的沸点组成图。

(2)溶液之 x(乙酸乙酯)=0.250 时,最初馏出物的成分是什么?

(3)用蒸馏塔能否将上述溶液分成纯乙酸乙酯及乙醇?

解 (1)此物系的沸点组成图如下。

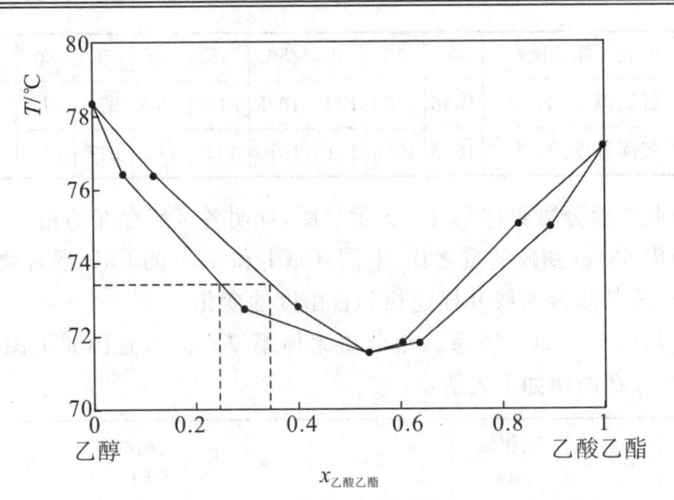

(2)溶液之 x(乙酸乙酯)=0.250 时，最初馏出物含乙酸乙酯：y(乙酸乙酯)=0.32。

(3)用蒸馏塔不能将上述溶液分成纯乙酸乙酯及乙醇，只能得到纯乙醇和组成为 x(乙酸乙酯)=y(乙酸乙酯)=0.538 的恒沸物。

6.10 水和苯酚是部分互溶系统，在 293 K 时系统中苯酚的含量质量分数为 0.5，此时体系形成两层共轭溶液，一层中含苯酚的质量分数为 0.084，另一层中含苯酚的质量分数为 0.722。若体系的总质量为 1 kg，试求：(1)混合物中水层和苯酚的质量分别是多少？(2)两层中各含苯酚多少 kg？

解　(1)$m_{L,1}(w_M - w_{L,1}) = m_{L,2}(w_{L,2} - w_M)$

$m_{L,1}(0.5-0.084)=(1-m_{L,1})(0.722-0.5)$

$m_{L,1}=0.348\ \text{kg}, m_{L,2}=1-m_{L,1}=0.652\ \text{kg}$

(2)水层中含苯酚 0.348×0.084=0.029 kg，苯层中含苯酚 0.471 kg。

6.11 为了将含非挥发性杂质的甲苯提纯，在 100 kPa 压力下用水蒸气蒸馏。已知在此压力下该系统的共沸点为 84 ℃，84 ℃时水的饱和蒸气压力为 55.6 kPa。试求：

(1)气相的组成(含甲苯的摩尔分数)；

(2)欲蒸出 100 kg 纯甲苯，需要消耗水蒸气多少千克？

解　(1)$y_{甲苯}=\dfrac{p_{甲苯}}{p}=\dfrac{100-55.6}{100}=0.444$

(2)$m_{H_2O}=m_B\times\dfrac{p^*_{H_2O}M_{H_2O}}{p^*_B M_B}=100\times\dfrac{55.6\times18}{44.4\times92}=24.5(\text{kg})$

6.12 液相完全互溶的 CaF_2-$CaCl_2$ 体系，实验得到步冷曲线数据如下表所示：

含$CaCl_2$的摩尔百分比/%	0	30	40	50	58	60	70	80	90	100
初始凝固温度/K	1696	1323	1223	1093	1010	1008	973	917	983	1045
全部凝固温度/K	1696	1010	1010	1010	917	917	917	917	917	1045

(1)作此二组分凝聚体系 $T-x$ 示意图,标明各区域存在的相;

(2)画出53%(物质的量之比,下同)$CaCl_2$和47%的CaF_2混合物从1300 K冷却至800 K的步冷曲线并描述相和自由度的变化。

解 (1)CaF_2-$CaCl_2$体系二组分凝聚体系 $T-x$ 示意图如下图左边所示。其中各区域存在的相如下表所示：

区域	1	2	三相线ABC	3	4	三相线DEF	5	6
相	l	l+CaF_2(s)	l+CaF_2(s)+$CaF_2\cdot CaCl_2$(s)	CaF_2(s)+$CaF_2\cdot CaCl_2$(s)	l+$CaF_2\cdot CaCl_2$(s)	l+$CaCl_2$(s)+$CaF_2\cdot CaCl_2$(s)	l+$CaCl_2$(s)	$CaCl_2$(s)+$CaF_2\cdot CaCl_2$(s)

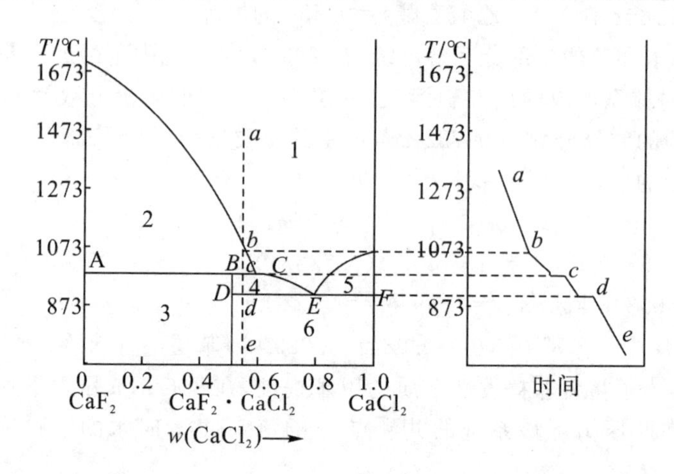

(2)53%(物质的量之比,下同)$CaCl_2$和47%的CaF_2混合物从1300 K冷却至800 K的步冷曲线如上右图所示。ab段为液相降温过程,自由度为2;bc段为l+CaF_2(s)两相共存,自由度为1;c平台为l+CaF_2(s)+$CaF_2\cdot CaCl_2$(s)三相共存,自由度为0;cd段为l+$CaF_2\cdot CaCl_2$(s)两相共存,自由度为1;d平台为l+$CaCl_2$(s)+$CaF_2\cdot CaCl_2$(s)三相共存,自由度为0;de段为$CaCl_2$(s)+$CaF_2\cdot CaCl_2$(s)两相共存,自由度为1。

6.13 某二组分凝聚系统相图如下图所示。

(1)指出图中两相平衡区域,并说明分别是哪两相平衡;

(2)给出图中状态点为 a、b、c 的样品的冷却曲线，并指明冷却过程中相变化情况。

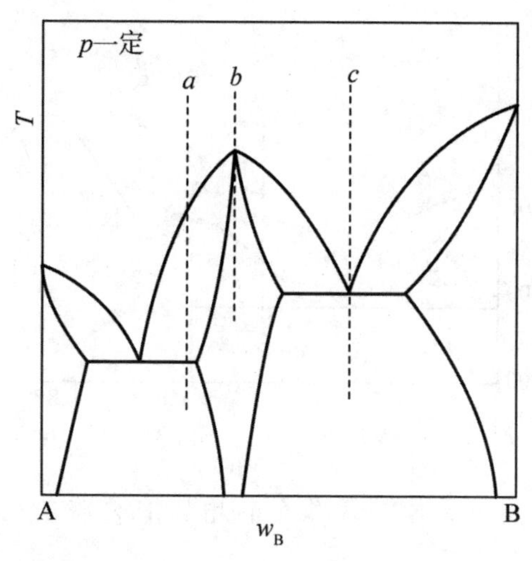

解　(1)下页左图中相平衡区域 1～10，其中两相平衡区域如下表所示，图中固溶体从左到右分别以 α、β、γ 表示：

区域	2	4	5	7	8	9
相	$l+\alpha$	$l+\beta$	$\alpha+\beta$	$l+\beta$	$l+\gamma$	$\beta+\gamma$

(2)图中状态点为 a、b、c 的样品的冷却曲线如下右图所示，a 步冷曲线在拐点处出现 β 相，平台处为 $l+\alpha+\beta$ 三相共存。b 步冷曲线在平台处同时出现不同比例的两个 β 相。c 步冷曲线在平台处同时出现 β、γ 相，$l+\beta+\gamma$ 三相共存。

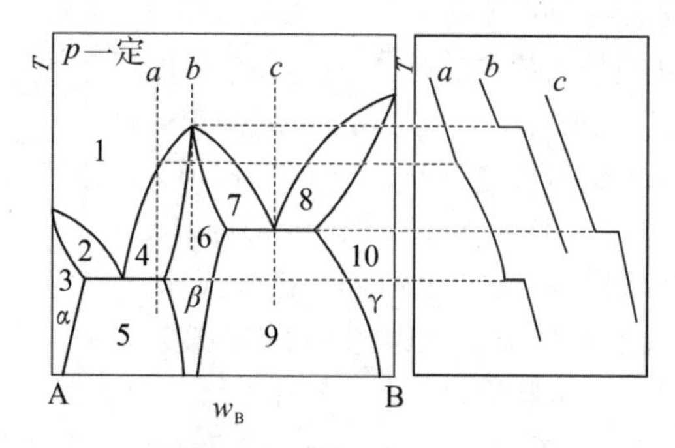

6.14　Cu-Mg 二组分凝聚系统的相图如下图所示。

(1)试标出 a～j 各区域存在的相；

(2)画出状态点为 m、n、p 的溶液的步冷曲线，并叙述其冷却过程的相变化。

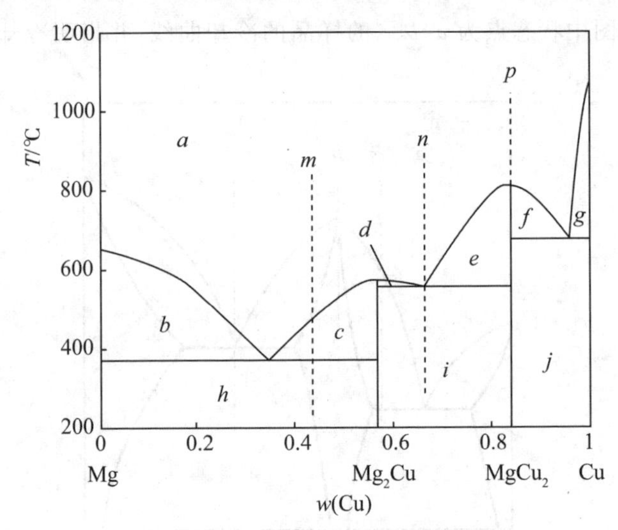

解 (1)图中 $a-j$ 各区域存在的相如下表所示(A 为 Mg_2Cu;B 为 $MgCu_2$):

区域	a	b	c	d	e	f	g	h	i	j
相	l	l+Mg	l+A	l+A	l+B	l+B	l+Cu	A+Mg	A+B	B+Cu

(2)右图中状态点为 m、n、p 的样品的冷却曲线如右图所示,m 步冷曲线在拐点处出现 Mg_2Cu 相,平台处为 l+Mg+$MgCu_2$ 三相共存。n 步冷曲线在平台处同时出现 Mg_2Cu 和 $MgCu_2$。p 步冷曲线在平台处生成稳定化合物 $MgCu_2$。

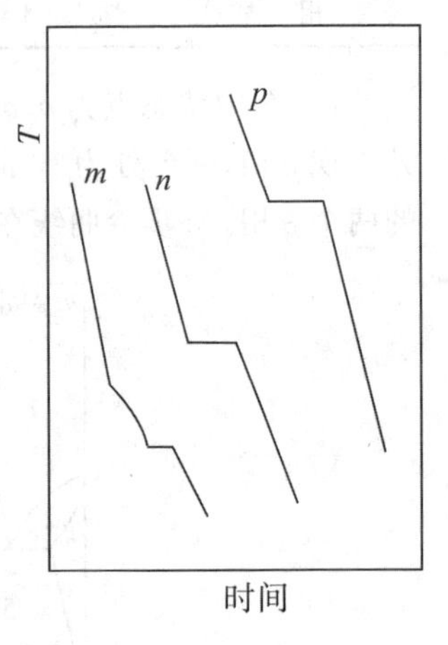

6.15 NaCl-H_2O 所组成的二组分系统,在 252 K 时有一个低共熔点,此时冰、不稳定化合物 NaCl·$2H_2O$(s)和浓度为 23.3%(质量百分数,下同)的 NaCl 水溶液平衡共存。在 264 K 时 NaCl·$2H_2O$(s)分解,生成无水 NaCl 和 27% 的 NaCl 水溶液。已知无水 NaCl 的溶解度随温度变化很小,但温度升高溶解度会略有增加。NaCl 的摩尔质量为 58.5 $g \cdot mol^{-1}$,H_2O 的为 18.02 $g \cdot mol^{-1}$。

(1)试绘出相图示意图;

(2)分析各组分存在的相平衡(相态、自由度数及三相线);

(3)若有 1.00 kg 30% 的 NaCl 溶液,由 433 K 冷到 264 K,问在此过程中最多能析出多少纯 NaCl?

解　(1)相图示意图如下图所示：

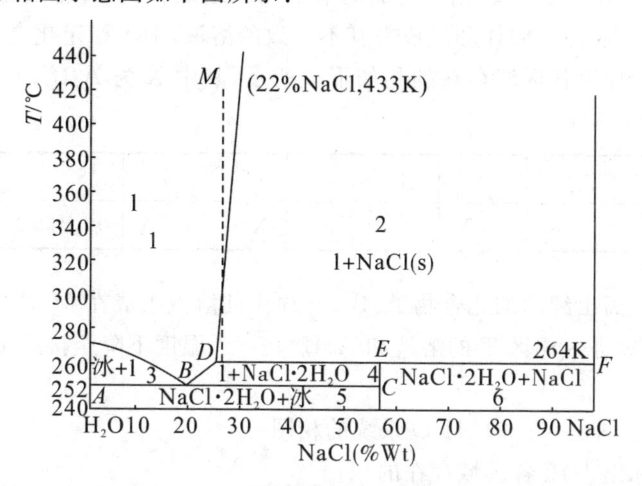

(2)图中标出各区域存在的相平衡情况。自由度数及三相线如下表所示：

区域或三相线	1	2	3	4	5	6	三相线 ABC	三相线 DEF
自由度	2	1	1	1	1	1	0	0

(3)从图中可以看出，D 点的横坐标为 27%，当 30% 的 NaCl 溶液，由 433 K 冷到 264 K，要尽可多地析出纯 NaCl，冷却温度要无限接近 264 K，此时有三点：系统组成 30%，液相组成 27%，纯 NaCl 100%。应用杠杆规则计算：

$(1.00-n_S)(30-27)=n_S(100-30)$

$n_S=0.0411$ kg

6.16　设 A 和 B 可析出化合物 A_xB_y 和 A_mB_n，其 $T\sim x$ 图如图所示。

(1)试分析 A_xB_y 和 A_mB_n 分别属于稳定化合物还是不稳定化合物；

(2)试标出 1～10 各区域存在的相；

(3)物系点处于什么相区才能分离出纯净的化合物 A_mB_n？

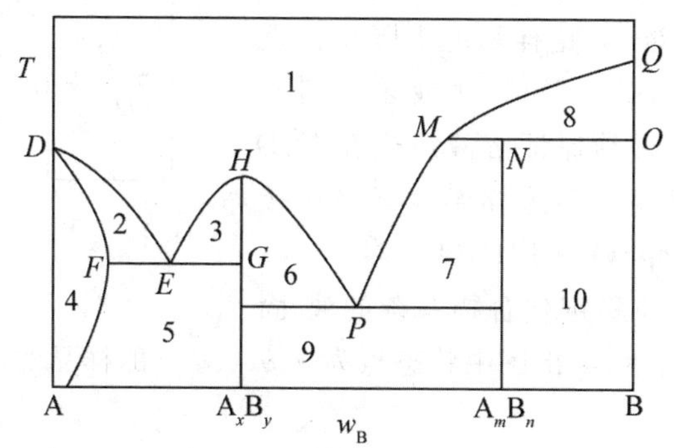

解 (1)A_xB_y 加热融化后生成的溶液与其组成相同,为稳定化合物;A_mB_n 加热融化后生成另一固体和组成与其不一致的溶液,为不稳定化合物。

(2)图中标出各区域存在的相如下表所示,其中 X 为 A_xB_y;Y 为 A_mB_n;区域 4 中为 α 固熔体:

区域	1	2	3	4	5	6	7	8	9	10
相	l	l+α	l +X	α	α+X	X+l	l +Y	l+B	X+Y	B+Y

(3)要分离出纯净的化合物 A_mB_n,必须保证溶液组成在 M、P 之间,这样保证温度下降后进入相区 T 的溶液和 A_mB_n 共存。温度下降至接近 P 点时,生成 A_mB_n 的最多。

6.17 下图是 $MgSO_4$-H_2O 系统的相图。

(1)试标出 1-10 各区域存在的相;

(2)试设计由 $MgSO_4$ 的稀溶液分别制备 $MgSO_4\cdot 6H_2O$、$MgSO_4\cdot 7H_2O$ 和 $MgSO_4\cdot 12H_2O$ 的最佳操作条件。

解 (1)1～10 各区域存在的相如下表所示,其中 X 为 $MgSO_4\cdot 12H_2O$(s);Y 为 $MgSO_4\cdot 7H_2O$(s);Z 为 $MgSO_4\cdot 6H_2O$(s):

区域	1	2	3	4	5	6	7	8	9	10
相	l	l+ H_2O(s)	H_2O(s) +X	X+l	Y+X	Y+l	Z+Y	l+Z	Z+ $MgSO_4$	l+ $MgSO_4$

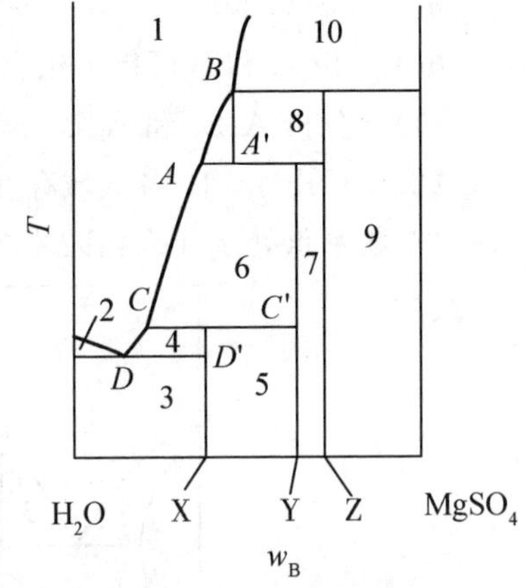

(2)如右图所示,由 $MgSO_4$ 的稀溶液分别制备 $MgSO_4\cdot 6H_2O$,必须保证溶液组成在 A、B 之间,浓度尽量接近 B,这样温度下降至接近 A′点时,生成 $MgSO_4\cdot 6H_2O$ 最多。制备 $MgSO_4\cdot 7H_2O$ 必须保证溶液组成在 A、C 之间,浓度尽量接近 A,这样温度下降至接近 C′点时,生成 $MgSO_4\cdot 7H_2O$ 最多。制备 $MgSO_4\cdot 12H_2O$,必须保证溶液组成在 C、D 之间,浓度尽量接近 AC,这样温度下降至接近 D′点时,生成 $MgSO_4\cdot 12H_2O$ 最多。

6.18 某生成不稳定化合物系统的液-固系统相图如下图所示,绘出图中状态点为 a、b、c、d、e 的样品的冷却曲线。

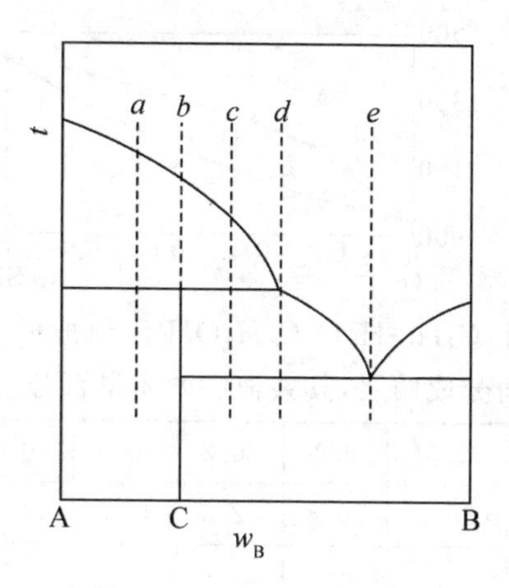

解　图中状态点为 a、b、c、d、e 样品的冷却曲线如下图所示：

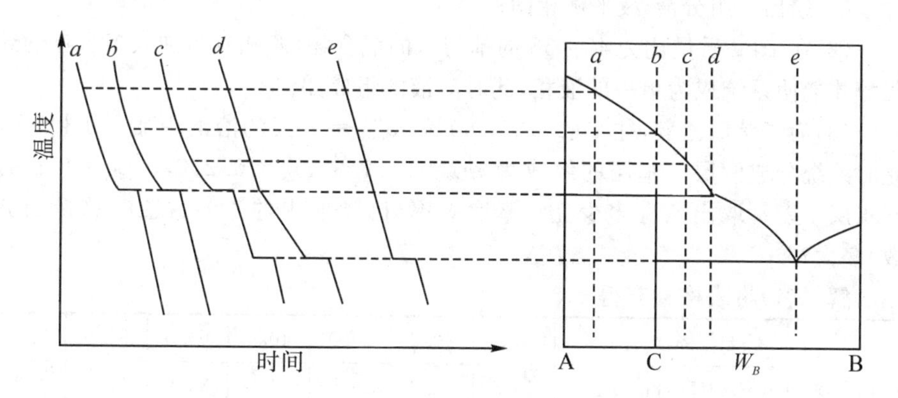

6.19　Si-Ge 系统的熔融液体由高温缓慢冷却时，取得下列数据：

x_{Si}	0	0.25	0.40	0.62	0.80	0.90	1.00
开始凝固温度/℃	940	1160	1235	1310	1370	1395	1412
全部凝固温度/℃	940	1010	1070	1170	1275	1340	1412

试画出此系统的相图，标明每个区域和每条线的含义。

解　此系统的相图如下图所示。A 为液相区；B 为液-固两相平衡区；C 为固相区。上线为 Si-Ge 系统熔液的凝固点曲线；下线为 Si-Ge 系统固溶体的熔点曲线。

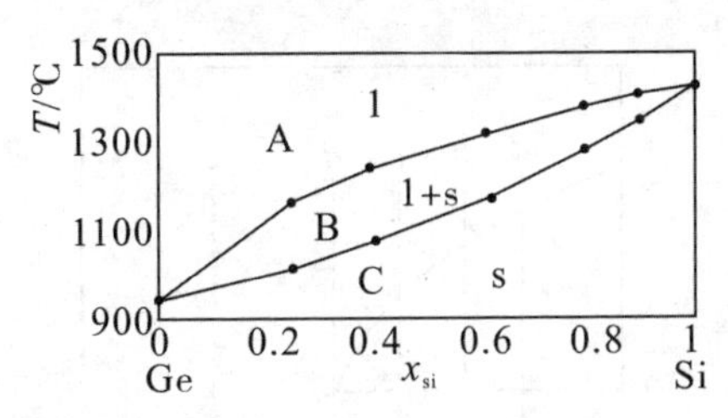

6.20 在 298 K 时，C_6H_6-H_2O-C_2H_5OH 所组成的三组分系统，在一定的浓度范围内部分互溶而分成两层，其共轭层的质量百分含量组成列于下表。

第一层	C_6H_6/%	1.3	9.2	20.2	30.0	40.0	60.0	80.0	95.0
	C_2H_5OH/%	38.7	50.8	52.3	49.5	44.8	33.9	17.7	4.8
第二层	H_2O/%	—	—	3.2	5.0	6.5	13.5	34.0	65.5

(1)绘出三组分液-液平衡相图；

(2)在 1 kg 质量比为 42∶58 的苯与水的混合物(两相)中，加入多少克的纯乙醇才能使系统成为单一的液相，此时溶液的组成如何？

(3)为了萃取乙醇，往 1 kg $w_{苯}=60\%$，$w_{乙醇}=40\%$的溶液中加入 1 kg 水，此时系统分成两层。苯层的组成为 $w_{苯}=95.7\%$，$w_{水}=0.2\%$，$w_{乙醇}=4.1\%$。问水层中能萃取出乙醇多少克？萃取效率(已萃取出的乙醇占乙醇总量的分数)多大？

解 (1)将表格补充得

第一层	C_6H_6/%	1.3	9.2	20.2	30.0	40.0	60.0	80.0	95.0
	C_2H_5OH/%	38.7	50.8	52.3	49.5	44.8	33.9	17.7	4.8
	H_2O/%	60	40	27.5	20.5	15.2	6.1	2.3	0.2
第二层	H_2O/%	—	—	3.2	5.0	6.5	13.5	34.0	65.5

根据表格可绘制三组分相图，如下图所示：

(2)因为 1 kg 苯与水的混合液(两相)质量比为 42∶58。先根据此数据在相图中底线 BC 上找到此点 z，过 z 点作顶点 A 的直线。当加入纯乙醇时，系统点将沿着 Az 线变化。Az 线与相图曲线的交点为 M，由此点作三边之平行线，可知其组成为：$w_{苯}=19.6\%$，$w_{水}=28\%$，则 $w_{乙醇}=52.4\%$。设加入纯乙醇的质量为 m，则：

$$(1000+m)/0.524=m$$

$$m=1100.84(\text{g})$$

(3)首先在相图中找到所给乙醇 40%、苯 60%的物系点 a，并连接 aC。加入水 1000 g 后的新物系点必落在 aC 的连线上。

加入水后系统总重为 2000 g,而此时:

水的质量为 1000 g,质量比为 $w_{水}=50\%$;苯的质量为 600 g,质量比为 $w_{苯}=30\%$;乙醇的质量为 400 g,质量比为 $w_{乙醇}=20\%$。

按此数据在相图中可确定系统点 O 点,因为苯层的组成为 $w_{苯}=95.7\%$,$w_{水}=0.2\%$,$w_{乙醇}=4.1\%$,可确定物系点 x_2。作连接线 x_2Oy_2,进而查得 y_2 点的组成为 $w_{水}=73\%$,$w_{乙醇}=27\%$。

而苯层含醇的质量应为$(2000-x)\times4.1\%$,得

$$x\times27\%+(2000-x)\times4.1\%=400$$

可求得 $x=1388.6(\text{g})$

所以水层中(萃取)量为$1388.6\times27\%=374.9(\text{g})$

则萃取效率: $\eta=374.9/400=93.65\%$

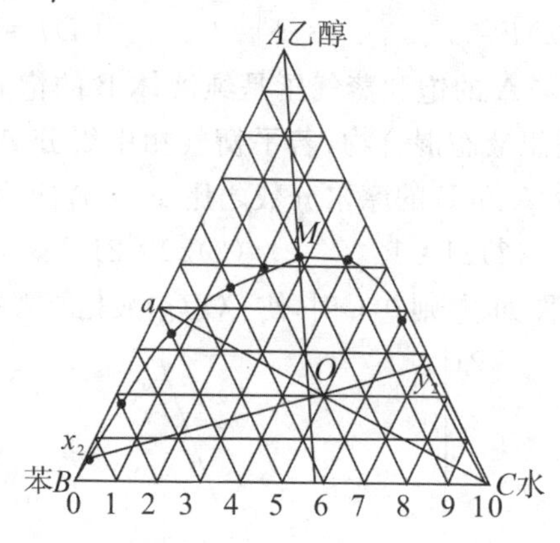

五、测验题

(一)选择题

1. 硫酸与水可形成 $H_2SO_4\cdot H_2O(s)$,$H_2SO_4\cdot 2H_2O(s)$,$H_2SO_4\cdot 4H_2O(s)$ 三种水合物,问在 101325 Pa 的压力下,能与硫酸水溶液及冰平衡共存的硫酸水合物最多可有多少种?( )

(1)3 种 (2)2 种

(3)1 种 (4)不可能有硫酸水合物与之平衡共存

2. 组分 A(高沸点)与组分 B(低沸点)形成完全互溶的二组分系统,在一定温度下,向纯 B 中加入少量的 A,系统蒸气压力增大,则此系统为:( )。

(1)有最高恒沸点的系统

(2)不具有恒沸点的系统

(3)具有最低恒沸点的系统

(4)以上说法皆有可能

3. 将固体 $NH_4HCO_3(s)$放入真空容器中,等温在 400 K,NH_4HCO_3按下式分解并达到平衡:$NH_4HCO_3(s)$ —— $NH_3(g)+H_2O(g)+CO_2(g)$,系统的组分数 C 和自由度数 F 为:(　　)。

(1)$C=2,F=1$　　(2)$C=2,F=2$

(3)$C=1,F=0$　　(4)$C=3,F=2$

4. 二元恒沸混合物的组成(　　)。

(1)固定　　(2)随温度而变

(3)随压力而变　　(4)无法判断

5. 二组分系统的最大自由度是(　　)。

(1)$F=4$　　(2)$F=3$　　(3)$F=2$　　(4)$F=1$

6. 40℃时,纯液体 A 的饱和蒸气压是纯液体 B 的饱和蒸气压的 21 倍,且组分 A 和 B 能形成理想液态混合物,若平衡气相中组分 A 和 B 的摩尔分数相等,则平衡液相中组分 A 和 B 的摩尔分数之比 $x_A:x_B$应为(　　)。

(1)1∶21　　(2)21∶1　　(3)22∶21　　(4)1∶22

7. 已知 CO_2的相图如下,则 0 ℃时,使 $CO_2(g)$液化所需的最小压力为(　　)。

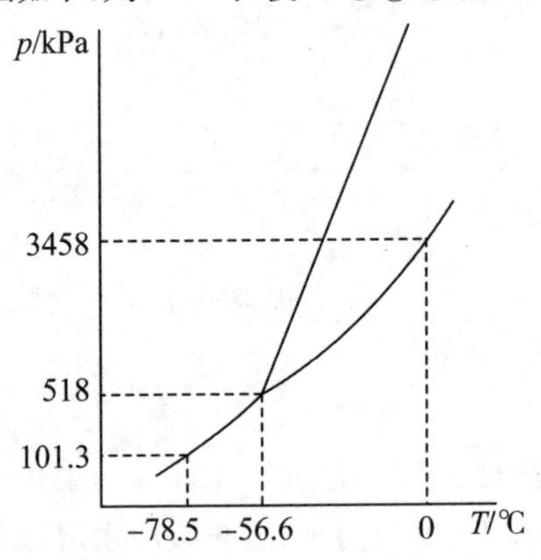

(1)3458 kPa　　(2)518 kPa　　(3)101.3 kPa　　(4)不确定

8. 苯和甲苯能形成理想液态混合物,在 20℃时,当 1 mol 苯和 1 mol 甲苯混合时,过程所对应的 $\Delta_{min}G$(　　)。

(1)$=0$　　(2)>0　　(3)<0　　(4)不好判断

9. $p^{\ominus}$时,A 液体与 B 液体在纯态时的饱和蒸气压分别为 40 kPa 和 46.65 kPa,在此压力下,A,B 形成的完全互溶二组分系统在 $x_A=0.5$ 时,组分 A 和组分 B

的平衡分压力分别是 13.33 kPa 和 20 kPa,则此二组分系统常压下的 T-x 图为下列图中的(　　)。

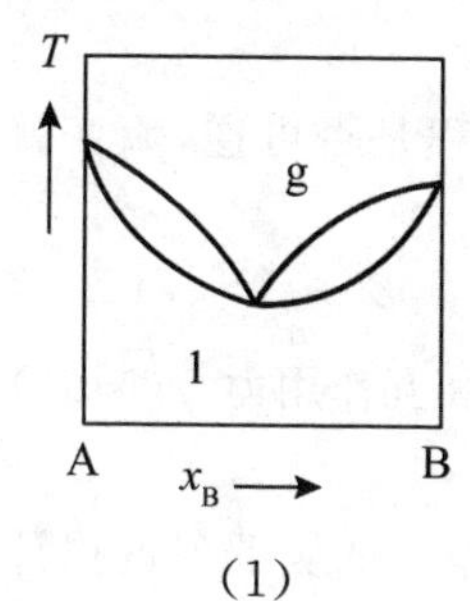

(1)

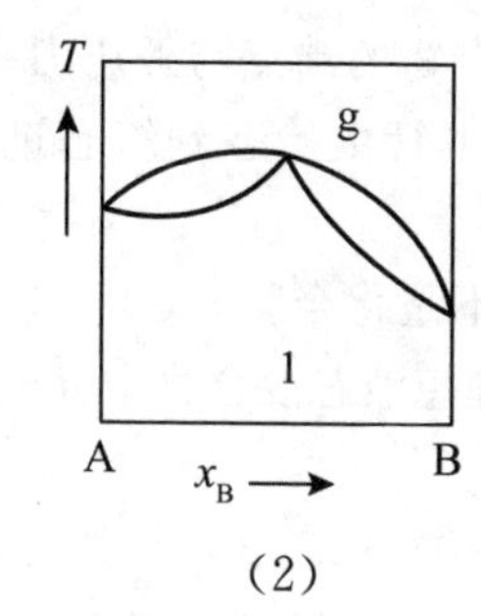

(2)

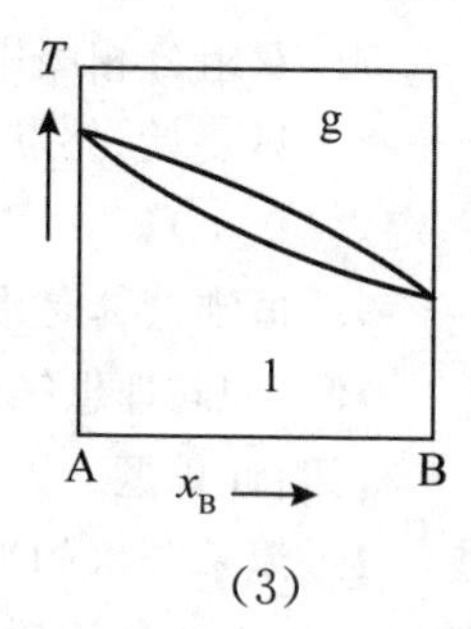

(3)

10. $BaCO_3$(s)受热分解成 BaO(s)和 CO_2(g),组分数 C 和自由度数 F 正确的是(　　)。

(1)$C=3$　$F=2$　　(2)$C=2$　$F=1$

(3)$C=2$　$F=2$　　(4)$C=1$　$F=1$

(二)填空题

1. 今将一定量的 $NaHCO_3$(s)放入一个真空容器中,加热分解并建立平衡:

$$2NaHCO_3(s) = Na_2CO_3(s) + H_2O(g) + CO_2(g)$$

则系统的相数 $P=$__________,自由度数 $F=$__________。

2. 理想的完全互溶双液系 p-$x(y)$ 相图中,液相线在气相线的__________方,T-$x(y)$ 相图中,液相线在气相线的__________方。

3. 三组分系统的最大自由度数 $F=$__________,平衡共存的最多相数 $P=$__________。

4. 完全互溶的 A,B 二组分溶液,在 $x_B=0.6$ 处,平衡蒸气压有最高值,那么组成 $x_B=0.4$ 的溶液在气-液平衡时,y_B(g),x_B(l),x_B(总)的大小顺序为________。

5. 在 100 ℃,101.325 kPa 时,$H_2O(l)$ 与 H_2O(g)成平衡,则

μ(H_2O,g,100 ℃,101.325 kPa)______μ(H_2O,l,100 ℃,101.325 kPa);

μ(H_2O,g,25 ℃,101.325 kPa)______μ(H_2O,l,25 ℃,101.325 kPa);

(选填>,=,<。)

(三)是非题

1. 自由度就是可以独立变化的变量。(　　)

2. 相图可表示达到相平衡所需的时间长短。(　　)

3. 纯物质体系的相图中两相平衡线都可以用克拉贝龙方程定量描述。(　　)

4. 对于纯组分,其化学势等于它的摩尔吉布斯自由能。(　　)

5. 二组分液态混合物的总蒸汽压,大于任一纯组分的蒸汽压。(　　)

6. 具有最高恒沸物的二组分双液系,可以通过完全精馏的方法得到两个纯组分。( )

7. 双组分相图中恒沸混合物的沸点与外压力有关。( )

8. 只要始、终状态一定,不管由始态到终态进行的过程是否可逆,熵变就一定。( )

9. 恒沸液体是混合物而不是化合物。( )

10. 如同理想气体一样,理想液态混合物中分子间没有相互作用力。( )

(四)计算题

1. 溴苯与水的混合物在 101.325 kPa 下沸点为 95.7 ℃,试从下列数据计算馏出物中两种物质的质量比。(溴苯和水完全不互溶)

T/℃	92	100
$p^{*}(H_2O)$/kPa	75.487	101.325

假设水的蒸发焓$\Delta_{vap}H_m$与温度无关,溴苯、水的摩尔质量分别为 157.0 g·mol^{-1},18.02 g·mol^{-1}。

2. 在 p=101.3 kPa,85 ℃时,由甲苯(A)及苯(B)组成的二组分液态混合物达到沸腾。该液态混合物可视为理想液态混合物。试计算该理想液态混合物在 101.3 kPa 及 85 ℃沸腾时的液相组成及气相组成。已知 85 ℃时纯甲苯和纯苯的饱和蒸气压分别为 46.00 kPa 和 116.9 kPa。

3. 酚水体系在 60 ℃分成两液相,第Ⅰ相含 16.8%(质量百分数)的酚,第Ⅱ相含 44.9% 的水。

(1)如果体系中含 90 g 水和 60 g 酚,那么各相质量为多少?

(2)如果要使含 80% 酚的 100 g 溶液变成浑浊,必须加水多少克?

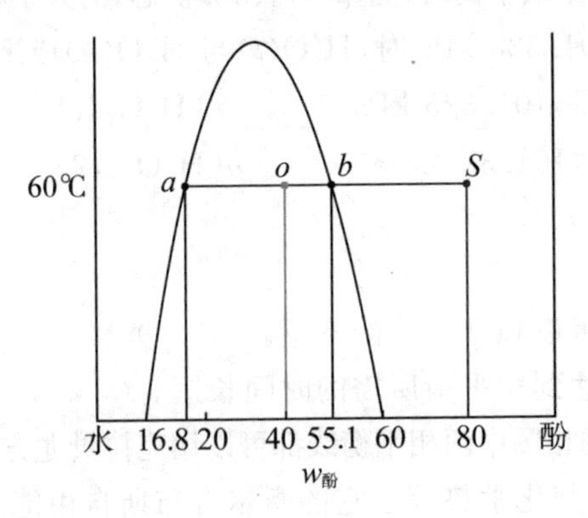

(五)问答题

1. 根据图(a)、图(b)回答下列问题：

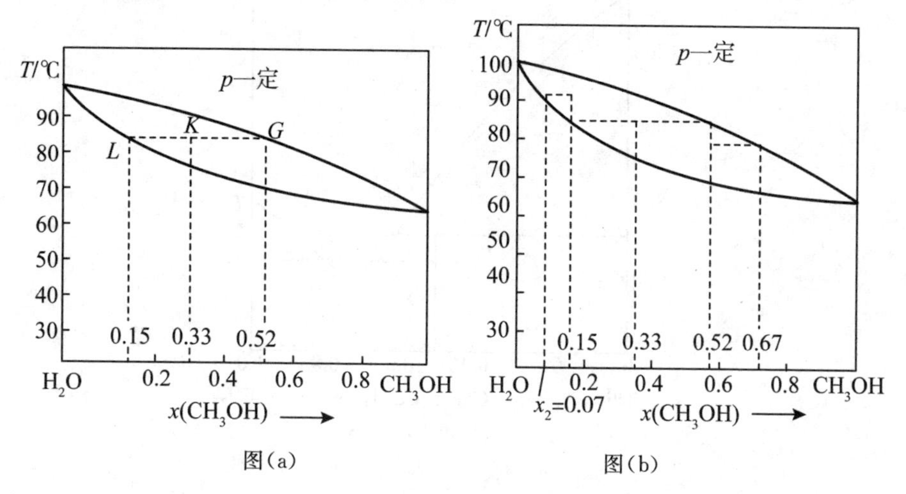

图(a)　　　　　　　　　　图(b)

(1)指出图(a)中，K 点所代表的系统的总组成，平衡相数及平衡相的组成；

(2)将组成 x(甲醇)＝0.33 的甲醇水溶液进行一次简单蒸馏加热到 85 ℃停止蒸馏，问馏出液的组成及残液的组成，馏出液的组成与液相比发生了什么变化？通过这样一次简单蒸馏是否能将甲醇与水分开？

(3)将(2)所得的馏出液再重新加热到 78 ℃，问所得的馏出液的组成如何？与(2)中所得的馏出液相比发生了什么变化？

(4)将(2)所得的残液再次加热到 91 ℃，问所得的残液的组成又如何？与(2)中所得的残液相比发生了什么变化？

欲将甲醇水溶液完全分离，要采取什么步骤？

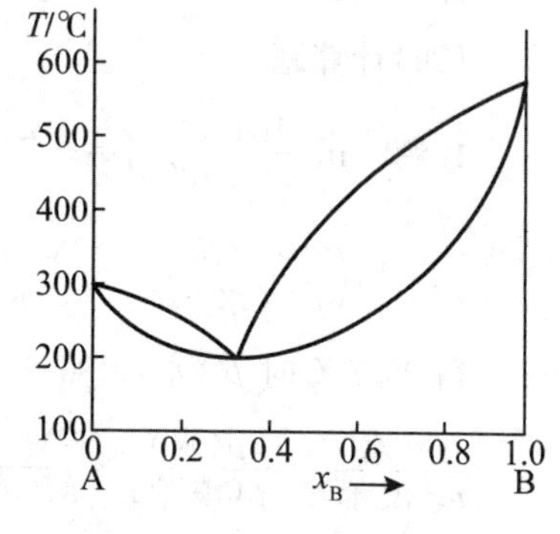

2. A 和 B 两种物质的混合物在 101 325 Pa 下沸点-组成图如右图，若将 1 mol A 和 4 mol B 混合，在 101325 Pa 下先后加热到 T_1＝200 ℃，T_2＝400 ℃，T_3＝600 ℃，根据沸点-组成图回答下列问题：

(1)上述 3 个温度中，什么温度下平衡系统是两相平衡？哪两相平衡？各平衡相的组成是多少？各相的量是多少(mol)？

(2)上述 3 个温度中，什么温度下平衡系统是单相？是什么相？

3. 已知 CaF_2-$CaCl_2$ 相图，欲从 CaF_2-$CaCl_2$ 系统中得到化合物 $CaF_2 \cdot CaCl_2$ 的纯粹结晶。试述应采取什么措施和步骤？

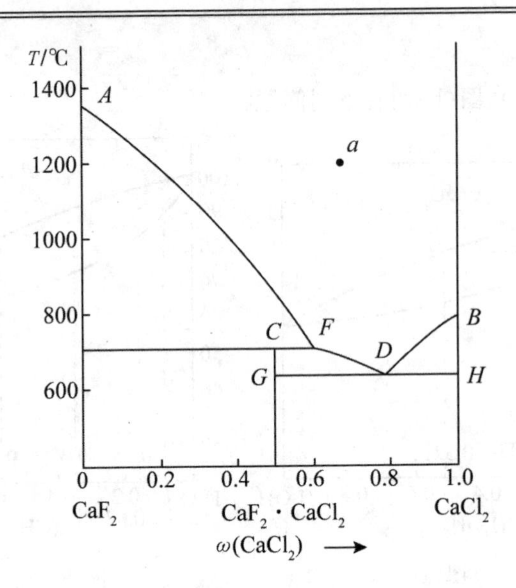

六、测验题答案

(一)选择题

1. (3)　**2.** (3)　**3.** (3)　**4.** (3)　**5.** (2)　**6.** (1)　**7.** (1)　**8.** (3)　**9.** (2)　**10.** (2)

(二)填空题

1. 3;1　**2.** 上;下　**3.** 4;5　**4.** $y_B(g) > x_B(总) > x_B(l)$　**5.** =,>

(三)是非题

1. ×　**2.** ×　**3.** √　**4.** √　**5.** ×　**6.** ×　**7.** √　**8.** √　**9.** √　**10.** ×

(四)计算题

1. 解　$\ln\left(\dfrac{101.325}{75.487}\right) = -\dfrac{\Delta_{vap}H_m}{R}\left(\dfrac{1}{373.2} - \dfrac{1}{365.2}\right)$

$$\ln\left(\frac{101.325}{p^*(水)}\right) = -\frac{\Delta_{vap}H_m}{R}\left(\frac{1}{373.2} - \frac{1}{368.9}\right)$$

得 95.7 ℃时 $p^*(水) = 86.65$ kPa ;$p^*(溴苯) = 101.325 - 86.65 = 14.68(\text{kPa})$

$$\frac{m(水)}{m(溴苯)} = \frac{p(水)}{p(溴苯)} \times \frac{M(水)}{M(溴苯)} = \frac{86.65 \times 18.02}{14.68 \times 157.0}$$

$m(水) : m(溴苯) = 0.68 : 1$

2. 解　由该液态混合物可视为理想液态混合物,各组分均符合拉乌尔定律,故

$p = p_A + p_B = p_A^* + (p_B^* - p_A^*)x_B$

$$x_B = \frac{p - p_A^*}{p_B^* - p_A^*} = \frac{(101.3-46.0)\ \text{kPa}}{(116.9-46.0)\ \text{kPa}} = 0.780$$

$x_A = 1 - x_B = 0.220$

气相组成，由式 $y_B = \frac{p_B}{p} = \frac{x_B p_B^*}{p} = \frac{116.9 \times 0.780}{101.3} = 0.900$

$y_A = 1 - y_B = 0.100$

3. 解　在Ⅰ相中含16.8%的酚；在Ⅱ相中含44.9%的水，则含酚为55.1%。

(1)设物系点为 o，其中酚含量为：60/(60+90)=40%

于是　$w_{\text{I}} + w_{\text{II}} = 150$

且据杠杆规则有：$w_{\text{I}} / w_{\text{II}} = (55.1-40)/(40-16.8)$

解得：$w_{\text{I}} = 59.1\ \text{g}$，$w_{\text{II}} = 90.9\ \text{g}$

(2)等温下加水，物系点 S 向 b 点移动，到 b 点溶液开始变浑浊。

80/[100+w(水)]=55.1%

需加水 w(水)=45.2 g

(五)问答题

1. 解　(1)如图(a)所示，K 点代表的总组成 $x(CH_3OH)=0.33$ 时，系统为气、液两相平衡；L 点为平衡液相，$x(CH_3OH)=0.15$；G 点为平衡气相，$y(CH_3OH)=0.52$。

(2)由图(b)可知，馏出液组成 $y_{B,1}=0.52$，残液组成 $x_{B,1}=0.15$。经过简单蒸馏，馏出液中甲醇含量比原液高，而残液比原液低，通过一次简单蒸馏，不能使甲醇与水完全分开。

(3)若将(2)所得的馏出液再重新加热到78℃，则所得馏出液组成 $y_{B,2}=0.67$，与(2)所得馏出液相比，甲醇含量又高了。

(4)若将(2)中所得残液再加热到91℃，则所得的残液组成 $x_{B,2}=0.07$，与(2)中所得的残相比，甲醇含量又减少了。

(5)欲将甲醇水溶液完全分离，可将原液进行多次反复蒸馏或精馏。

2. 解　(1) $T_2=400$ ℃时，平衡系统是两相平衡，此时是液-气两相平衡。各平衡相的组成，如下图所示，为

$x_{B(l)}=0.88$，$y_B=0.50$

$$\frac{n_{(l)}}{n_{(g)}} = \frac{\overline{GK}}{\overline{KL}} = \frac{0.8-0.50}{0.88-0.8}$$

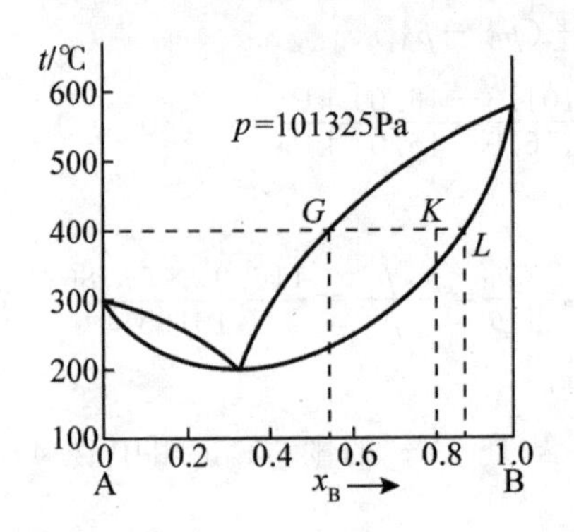

$n(g)+n(l)=5$ mol

解得　$n(l)=4.0$ mol；$n(g)=1.0$ mol

(2)$T_1=200$ ℃时，处于液相；

$T_3=600$ ℃时，处于气相。

3. 解　必须选定溶液的组成在含 $CaCl_2$ 约为 $w(CaCl_2)=0.60\sim0.80$ 之间。今假定选组成为 a 之溶液，从 a 冷却下来与 FD 线相交，当越过 FD 线后便有固相 $CaF_2\cdot CaCl_2$ 析出，溶液组成沿 FD 线改变，待温度降到 GDH(即三相点温度)线以上一点点时，将固体从溶液中分离，即可得到纯粹的 $CaF_2\cdot CaCl_2$ 结晶。

第七章　电化学
(Chapter 7　Electrochemistry)

学习目标

通过本章的学习，要求掌握：

1. 电化学基本概念及法拉第定律；
2. 电解质溶液导电性质的物理量(电导、电导率、摩尔电导率)的概念；
3. 离子独立移动定律；
4. 电解质溶液的平均活度和平均活度因子；
5. 离子强度的概念与德拜-休克尔极限公式；
6. 可逆电池的概念与能斯特方程式；
7. 电极电势的概念及其计算；
8. 电池电动势的计算及其实际应用；
9. 极化作用和超电势的概念。

一、知识结构

1. 总体知识结构

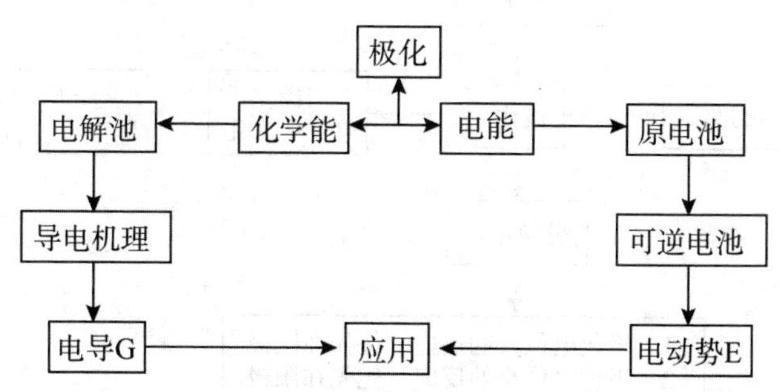

2. 电解质知识结构

电解池
- ①电解质溶液导电机理
  - 电极反应→Faraday 定律
  - 离子定向迁移→迁移数 t ⇐Hittorf 实验
- ②电解质溶液导电能力→(G,κ,Λ_m)→Kohlrausch→求：$K^{\ominus},\alpha,K_{sp}^{\ominus}$
- ③电解质溶液的浓度表示→$(a,a_{\pm},\gamma_{\pm})$→(Debye-Hückel 公式)

3. 原电池知识结构

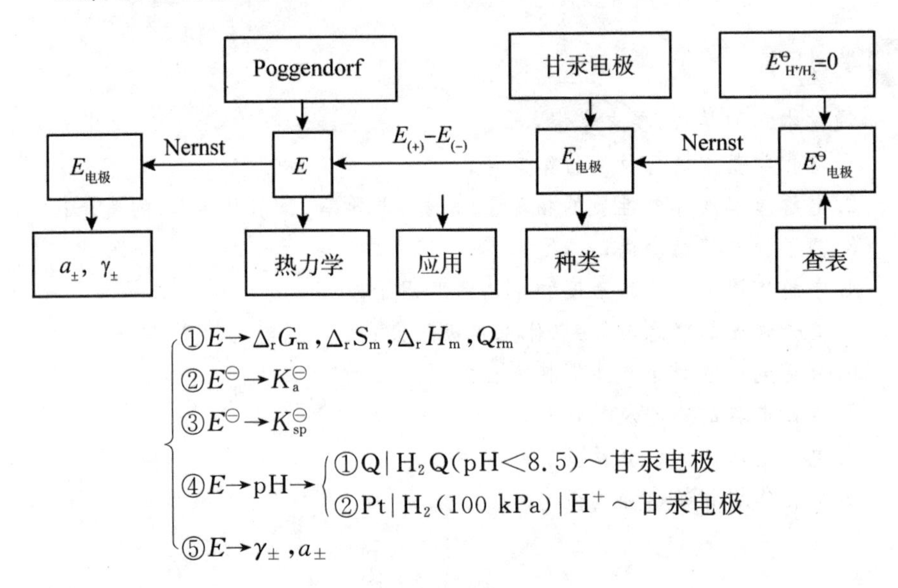

- ①$E\rightarrow\Delta_r G_m,\Delta_r S_m,\Delta_r H_m,Q_{rm}$
- ②$E^{\ominus}\rightarrow K_a^{\ominus}$
- ③$E^{\ominus}\rightarrow K_{sp}^{\ominus}$
- ④$E\rightarrow$pH→
  - ①Q|H_2Q(pH<8.5)～甘汞电极
  - ②Pt|H_2(100 kPa)|H^+～甘汞电极
- ⑤$E\rightarrow\gamma_{\pm},a_{\pm}$

4. 极化知识结构

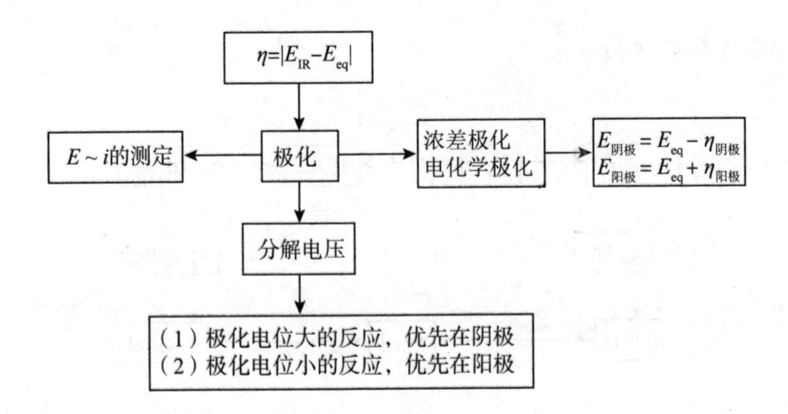

二、基本概念

1. 电化学基本概念

(1)电化学把电极上进行的有电子得失的化学反应称电极反应。
(2)两个电极反应的总和为电池反应。
(3)发生氧化反应的电极为阳极,发生还原反应的电极为阴极。
(4)电位高的电极是正极,电位低的电极是负极。
(5)对电解池,阳极就是正极,阴极就是负极。
(6)对原电池,阳极就是负极,阴极就是正极。

2. 法拉第定律

法拉第 (M. Faraday)定律描述了通过电极的电量与发生电极反应的物质的量之间的关系:

$$Q=nF=zF\xi$$

注意
(1)ξ 的值与反应方程写法有关;
(2)反应的物质的量与反应方程写法无关。

3. 离子的迁移数

某种离子 B 运载的电量与通过溶液的总电量之比为该种离子的迁移数,记为 t_{B}。

$$t_{\mathrm{B}}=\frac{Q_{\mathrm{B}}}{Q}$$

$$t_{+}=\frac{Q_{+}}{Q_{+}+Q_{-}}=\frac{v_{+}}{v_{+}+v_{-}}=\frac{u_{+}}{u_{+}+u_{-}}=\frac{\Delta n_{迁}^{+}}{n_{电解}}$$

4. 电导、电导率和摩尔电导

(1)电导

$$G=\frac{1}{R}$$

G 称为电导,单位为 S 或 Ω^{-1}。

(2)电导率

$$\kappa = G \times \frac{l}{A_s}$$

κ 称为电导率,其单位为 $S \cdot m^{-1}$。

(3)摩尔电导率

$$\Lambda_m = \frac{\kappa}{c}$$

Λ_m称为摩尔电导率的单位为 $S \cdot m^2 \cdot mol^{-1}$。

5. 离子独立运动定律

在无限稀释溶液中,每种离子独立移动,不受其他离子影响,电解质的无限稀释摩尔电导率可认为是两种离子无限稀释摩尔电导率之和,这称为 Kohlrausch 离子独立移动定律,其公式为:

$$\Lambda_m^\infty = \nu_+ \lambda_{m,+}^\infty + \nu_- \lambda_{m,-}^\infty$$

6. 离子氛与德拜-休克尔极限公式

(1)离子氛

为了研究电解质溶液中离子间的相互作用,将十分复杂的离子间静电作用简化成离子氛模型。该模型要点如下:

①中心离子(可以是正离子或负离子);

②离子氛-中心离子周围其他正、负离子球形分布的集合体,与中心离子电性相反,电量相等;

③溶液中众多正、负离子间的静电相互作用,可以归结为每个中心离子所带的电荷与包围它的离子氛的净电荷之间的静电作用。

(2)德拜-休克尔极限公式

由离子氛模型出发,加上一些近似处理,推导出一个适用于电解质稀溶液正、负离子活度系数计算的理论公式,再转化为计算离子平均活度因子的公式,即:

$$\lg\gamma_\pm = -A \left| z_+ z_- \right| \sqrt{I}$$

在 25 ℃的水溶液中 $A = 0.509(kg \cdot mol^{-1})^{1/2}$。

7. 电极电势

单个电极电势差的绝对值是无法直接测定的。电极电势实际上是一个相对电势。

国际上通常以标准氢电极作为标准,并规定在任何温度下,标准氢电极的电极电势为零,即 $E^{\ominus}_{H^+|H_2}(p_{H_2}=p^{\ominus},a_{H^+}=1)=0$。将待测电极作为正极、标准氢电极作为负极组成电池：

(−)标准氢电极 ‖ 待测电极(+)

该电池电动势即为待测电极的电极电势。电池电动势可以由实验测定。

(1)$E_{(电极)}$代数值越小,电对所对应的还原态物质的还原能力越强,氧化态物质的氧化能力越弱。

(2)$E_{(电极)}$代数值越大,电极中还原态物质的还原能力越弱,氧化态物质的氧化能力越强。

电池反应 Nernst 方程：$E=E^{\ominus}-\dfrac{RT}{zF}\ln\prod_{B}a_B^{\nu_B}$

电极反应的 Nernst 方程：$E_{(电极)}=E^{\ominus}_{(电极)}-\dfrac{RT}{zF}\ln\dfrac{a^{\nu_B}_{还原}}{a^{\nu_B}_{氧化}}$

8. 电极的种类

- 第一类电极
  - 金属电极
  - 气体电极
- 第二类电极
  - 金属-金属难溶物(M-MX)
  - 金属-金属氧化物($M-M_xO_y$)
- 氧化还原电极

电极	电极表示	电极反应	$E_{电极}$表示
氢电极	$H^+|H_2(g)Pt$	$2H^++2e^-\rightarrow H_2$	$E_{H^+/H_2(g)}$
	$OH^-,H_2O|H_2(g)|Pt$	$2H_2O+2e^-\rightarrow H_2+2OH^-$	$E_{H_2O,OH^-/H_2(g)}$
氧电极	$OH^-,H_2O|O_2(g)Pt$	$O_2+2H_2O+4e^-\rightarrow 4OH^-$	$E_{O_2(g)/H_2O,OH^-}$
	$H^+,H_2O|O_2(g)Pt$	$O_2+4H^++4e^-\rightarrow 2H_2O$	$E_{O_2(g)/H_2O,OH^-}$

$$E^{\ominus}_{H_2O,OH^-/H_2(g)}=E^{\ominus}_{H^+/H_2(g)}+\frac{RT}{F}\ln K^{\ominus}_w$$

$$E^{\ominus}_{O_2(g)/H_2O,OH}=E^{\ominus}_{O_2(g)/H_2O,OH}-\frac{RT}{F}\ln K^{\ominus}_w$$

9.分解电压

理论分解电压:使某电解质溶液能连续不断发生电解时所必须外加的最小电压,在数值上等于该电解池作为可逆电池时的可逆电动势。

$$E(\text{理论分解})=E(\text{可逆电池})$$

10.电极的极化

(1)当电流流经电极时,不可逆条件下的电极电势 E_{IR} 会偏离可逆电极电势 E_{R},这种现象称为电极的极化。

(2)某一电流密度下的电极电势与其平衡电极电势之差的绝对值,称为超电势 η。即 $\eta=|E_{\text{IR}}-E_{\text{R}}|$。

(3)极化的结果,阳极电势更正,阴极电势更负。为了使超电势为正值,规定阳极超电势 $\eta_{\text{阳极}}$ 和阴极超电势 $\eta_{\text{阴极}}$ 分别为:

$$\eta_{\text{阳极}}=E_{\text{IR,阳极}}-E_{\text{R,阳极}}$$

$$\eta_{\text{阴极}}=E_{\text{R,阴极}}-E_{\text{IR,阴极}}$$

而电解池的实际分解电压为 $E_{\text{IR}}=E_{\text{IR,阳极}}-E_{\text{IR,阴极}}$。即:

$$E_{\text{IR}}=(E_{\text{R,阳极}}-E_{\text{R,阴极}})+(\eta_{\text{阳极}}+\eta_{\text{阴极}})=E_{\text{R}}+\Delta E$$

式中 $\Delta E=\eta_{\text{阳极}}+\eta_{\text{阴极}}$,为实际分解电压与理论分解电压的偏差值。

三、主要公式

1.法拉第定律

$$Q=zF\xi$$

2.电导

(1)$G=\dfrac{1}{R}$

(2)$k=G\cdot\dfrac{1}{A}$

(3)$\Lambda_{\text{m}}=\dfrac{\kappa}{c}$

3.极限摩尔电导的计算

$$\Lambda_{\text{m}}^{\infty}=\nu_{+}\Lambda_{\text{m},+}^{\infty}+\nu_{-}\Lambda_{\text{m},-}^{\infty}$$

4. 弱电解质解离度的计算

$$\alpha=\frac{\Lambda_m}{\Lambda_m^\infty}$$

5. 活度的计算

(1) $a=a_\pm^\nu=a_+^{\nu_+}\cdot a_-^{\nu_-}=\gamma_\pm^\nu\cdot\left(\frac{b_\pm}{b^\ominus}\right)^\nu$

(2) $a_\pm=(a_+^{\nu_+},a_-^{\nu_-})^{\frac{1}{\nu}}$

$\gamma_\pm=(\gamma_+^{\nu_+}.\gamma_-^{\nu_-})^{\frac{1}{\nu}}$

$b_\pm=(b_+^{\nu_+}\cdot b_-^{\nu_-})^{\frac{1}{\nu}}$

(3) $a_\pm=\gamma_\pm\cdot\frac{b_\pm}{b^\ominus}$

(4) $a_+=\gamma_+\cdot\frac{b_+}{b^\ominus}$，$a_-=\gamma_-\cdot\frac{b_-}{b^\ominus}$

(5) $b_+=\nu_+\cdot b$，$b_-=\nu_-\cdot b$

(6) $\lg\gamma_\pm=-0.509z_+|z_-|\sqrt{I}$

(7) $I=\frac{1}{2}\sum b_Bz_B^2$

6. 原电池热力学

(1) $\Delta_rG_m=-zFE$（桥梁公式）

(2) $\Delta_rG_m^\ominus=-zFE^\ominus$（桥梁公式）

(3) $\Delta_rS_m=zF\left(\frac{\partial E}{\partial T}\right)_p$

(4) $\Delta_rH_m=-zFE+ZFT\left(\frac{\partial E}{\partial T}\right)_p$

(5) $Q_{r,m}=zFT\left(\frac{\partial E}{\partial T}\right)_p$

7. Nernst 方程式

(1)电池反应 Nernst 方程：

$$E=E^\ominus-\frac{RT}{zF}\ln\prod_B a_B^{\nu_B}$$

(2)电极反应的 Nernst 方程：

$$E_{(电极)}=E^{\ominus}_{(电极)}-\frac{RT}{zF}\ln\frac{a_{还原}^{\nu_B}}{a_{氧化}^{\nu_B}}$$

8.超电势的计算

(1)$\eta=|E_{IR-}E_{eq}|$

(2)$E_{阴极}=E_{eq}-\eta_{阴极}$

(3)$E_{阳极}=E_{eq}+\eta_{阳极}$

9.如何通过实验求算电导、电导率与摩尔电导率

(1)将已知$\kappa_{(KCl)}$电解质溶液放入电导池→测定R(惠斯顿电桥)

(2)利用$\kappa=\frac{1}{R}\cdot\frac{1}{A_s}$⇒测定待测电解质溶液的$R_x\rightarrow G_x\rightarrow\kappa_x\rightarrow\Lambda_{m,x}=\frac{\kappa_x}{c}$

10.如何求算迁移数

(1)$t_+=\frac{\Delta n_{迁}^+}{n_{电解}}=\frac{\Delta n_{迁}^+}{Q}$, $t=\frac{\Delta n_{迁}^-}{n_{电解}}=\frac{\Delta n_{迁}^-}{Q}$

(2)$t_-=1-t_+$

(3)t_+的算法;

阳极:$n_{电解后}=n_{开始}+n_{电解}-\Delta n_{迁}^+$

阴极:$n_{电解后}=n_{开始}+n_{电解}+\Delta n_{迁}^+$

11.如何求算极限摩尔电导

(1)$t_+^\infty=\frac{\nu_+\Lambda_{m,+}^\infty}{\Lambda_m^\infty}$

(2)$t_-^\infty=\frac{\nu_-\Lambda_{m,-}^\infty}{\Lambda_m^\infty}$

(3)应用实验求Λ_m^∞,t_+^∞,t_-^∞,即可求出$\Lambda_{m,+}^\infty$,$\Lambda_{m,-}^\infty$

12.如何运用电导测定弱电解质的平衡常数

(1)测定弱电解质的Λ_m⇒Wheatstone电桥

测得弱电解质的$R_x\Rightarrow G_x\Rightarrow\kappa_x\Rightarrow\Lambda_{m,x}$

(2)计算$\Lambda_m^\infty=\nu_+\Lambda_{m,+}^\infty+\nu_-\Lambda_{m,-}^\infty$

(3)$\alpha=\frac{\Lambda^m}{\Lambda_m^\infty}$

(4)根据 $K^{\ominus}=f(\alpha)\Rightarrow$求 $K^{\ominus}\Leftrightarrow(\Delta_r G_m^{\ominus}=-RT\ln K^{\ominus})$(可以与 $\Delta_r H_m^{\ominus}$,$\Delta_r S_m^{\ominus}$,相关联)

(5)$\Delta_r G_m^{\ominus}=\Delta_r H_m^{\ominus}-T\Delta_r S_m^{\ominus}$

13.如何运用电导测定难溶盐的溶解度

(1)测定 $\kappa_{溶液}=\kappa_{MX}+\kappa_{H_2O}$(查表)

(2)$\kappa_{MX}=\kappa_{溶液}-\kappa_{H_2O}$

(3)$\Lambda_{m,MX}^{\infty}=\Lambda_{m^+}^{\infty}+\Lambda_{m,X^-}^{\infty}$(通过查表求得)

(4)难溶电解质:$\Lambda_{m,MX}\approx\Lambda_{m,MX}^{\infty}$

(5)根据 $\Lambda_{m,MX}=\frac{\kappa_{MX}}{c}\Rightarrow$得出:$c=\frac{\kappa_{MX}}{\Lambda_{m,MX}}$

(6)$K_{sp}^{\ominus}=c^2$

14.如何求算原电池的电动势

(1)根据 $E_{电极}\rightarrow E$

①根据电池表达式写出电极反应

②根据电极反应 Nernst 方程求:$E_{(+)}$,$E_{(-)}$

③$E=E_{(+)}-E_{(-)}$

(2)根据电池反应 Nernst 方程→E

①根据电池表达式写出电极反应→电池反应

②根据电池反应 Nernst 方程求:E

15.如何求算溶液的 pH 值

(1)用氢电极与甘汞电极组成原电池,测定 $E\rightarrow$pH

①$(-)Pt|H_2(100\ kPa)|$待测溶液$\|KCl(b)|Hg_2Cl_2|Hg(+)$

②$E_{(+)}=E_{Hg_2Cl_2/Hg}=\cdots$(与浓度有关)

$$E_{(-)}=E_{H^+/H_2}^{\ominus}-\frac{RT}{2F}\ln\frac{\frac{p_{H_2}}{p^{\ominus}}}{a_{H^+}^2}=ApH$$

③$E=E_{(+)}-E_{(-)}=E_{Hg_2Cl_2/Hg}-ApH$

④代入数据,即求得 pH 值。

(2)将醌-氢醌溶液放入待测溶液中,与饱和 KCl 甘汞电极)组成原电池,测定电动势,求 pH 值。

①$E_{(Q|H_2O)}=E^{\ominus}_{(Q|H_2O)}+\frac{RT}{F}\ln a_{H^+}\Rightarrow$25 ℃时,$E_{(Q|H_2O)}=0.6993-0.05916\text{pH}$

②$E_{Hg_2Cl_2/Hg}=0.2410$(饱和 KCl)

③当 pH=7.75,$E_{(Q|H_2O)}=E_{Hg_2Cl_2/Hg}$

④选择正、负极,连接电路,测定电动势。

⑤选择正、负极

当 pH<7.75,(−)甘汞‖醌-氢醌(+)

$$\text{pH}=\frac{0.4583-E}{0.05916}$$

当 pH>7.75,(−)甘汞‖醌-氢醌(+)

$$\text{pH}=\frac{0.4583+E}{0.05916}$$

pH>8.5 不能用,因为:$a_{H_2Q}\neq a_Q$

16.如何用标准电动势求溶度积

(1)$MX\rightarrow M^{+}+X^{-}$

(2)设计原电池,为所求反应

阳极(−):$M\rightarrow M^{+}+e^{-}$

阴极(+):$MX+e^{-}\rightarrow M+X^{-}$

电池反应:$MX\rightarrow M^{+}+X^{-}$

(3)写出电池表达式:(−)$M|M^{+}\|X^{-}|MX|M$(+)

(4)$E^{\ominus}=E^{\ominus}_{(+)}-E^{\ominus}_{(-)}$

(5)$E^{\ominus}=\frac{RT}{zF}\ln K^{\ominus}=\frac{RT}{zF}\ln K^{\ominus}_{sp}$

17.电解质分解电压的计算

如溶液中存在几种离子,几个反应,则:

(1)极化电位大的反应,优先在阴极(还原反应)

(2)极化电位小的反应,优先在阳极(氧化反应)

求解步骤:

(1)先计算平衡电极电势

(2)计算极化电极电势

$E_{阳}=E_{阳,平}+\eta_{阳}$

$E_{阴}=E_{阴,平}-\eta_{阴}$

(3)确定优先反应

(4)$E_{分解}=E_{阳极}-E_{阴极}$

四、习题详解

7.1　将两个银电极插入$AgNO_3$溶液,通以0.2 A电流共30 min,试求阴极上析出Ag的质量。

解　根据$m=\frac{ItM_B}{zF}$得

$$m_{Ag}=\frac{ItM_{Ag}}{zF}=\frac{0.2\times30\times60\times107.87}{1\times96500}=0.4025(g)$$

7.2　以1930库仑的电量通过$CuSO_4$溶液,在阴极有0.009 mol的Cu沉积,问阴极产生的H_2的物质的量为多少?

解　电极反应方程式为

阴极　$Cu^{2+}+2e^{-}\longrightarrow Cu(s)$

阴极　$2H_2O(l)\rightarrow H_2(g)+2\,OH^{-}-2e^{-}$

在阴极析出0.009 mol的Cu通过的电荷量为

$Q_{Cu}=nzF=0.009\times2\times96500=1737$ (C)

根据法拉第定律,析出H_2的物质的量为

$$n=\frac{Q_{H_2}}{zF}=\frac{Q-Q_{Cu}}{zF}=\frac{1930-1737}{2\times96500}=0.001(mol)$$

7.3　电解食盐水溶液制取NaOH,通过一定时间的电流后,得到含NaOH浓度为1 $mol\cdot dm^{-3}$的溶液0.6 dm^3,同时在与之串联的铜库仑计上析出30.4 g铜,试问制备NaOH的电流效率是多少?

解　根据铜库仑计中析出Cu(s)的质量可以计算通过的电荷量。

$$n_{电}=\frac{m_{Cu}}{\frac{1}{2}M_{Cu}}=\frac{30.4}{\frac{1}{2}\times63.5}=0.957(mol)$$

理论上NaOH的产量应该是0.957 mol。而实际所得NaOH的产量为

$1.0\times0.6=0.6(mol)$

所以电流效率为实际产量与理论产量之比,即

$$\eta=\frac{0.6}{0.957}=62.7\%$$

7.4　如果在10 cm×10 cm的薄铜片两面镀上0.005 cm厚的Ni层(镀液用$Ni(NO_3)_2$),假定镀层能均匀分布,用2.0A的电流强度得到上述厚度的镍层

时需通电多长时间？设电流效率为 96.0%。已知金属的密度为 8.9 g/cm^3，Ni(s)的摩尔质量为 58.69 g/mol。

解 电极反应为：$Ni^{2+}(aq)+2e^- \longrightarrow Ni(s)$

镀层中含 Ni(s)的质量为：$10\times10\times2\times0.005\times8.9=8.9(g)$

按上述所写电极反应，析出 8.9 g Ni(s)的反应进度为

$$\xi=\frac{8.9}{58.69}=0.152(mol)$$

理论用电荷量为

$$Q=zF\xi=2\times96500\times0.152=2.9\times10^4(C)$$

实际用电荷量为

$$Q_{实际}=\frac{2.9\times10^4}{0.96}=3.0\times10^4(C)$$

通电时间为

$$T=\frac{Q_{实际}}{I}=\frac{3.0\times10^4}{2.0}=1.5\times10^4\ s\approx4.17(h)$$

7.5 用银作电极来电解 $AgNO_3$ 水溶液，通电一定时间后阴极上有 0.078 g 的 Ag(s)析出。经分析知道阳极含有 $AgNO_3$ 0.236 g、水 21.14 g。已知原来所用溶液的浓度为每克水中溶有 $AgNO_3$ 0.00739 g，试求 Ag^+ 和 NO_3^- 的迁移数。

解 在计算离子迁移数时，首先要了解阳极部该离子浓度的变化情况。以 Ag^+ 为例，在阳极部 Ag^+ 是迁移出去的，但作为阳极的银电极发生氧化反应会使 Ag^+ 的浓度增加。

$Ag(s) \rightarrow Ag^+ + e^-$

根据阳极部 Ag^+ 的物质的量变化情况和通入的电荷量，就能计算出 Ag^+ 的迁移数。

从相对原子质量可算得 $AgNO_3$ 的摩尔质量为 169.9 g·mol^{-1}，Ag 的摩尔质量为 107.9 g·mol^{-1}。通入的电荷的物质的量为

$$n_{电}=\frac{0.078}{107.9}=7.229\times10^{-4}(mol)$$

通电前后在阳极处 Ag^+ 的浓度变化情况为(假设通电前后阳极部的水量不变)

$$n_{前}=\frac{0.00739\times21.14}{169.9}=9.195\times10^{-4}(mol)$$

$$n_{后}=\frac{0.236}{169.9}=1.389\times10^{-3}(mol)$$

Ag^+ 迁移的物质的量为

$$n_{迁}=n_{前}-n_{后}+n_{电}=(0.9195-1.389+0.7229)\times10^{-3}=2.534\times10^{-4}(mol)$$

$$t_{Ag^+}=\frac{n_{迁}}{n_{电}}=\frac{2.534\times10^{-4}}{7.229\times10^{-4}}=0.35$$

$$t_{NO_3^-}=1-t_{Ag^+}=1-0.35=0.65$$

如果要先计算NO_3^-的迁移数，则在阳极部NO_3^-是迁入的，但在电极上不发生反应，所以通电前后在阳极部NO_3^-的浓度变化为

$$n_{迁,NO_3^-}=n_{前}-n_{后}=(0.9195-1.389)\times10^{-3}=-4.695\times10^{-4}(\mathrm{mol})$$

负值表示阳极部NO_3^-的浓度是下降的，是迁出的量，计算时取其绝对值，或将

$$n_{迁,NO_3^-}=n_{后}-n_{前}=4.695\times10^{-4}(\mathrm{mol})$$

$$t_{NO_3^-}=\frac{n_{迁}}{n_{电}}=\frac{4.695\times10^{-4}}{7.229\times10^{-4}}=0.65$$

显然结果是相同的。

7.6　298 K 时，在某电导池中充以 0.0100 mol · dm^{-3} KCl 溶液，测得其电阻为 112.3 Ω。若改充以同浓度的溶液 X，测得其电阻为 2148 Ω。试计算：

(1)此电导池的电导常数；

(2)溶液 X 的电导率；

(3)溶液 X 的摩尔电导率。

解　表查可得：298 K 时 0.0100 mol · dm^{-3} KCl 溶液的电导率为 0.1409S · m^{-1}。

$$K_{cell}=\kappa R=0.1409\times112.3=15.82(\mathrm{m^{-1}})$$

则 298 K 时 0.0100 mol/dm^{3}的 X 溶液电导率和摩尔电导率分别为

$$\kappa=\frac{1}{R}K_{cell}=\frac{1}{2148}\times15.82=7.4\times10^{-3}(\mathrm{S\cdot m^{-1}})$$

$$\Lambda_m=\frac{\kappa}{c}=\frac{7.4\times10^{-3}}{0.0100\times10^3}=7.4\times10^{-4}(\mathrm{S\cdot m^2\cdot mol^{-1}})$$

7.7　在 298 K 时，一电导池中充以 0.01 mol · dm^{-3} KCl，测出的电阻值为 484.0 Ω；在同一电导池中充以不同浓度的 NaCl，测得下表所列数据。

$c/(\mathrm{mol\cdot dm^{-3}})$	0.0005	0.0010	0.0020	0.0050
R_c/Ω	10910	5494	2772	1128.9

(1)求算各浓度时 NaCl 的摩尔电导率；

(2)以 Λ_m 对 $c^{1/2}$ 作图，用外推法求出 Λ_m^∞。

解　查得 298 K 时，0.01 mol/dm^3 KCl 溶液的电导率 $\kappa=0.1409\ \mathrm{S\cdot m^{-1}}$。

(1)由 $K_{cell}=\kappa/G=\kappa R=68.2\mathrm{m^{-1}}$和 $\Lambda_m=\kappa/c=K_{cell}/(R_c)$计算得 NaCl 不同

浓度时的 Λ_m 列于下表：

$\sqrt{c}/mol^{\frac{1}{2}} \cdot dm^{-\frac{3}{2}}$	0.02236	0.03162	0.04472	0.07071
$\Lambda_m/S \cdot m^2 \cdot mol^{-1}$	0.01250	0.01241	0.01230	0.01208

(2)以 Λ_m 对$\sqrt{c}$作图(图解法求斜率和截距)，外推至 $c=0$，得 $\Lambda_m^\infty=0.01268$ $(S \cdot m^2 \cdot mol^{-1})$。

7.8 在 298 K 时，将电导率为 $0.141\ S \cdot m^{-1}$的 KCl 溶液装入电导池，测得电阻为 525 Ω；在该电导池中装入 $0.1\ mol \cdot dm^{-3}$ 的 NH_4OH 溶液，测出电阻为 2030 Ω。已知此时水的电导率为 $2\times10^{-4}\ S \cdot m^{-1}$，试求：

(1)该 NH_4OH 的电离度和电离平衡常数；

(2)若该电导池内充以水，电阻为多少？

解 利用标准 KCl 溶液的电导率计算电导池常数，然后用这个电导池常数计算溶液的电导率、摩尔电导率，以及纯水的电阻值。再查表获取无限稀释的离子摩尔电导率以计算 NH_4OH 溶液的无限稀释摩尔电导率，这样就可以计算 NH_4OH 溶液的解离度。

(1) $K_{cell}=\kappa_{KCl} \cdot R=0.141\times525=74.025\ m^{-1}$

$$\kappa_{NH_4OH}=\frac{K_{cell}}{R}=\frac{74.025}{2030}$$
$$=3.646\times10^{-2}(S \cdot m^{-1})$$

$$\Lambda_{m,NH_4OH}=\frac{\kappa_{NH_4OH}}{c}=\frac{3.646\times10^{-2}}{100}=3.646\times10^{-4}(S \cdot m^2 \cdot mol^{-1})$$

$$\Lambda_{m,NH_4OH}^\infty=\Lambda_{m,NH_4^+}^\infty+\Lambda_{m,OH^-}^\infty=(0.734+1.980)\times10^{-2}$$
$$=2.714\times10^{-2}(S \cdot m^2 \cdot mol^{-1})$$

$$\alpha=\frac{\Lambda_{m,NH_4OH}}{\Lambda_{m,NH_4OH}^\infty}=\frac{3.646\times10^{-4}}{2.714\times10^{-2}}=1.343\times10^{-2}$$

$$K_\alpha=\frac{c\alpha^2}{1-\alpha}=\frac{0.1\times(1.343\times10^{-2})^2}{1-1.343\times10^{-2}}=1.83\times10^{-5}$$

(2) $R_{H_2O}=\frac{K_{cell}}{\kappa_{H_2O}}=\frac{74.025}{2.0\times10^{-4}}=3.7\times10^5(S^{-1})=3.7\times10^5(\Omega)$

7.9 在 298 K 时，浓度为 $0.01\ mol \cdot dm^{-3}$的 CH_3COOH 溶液在某电导池中测得电阻为 2220 Ω，已知该电导池常数为 $36.7\ m^{-1}$，试求在该条件下 CH_3COOH 的电离度和电离平衡常数。

解 CH_3COOH(即 HAc)是弱酸，它的无限稀释摩尔电导率可以查阅离子的无限稀释摩尔电导率来求算。

$$\Lambda_{m,HAc}^{\infty}=\Lambda_{m,H^+}^{\infty}+\Lambda_{m,Ac^-}^{\infty}=(3.4982+0.409)\times10^{-2}$$
$$=3.9072\times10^{-2}(S\cdot m^2\cdot mol^{-1})$$

$$\Lambda_{m,HAc}=\frac{\kappa_{HAc}}{c_{HAc}}=\frac{1}{c_{HAc}}\times\frac{K_{HAc}}{R}=\frac{1}{0.01\times10^3}\times\frac{36.7}{2220}=1.653\times10^{-3}(S\cdot m^2\cdot mol^{-1})$$

$$\alpha=\frac{\Lambda_{m,HAc}}{\Lambda_{m,HAc}^{\infty}}=\frac{1.653\times10^{-3}}{3.9072\times10^{-2}}=0.0423$$

$$K_c^{\ominus}=\frac{0.01\times(1.653\times10^{-3})^2}{3.9072\times10^{-2}\times(39.072-1.653)\times10^{-3}}=1.87\times10^{-5}$$

或用化学平衡中的方法：

$$HAc \rightleftharpoons H^+ + Ac^-$$

$t=0$	c	0	0
$t=t_e$	$c(1-\alpha)$	$c\alpha$	$c\alpha$

$$K_c^{\ominus}=\frac{\alpha^2c/c^{\ominus}}{1-\alpha}=\frac{(0.0423)^2\times0.01}{1-0.0423}=1.87\times10^{-5}$$

7.10　在 291 K 时，纯水的电导率为 3.8×10^{-6} $S\cdot m^{-1}$。当 H_2O 解离成 H^+ 和 OH^- 并达到平衡，求该温度下 H_2O 的摩尔电导率、解离度和 H^+ 的浓度。

解　$H_2O(l)$的无限稀释摩尔电导率，可以查阅离子的无限稀释摩尔电导率求算，$H_2O(l)$的摩尔电导率可以从电导率计算，两者相比就是 $H_2O(l)$的解离度。

$$\Lambda_{m,H_2O}^{\infty}=\Lambda_{m,H^+}^{\infty}+\Lambda_{m,OH^-}^{\infty}=(3.4982+1.980)\times10^{-2}$$
$$=5.4782\times10^{-2}(S\cdot m^2\cdot mol^{-1})$$

291 K 时，$H_2O(l)$的浓度为

$$c_{H_2O}=\frac{\rho_{H_2O}}{M_{H_2O}}=\frac{998.6}{18.02\times10^{-3}}=5.5416\times10^4(mol\cdot m^{-3})$$

$$\Lambda_{m,H_2O}=\frac{\kappa_{H_2O}}{c_{H_2O}}=\frac{3.8\times10^{-6}}{5.5416\times10^4}=6.857\times10^{-11}(S\cdot m^2\cdot mol^{-1})$$

$$\alpha=\frac{\Lambda_{m,H_2O}}{\Lambda_{m,H_2O}^{\infty}}=\frac{6.857\times10^{-11}}{5.4782\times10^{-2}}=1.252\times10^{-9}$$

H^+ 离子的浓度有两种算法：

$$(\text{I})\,c_{H^+}=c_{H_2O}\cdot\alpha=5.5416\times10^4\times1.252\times10^{-9}$$
$$=6.938\times10^{-5}(mol\cdot dm^{-3})=6.938\times10^{-8}(mol\cdot dm^{-3})$$

$$(\text{II})\,c_{H^+}=\frac{\kappa_{H_2O}}{\Lambda_{m,H_2O}^{\infty}}=\frac{3.8\times10^{-6}}{5.4782\times10^{-2}}$$
$$=6.937\times10^{-5}(mol\cdot m^{-3})=6.937\times10^{-8}(mol\cdot dm^{-3})$$

H^+ 离子的浓度相当于解离了的水的浓度。

7.11　在 291 K 时，测得 CaF_2 饱和水溶液及配制该溶液的纯水之电导率分别

为 3.86×10^{-3} 和 1.5×10^{-4} S·m^{-1}。已知在 291 K 时,无限稀释溶液中下列物质的摩尔电导率为:$\Lambda_m^\infty(CaCl_2)=2.334\times10^{-2}$ S·m^2·mol^{-1},$\Lambda_m^\infty(NaCl)=1.089\times10^{-2}$ S·m^2·mol^{-1},$\Lambda_m^\infty(NaF)=9.02\times10^{-3}$ S·m^2·mol^{-1},求 291 K 时 CaF_2 的溶度积。

解 根据题给条件:κ(饱和溶液)=κ(盐)+κ(H_2O)。

$$\kappa_{CaF_2}=3.86\times10^{-3}-1.5\times10^{-4}=3.71\times10^{-3}(S\cdot m^{-1})$$

微溶盐的溶解度很小,盐又是强电解质,所以其饱和溶液的摩尔电导率可近似等于 Λ_m^∞(盐):

$$\begin{aligned}\Lambda^\infty_{m,CaF_2}&=\Lambda^\infty_{m,CaCl_2}+2\Lambda^\infty_{m,NaF}-2\Lambda^\infty_{m,NaCl}\\&=2.334\times10^{-2}+2\times9.02\times10^{-3}-2\times1.089\times10^{-2}\\&=1.96\times10^{-2}(S\cdot m^2\cdot mol^{-1})\end{aligned}$$

$$c_{CaF_2}=\frac{\kappa_{CaF_2}}{\Lambda^\infty_{m,CaF_2}}=\frac{3.71\times10^{-3}}{1.96\times10^{-2}}=1.89\times10^{-4}(mol\cdot dm^{-3})$$

溶度积:

$$K_{sp}^\ominus=\frac{c_{Ca^{2+}}}{c^\ominus}\left(\frac{c_{F^-}}{c^\ominus}\right)^2=4\ (c_{CaF_2}/c^\ominus)^3=2.7\times10^{-11}$$

7.12 在 298 K 时,测得 $SrSO_4$ 饱和水溶液的电导率为 1.482×10^{-2} S·m^{-1},该温度时水的电导率为 1.5×10^{-4} S·m^{-1}。试计算在该条件下 $SrSO_4$ 在水中的溶解度。

解 由于 $SrSO_4$ 是难溶盐,饱和溶液的浓度很小,它的摩尔电导率接近于无限稀释的摩尔电导率,可以查取离子的无限稀释摩尔电导率来求算。由于离子浓度小,水解离的离子对电导率的贡献就不能忽略,$SrSO_4$ 的电导率应等于饱和溶液的电导率减去水的电导率。

$$\begin{aligned}\Lambda^\infty_{m,SrSO_4}&=\Lambda^\infty_{m,Sr^{2+}}+\Lambda^\infty_{m,SO_4^{2-}}=2(\Lambda^\infty_{m,\frac{1}{2}Sr^{2+}}+\Lambda^\infty_{m,\frac{1}{2}SO_4^{2-}})\\&=2\times(5.946+7.98)\times10^{-3}=2.785\times10^{-2}(S\cdot m^2\cdot mol^{-1})\end{aligned}$$

$$\kappa_{SrSO_4}=\kappa_{溶液}-\kappa_{H_2O}=1.482\times10^{-2}-1.5\times10^{-4}=1.467\times10^{-2}(S\cdot m^{-1})$$

$$\begin{aligned}c_{SrSO_4}&=\frac{\kappa_{SrSO_4}}{\Lambda^\infty_{m,SrSO_4}}=\frac{1.467\times10^{-2}}{2.785\times10^{-2}}=0.5268(mol\cdot m^{-3})\\&=0.5268\times183.62(g\cdot m^{-3})=9.672\times10^{-2}(g\cdot dm^{-3})\end{aligned}$$

7.13 计算下列溶液的离子平均质量摩尔浓度 $b_\pm$ 和离子平均活度 $a_\pm$:

电解质	$K_3Fe(CN)_6$	$CdCl_2$	H_2SO_4
b/mol·kg^{-1}	0.010	0.100	0.050
$\gamma_\pm$	0.571	0.219	0.397

解

物质	$\gamma_{\pm}=(\gamma_{+}^{\nu_{+}}\cdot\gamma_{-}^{\nu_{-}})^{\frac{1}{\nu}}$	$b_{\pm}=(b_{+}^{\nu_{+}}b_{-}^{\nu_{-}})^{\frac{1}{\nu}}$	$a_{\pm}=\gamma_{\pm}b_{\pm}/b^{\ominus}$
$K_3Fe(CN)_6$	$(3)^{\frac{3}{4}}=2.28$	0.0228	0.0130
$CdCl_2$	$(2)^{\frac{2}{3}}=1.59$	0.159	0.0348
H_2SO_4	$(2)^{\frac{2}{3}}=1.59$	0.0795	0.0316

7.14　分别求算 $b=1\ mol\cdot kg^{-1}$时的 KNO_3、K_2SO_4和 $K_4Fe(CN)_6$溶液的离子强度。

解　KNO_3：$I=\frac{1}{2}\sum b_iz_i^2=\frac{1}{2}(1\times1+1\times1)=1(mol\cdot kg^{-1})$

K_2SO_4：$I=\frac{1}{2}\sum b_iz_i^2=\frac{1}{2}(2\times1+1\times2^2)=3(mol\cdot kg^{-1})$

$K_4Fe(CN)_6$：$I=\frac{1}{2}\sum b_iz_i^2=\frac{1}{2}(4\times1+1\times4^2)=10(mol\cdot kg^{-1})$

7.15　应用德拜-休克尔极限公式，计算：(1)298 K 时 $0.002\ mol\cdot kg^{-1}$ $CaCl_2$和 $0.002\ mol\cdot kg^{-1}$ $ZnSO_4$混合溶液中 Zn^{2+}的活度系数；(2)298 K 时 $0.001\ mol\cdot kg^{-1}$ $K_3Fe(CN)_6$的离子平均活度系数。

解　(1)$I=\frac{1}{2}\sum b_iz_i^2=0.014\ mol\cdot kg^{-1}$

$A=0.509\ mol^{-\frac{1}{2}}\cdot kg^{\frac{1}{2}}$

$\lg\gamma_{Zn^{2+}}=-Az^2\sqrt{I}=-0.509\times4\sqrt{0.014}=-0.5547$

$\gamma_{Zn^{2+}}=0.574$

(2)$I=\frac{1}{2}\sum b_iz_i^2=0.006(mol\cdot kg^{-1})$

$\lg\gamma_{\pm}=-0.509z_{+}z_{-}\sqrt{I}=-0.2723$

$\gamma_{\pm}=0.762$

7.16　在 298 K 时，$AgBrO_3$的活度积为 5.77×10^{-5}，试用极限公式计算 $AgBrO_3$在：(1)纯水中的溶解度；(2)$0.01\ mol\cdot kg^{-1}$ $KBrO_3$中的溶解度。

解　(1)$AgBrO_3 \rightleftharpoons Ag^{+}+BrO_3^{-}$

$K_{sp}=a_{Ag^{+}}\cdot a_{BrO_3^{-}}=a_{\pm}^2=5.77\times10^{-5}$

$a_{\pm}=7.596\times10^{-3}$

要计算 $AgBrO_3$在水中的溶解度，须先计算 $AgBrO_3$在水中的平均活度系数 $\gamma_{\pm}$。计算离子强度：

$I=\frac{1}{2}\sum b_iz_i^2=7.596\times10^{-3}\ mol\cdot kg^{-1}$

根据德拜-休克尔极限公式：$A=1.172\ \mathrm{mol^{-\frac{1}{2}}\cdot kg^{\frac{1}{2}}}$

$\ln\gamma_{\pm}=-1.172\sqrt{7.596\times10^{-3}}=-0.102$

$\gamma_{\pm}=0.903$

$$b_{\pm}=b=\frac{a_{\pm}b^{\ominus}}{\gamma_{\pm}}=\frac{7.596\times10^{-3}}{0.903}=8.41\times10^{-3}(\mathrm{mol\cdot kg^{-1}})$$

溶解度：$c\approx\frac{bc^{\ominus}}{b^{\ominus}}=8.41\times10^{-3}\times235.77\times1000=1.98(\mathrm{g\cdot dm^{-3}})$

(2)在 $0.01\ \mathrm{mol\cdot kg^{-1}}$ $KBrO_3$溶液中的 $\gamma_{\pm}$ 不同于在纯水中的 $\gamma_{\pm}$，须重新计算。先假设 $\gamma_{\pm}=1$，求出 b_{Ag^+}，然后求出 I，再通过德拜-休克尔极限公式计算求出 $\gamma_{\pm}$，最后求出精确的 b_{Ag^+}。

$$\frac{b_{Ag^+}}{b^{\ominus}}\cdot\frac{0.01+b_{Ag^+}}{b^{\ominus}}=K_{sp}^{\ominus}\approx5.77\times10^{-5}$$

解得

$$b_{Ag^+}=4.094\times10^{-3}(\mathrm{mol\cdot kg^{-1}})$$

$$I=\frac{1}{2}\sum b_i z_i^2=\frac{1}{2}(0.01\times1+0.01409\times1+0.00409\times1)=0.0141$$

$(\mathrm{mol\cdot kg^{-1}})$

$$\gamma_{\pm}=\exp(-1.172\sqrt{0.0141})=0.870$$

$$\frac{b_{Ag^+}}{b^{\ominus}}\cdot\frac{0.01+b_{Ag^+}}{b^{\ominus}}=\frac{K_{sp}^{\ominus}}{\gamma_{\pm}^2}=\frac{5.77\times10^{-5}}{0.870^2}=7.62\times10^{-5}$$

则 $$\left(\frac{b_{Ag^+}}{b^{\ominus}}\right)^2+0.01\times\frac{b_{Ag^+}}{b^{\ominus}}-7.62\times10^{-5}=0$$

解得 $$c\approx\frac{b_{Ag^+}c^{\ominus}}{b^{\ominus}}=5.06\times10^{-3}\times235.77\times1000=1.2(\mathrm{g\cdot dm^{-3}})$$

严格说来，德拜-休克尔极限公式只适用于离子强度小于 0.01 的稀溶液，第(2)问中溶液的离子强度已经超过范围，因此求得的 $\gamma_{\pm}$ 只能是近似值。本题结果说明了离子强度对微溶盐的影响。

7.17 在 298 K 时 AgCl 的溶度积 $K_{sp}^{\ominus}=1.71\times10^{-10}$，试求在饱和水溶液中，AgCl 的离子平均活度及离子平均活度系数各为多少？

解 $K_{sp}^{\ominus}=\left(\frac{b_{\pm}}{b^{\ominus}}\right)^2=\left(\frac{b}{b^{\ominus}}\right)^2$

$b=b_{\pm}=1.31\times10^{-5}(\mathrm{mol\cdot kg^{-1}})$

$I=\frac{1}{2}\Sigma b_i z_i^2$

$=b$

$=1.31\times10^{-5}(\text{mol}\cdot\text{kg}^{-1})$

$\lg\gamma_{\pm}=-0.509\sqrt{1.31\times10^{-5}}=-1.842\times10^{-3}$

$\gamma_{\pm}=0.996$

$a_{\pm}=\gamma_{\pm}\frac{b_{\pm}}{b^{\ominus}}=0.996\times1.31\times10^{-5}=1.30\times10^{-5}$

7.18 写出下列电池所对应的化学反应:

(1)$Pt|H_2(g)|HCl(b)|Cl_2(g)|Pt$

(2)$Cd(s)|Cd^{2+}(b_1)\|HCl(b_2)|H_2(g)|Pt$

(3)$Pb\text{-}PbSO_4(s)|K_2SO_4(b_1)\|KCl(b_2)|PbCl_2(s)\text{-}Pb$

(4)$Pt|Fe^{3+},Fe^{2+}\|Hg_2^{\ 2+}|Hg$

(5)$Sn|SnSO_4(b_1)\|H_2SO_4(b_2)|H_2(g)|Pt$

(6)$Pt|H_2(g)|NaOH(b)|HgO(s)\text{-}Hg$

解

(1)$H_2(g)+Cl_2(g)\longrightarrow 2HCl(b)$

(2)$Cd(s)+2H^+(b_2)\longrightarrow Cd^{2+}(b_1)+H_2(g)$

(3)$SO_4^{2-}(b_1)+PbCl_2(s)\longrightarrow PbSO_4(s)+2Cl^-(b_2)$

(4)$2Fe^{2+}+Hg_2^{2+}\longrightarrow 2Fe^{3+}+2Hg$

(5)$Sn(s)+2H^+(2b_2)\longrightarrow Sn^{2+}(b_1)+H_2(g)$

(6)$H_2(g)+HgO(s)\longrightarrow Hg+H_2O(l)$

7.19 试将下列化学反应设计成电池:

(1)$Zn(s)+H_2SO_4(aq)\longrightarrow ZnSO_4(aq)+H_2(g)$

(2)$Pb(s)+2HCl(aq)\longrightarrow PbCl_2(s)+H_2(g)$

(3)$H_2(g)+I_2(g)\longrightarrow 2HI(aq)$

(4)$Fe^{2+}+Ag^+\longrightarrow Fe^{3+}+Ag(s)$

(5)$Pb(s)+HgSO_4(s)\longrightarrow PbSO_4(s)+2Hg(l)$

(6)$\frac{1}{2}H_2(g)+AgCl(s)\longrightarrow Ag(s)+HCl(aq)$

解

(1)$Zn|ZnSO_4(aq)\|H_2SO_4(aq)|H_2(g)|Pt$

(2)$Pb\text{-}PbCl_2(s)|HCl(aq)|H_2(g)|Pt$

(3)$Pt|H_2|HI(aq)|I_2(s)|Pt$

(4)$Pt|Fe^{2+},Fe^{3+}\|Ag^+|Ag$

(5)$Pb\text{-}PbSO_4(s)|H_2SO_4(b)|HgSO_4\text{-}Hg$

(6)$Pt|H_2(g)|HCl(aq)|AgCl\text{-}Ag$

7.20 电池 $Zn(s)|ZnCl_2$（0.05 $mol \cdot kg^{-1}$）| $AgCl(s)-Ag(s)$ 的 $E=[1.015-4.92\times10^{-4}(T/K-298)]V$。试计算在 298 K 时，当电池有 2 mol 电子的电量输出时，电池反应 $\Delta_r G_m$，$\Delta_r S_m$，$\Delta_r H_m$ 及可逆放电时的热效应 Q_r。

解 根据已指定电池有 2 mol 电子的电荷量输出，则计算电池反应的热力学函数变化值。在 298 K 时，电池的电动势和它的温度系数为

$E=1.015-4.92\times10^{-4}(298-298)=1.015(V)$

$\left(\frac{\partial E}{\partial T}\right)_p=-4.92\times10^{-4}(V \cdot K^{-1})$

$\Delta_r G_m=-zEF=-2\times1.015\times96500=-195.90(kJ \cdot mol^{-1})$

$\Delta_r S_m=zF\left(\frac{\partial E}{\partial T}\right)_p=2\times96500\times(-4.92\times10^{-4})=-94.96(J \cdot mol^{-1} \cdot K^{-1})$

$$\begin{aligned}\Delta_r H_m=\Delta_r G_m+T\Delta_r S_m&=-195.90+298\times(-94.96)\times10^{-3}\\&=-224.20(kJ \cdot mol^{-1})\end{aligned}$$

$Q_r=T\Delta_r S_m=298\times(-94.96)=-28.30(kJ \cdot mol^{-1})$

7.21 在 298 K 时，电池 $Zn|Zn^{2+}(a=0.0004)\|Cd^{2+}(a=0.2)|Cd$ 的标准电动势为 0.360 V，试写出该电池的电极反应和电池反应，并计算其电动势。

解 负极 $Zn(s)-2e^- \longrightarrow Zn^{2+}$

正极 $Cd^{2+}+2e^- \longrightarrow Cd(s)$

电池反应：$Zn(s)+Cd^{2+} = Zn^{2+}+Cd(s)$

$$E=E^\ominus-\frac{RT}{2F}\ln\frac{a_{Zn^{2+}}}{a_{Cd^{2+}}}=0.44(V)$$

7.22 在 298 K 时，已知 AgCl 的标准摩尔生成焓是 $-127.04\ kJ \cdot mol^{-1}$，Ag、AgCl 和 $Cl_2(g)$ 的标准摩尔熵分别是 42.702、96.11 和 222.95 $J \cdot K^{-1} \cdot mol^{-1}$。

试计算 298 K 时电池 $(Pt)Cl_2(p^\ominus)|HCl(0.1\ mol \cdot dm^{-3})|AgCl(s)|Ag$：

(1)电池的电动势；

(2)电池可逆放电时的热效应；

(3)电池电动势的温度系数。

解 电池反应：$AgCl(s) = Ag(s)+\frac{1}{2}Cl_2(g)$

$\Delta_r H_m^\ominus=-\Delta_f H_{m,AgCl}^\ominus=127.04(kJ \cdot mol^{-1})$

$\Delta_r S_m^\ominus=\frac{1}{2}S_{m,Cl_2}^\ominus+S_{m,Ag}^\ominus-S_{m,AgCl}^\ominus=58.067(J \cdot K^{-1} \cdot mol^{-1})$

$\Delta_r G_m^\ominus=\Delta_r H_m^\ominus-T\Delta_r S_m^\ominus=109.74(kJ \cdot mol^{-1})$

(1)$E=E^\ominus=-\frac{\Delta_r G_m^\ominus}{F}=-1.137\ V\quad(n=1)$

(2)$Q_r = T\Delta_r S_m^{\ominus} = 298 \times 58.067 = 17304(\text{J})$

(3)$\left(\frac{\partial E}{\partial T}\right)_p = \frac{\Delta_r S_m^{\ominus}}{F} = 6.02 \times 10^{-4}(\text{V} \cdot \text{K}^{-1})$

7.23 在 298 K 附近，电池Hg-Hg_2Br_2|Br^-|AgBr(s)-Ag的电动势与温度的关系为：$E = [-68.04 - 0.312 \times (T - 298)]\text{mV}$，试写出通电量 $2F$，电池反应的 $\Delta_r G_m$，$\Delta_r H_m$ 和 $\Delta_r S_m$。

解 $\left(\frac{\partial E}{\partial T}\right)_p = -3.12 \times 10^{-4}(\text{V} \cdot \text{K}^{-1})$，$E = -0.06804(\text{V})$

电池反应：$2Hg(l) + 2AgBr(s) \xlongequal{} Hg_2Br_2 + 2Ag(s)(n=2)$

故　$\Delta_r G_m = -2FE = 1.313 \times 10^4(\text{J} \cdot \text{mol}^{-1})$

$\Delta_r S_m = 2F\left(\frac{\partial E}{\partial T}\right)_p = -60.22(\text{J} \cdot \text{K} \cdot \text{mol}^{-1})$

$\Delta_r H_m = \Delta_r G_m + T\Delta_r S_m = -4.82 \times 10^3(\text{J} \cdot \text{mol}^{-1})$

7.24 求算 298 K 时，Ag-AgCl 电极在 $b_1 = 10^{-5}\ \text{mol} \cdot \text{kg}^{-1}$ 的 AgCl 溶液中及在 $b_2 = 0.01\ \text{mol} \cdot \text{kg}^{-1}$ 和 $\gamma_{\pm} = 0.889$ 的 NaCl 溶液中的电极电势之差为多少？

解 根据 $E_{\text{AgCl/Ag}} = E_{\text{AgCl/Ag}}^{\ominus} - \frac{RT}{F}\ln a_{\text{Cl}^-}$

$$\Delta E = E_1 - E_2 = \frac{RT}{F}\ln\frac{a_{2,\text{Cl}^-}}{a_{1,\text{Cl}^-}} = \frac{RT}{F}\ln\frac{0.01 \times 0.889}{10^{-5} \times 1} = 0.174(\text{V})$$

7.25 列式表示下列两种标准电极电势 $E^{\ominus}$ 之间的关系：

(1)$Fe^{3+} + 3e^- \rightarrow Fe(s)$，$Fe^{2+} + 2e \rightarrow Fe(s)$，$Fe^{3+} + e^- \rightarrow Fe^{2+}$

(2)$Sn^{4+} + 4e^- \rightarrow Sn(s)$，$Sn^{2+} + 2e \rightarrow Sn(s)$，$Sn^{4+} + 2e^- \rightarrow Sn^{2+}$

解 根据盖斯定律，电池反应或电极反应相加减，其对应的 Gibbs 自由能的变化值也是相加减的关系，但是电动势或电极电势是电池自身的性质，不是简单的相加减的关系，要从 Gibbs 自由能的变化值的关系求得。

(1)(a)$Fe^{3+} + 3e^- \xlongequal{} Fe(s)$，　$\Delta_r G_m^{\ominus}(\text{a}) = -3E_a^{\ominus}F$

(b)$Fe^{2+} + 2e^- \xlongequal{} Fe(s)$，　$\Delta_r G_m^{\ominus}(\text{b}) = -2E_b^{\ominus}F$

(c)$Fe^{3+} + e^- \xlongequal{} Fe^{2+}$，　$\Delta_r G_m^{\ominus}(\text{c}) = -E_c^{\ominus}F$

因为 (c) = (a) − (b)，所以 $\Delta_r G_m^{\ominus}(\text{c}) = \Delta_r G_m^{\ominus}(\text{a}) - \Delta_r G_m^{\ominus}(\text{b})$，$-E_c^{\ominus}F = -3E_a^{\ominus}F - (-2E_b^{\ominus}F)$，$E_c^{\ominus} = 3E_a^{\ominus} - 2E_b^{\ominus}$，即 $E_{Fe^{3+}|Fe^{2+}}^{\ominus} = 3E_{Fe^{3+}|Fe}^{\ominus} - 2E_{Fe^{2+}|Fe}^{\ominus}$。

(2)(a)$Sn^{4+} + 4e^- \xlongequal{} Sn(s)$，　$\Delta_r G_m^{\ominus}(\text{a}) = -4E_a^{\ominus}F$

(b)$Sn^{2+} + 2e^- \xlongequal{} Sn(s)$，　$\Delta_r G_m^{\ominus}(\text{b}) = -2E_b^{\ominus}F$

(c)$Sn^{4+} + 2e^- \xlongequal{} Sn^{2+}$，　$\Delta_r G_m^{\ominus}(\text{c}) = -2E_c^{\ominus}F$

因为 (c)=(a)−(b)，所以 $\Delta_r G_m^\ominus(c)=\Delta_r G_m^\ominus(a)-\Delta_r G_m^\ominus(b)$，$-2E_c^\ominus F=-4E_a^\ominus F-(-2E_b^\ominus F)$，$E_c^\ominus=2E_a^\ominus-E_b^\ominus$，即 $E^\ominus_{Sn^{4+}|Sn^{2+}}=2E^\ominus_{Sn^{4+}|Sn}-E^\ominus_{Sn^{2+}|Sn}$。

7.26 某电极的电极反应为 $H_2O_2+2H^++2e^-\to 2H_2O$。试求算 298 K 时该电极的标准电极电势 $E^\ominus$。已知水的离子积 $K_w=a_{H^+}\cdot a_{OH^-}=10^{-14}$，电极反应为 $O_2+2H^++2e^-\to H_2O_2$ 的电极和氧电极的标准电极电势分别为 0.680 和 0.401。

解 电极电势不是容量性质，不像 ΔH 和 ΔG 那样具有简单的加和性。但电极电势和相应电极反应的 ΔG 有定量关系，因此可以通过电极反应 ΔG 的加和求算电极电势。

(1) $O_2+2H^++2e^-\longrightarrow H_2O_2$，$\Delta G^\ominus(1)=-2FE^\ominus(1)=-2F\times(0.680)$

(2) $O_2+2H_2O+4e^-\longrightarrow 4OH^-$，$\Delta G^\ominus(2)=-4FE^\ominus(2)=-4F\times(0.401)$

(3) $H^++OH^-\longrightarrow H_2O$，$\Delta G^\ominus(3)=RT\ln K_w^\ominus$

(4) $H_2O_2+2H^++2e^-\longrightarrow 2H_2O$，$\Delta G^\ominus(4)=-2FE^\ominus(4)$

由于上述反应之间存有如下关系：(4)=(2)+4×(3)−(1)

故 $\quad \Delta G^\ominus(4)=\Delta G^\ominus(2)+4\times\Delta G^\ominus(3)-\Delta G^\ominus(1)$

即 $\quad -2FE^\ominus(4)=-4FE^\ominus(2)+4RT\ln K_w^\ominus+2FE^\ominus(1)$

整理并代入数据：$E^\ominus(4)=2E^\ominus(2)-\dfrac{2RT}{F}\ln K_w^\ominus-E^\ominus(1)$

$$=2\times 0.401-0.0257\times 2\times\ln 10^{-14}-0.680=1.779\ (\mathrm{V})$$

7.27 写出下列浓差电池的电池反应，并计算在 298 K 时的电动势。

(1) $(Pt)H_2(2p^\ominus)\,|\,H^+(a_{H^+}=1)\,|\,H_2(p^\ominus)(Pt)$

(2) $(Pt)H_2(p^\ominus)\,|\,H^+(a_{H^+}=0.01)\,\|\,H^+(a'_{H^+}=0.1)\,|\,H_2(p^\ominus)(Pt)$

(3) $(Pt)Cl_2(p^\ominus)\,|\,Cl^-(a_{Cl^-}=1.0)\,|\,Cl_2(2p^\ominus)(Pt)$

(4) $(Pt)Cl_2(p^\ominus)\,|\,Cl^-(a_{Cl^-}=0.1)\,\|\,Cl^-(a'_{Cl^-}=0.01)\,|\,Cl_2(p^\ominus)(Pt)$

(5) $Zn(s)\,|\,Zn^{2+}(a_{Zn^{2+}}=0.004)\,\|\,Zn^{2+}(a'_{Zn^{2+}}=0.02)\,|\,Zn(s)$

(6) $Pb(s)\text{-}PbSO_4(s)\,|\,SO_4^{2-}(a=0.01)\,\|\,SO_4^{2-}(a'=0.001)\,|\,PbSO_4(s)\text{-}Pb(s)$

解 浓差电池的正极、负极是相同的，所以电池的标准电动势等于零。

(1) 负极 $\quad H_2(200\ \mathrm{kPa})\longrightarrow 2H^+(a_{H^+})+2e^-$

正极 $\quad 2H^+(a_{H^+})+2e^-\longrightarrow H_2(100\ \mathrm{kPa})$

电池反应 $\quad H_2(200\ \mathrm{kPa})\longrightarrow H_2(100\ \mathrm{kPa})$

$$E_1=E^\ominus-\frac{RT}{nF}\ln\prod_B a_B^{\nu_B}=-\frac{RT}{2F}\ln\frac{100/p^\ominus}{200/p^\ominus}=0.0089(\mathrm{V})$$

(2) 负极 $\quad \dfrac{1}{2}H_2(p^\ominus)\longrightarrow H^+(a_{H^+}=0.01)+e^-$

正极　$H^+(a'_{H^+}=0.1)+e^- \longrightarrow \frac{1}{2}H_2(p^\ominus)$

电池反应　$H^+(a'_{H^+}=0.1) \longrightarrow H^+(a_{H^+}=0.01)$

$$E_2=-\frac{RT}{F}\ln\frac{0.01}{0.1}=0.0591(V)$$

(3)负极　$Cl^-(a_{Cl^-}) \longrightarrow \frac{1}{2}Cl_2(100\ kPa)+e^-$

正极　$\frac{1}{2}Cl_2(200\ kPa)+e^- \longrightarrow Cl^-(a_{Cl^-})$

电池反应　$\frac{1}{2}Cl_2(200\ kPa) \longrightarrow \frac{1}{2}Cl_2(100\ kPa)$

$$E_3=-\frac{1}{2}\frac{RT}{F}\ln\frac{100}{200}=0.0089(V)$$

(4)负极　$Cl^-(a_{Cl^-}=0.1) \longrightarrow \frac{1}{2}Cl_2(p^\ominus)+e^-$

正极　$\frac{1}{2}Cl_2(p^\ominus)+e^- \longrightarrow Cl^-(a'_{Cl^-}=0.01)$

电池反应　$Cl^-(a_{Cl^-}=0.1) \longrightarrow Cl^-(a'_{Cl^-}=0.01)$

$$E_4=-\frac{RT}{F}\ln\frac{0.01}{0.1}=0.0591(V)$$

(5)负极　$Zn(s) \longrightarrow Zn^{2+}(a_{Zn^{2+}}=0.004)+2e^-$

正极　$Zn^{2+}(a'_{Zn^{2+}}=0.02)+2e^- \longrightarrow Zn(s)$

电池反应　$Zn^{2+}(a'_{Zn^{2+}}=0.02) \longrightarrow Zn^{2+}(a_{Zn^{2+}}=0.004)$

$$E_5=-\frac{RT}{2F}\ln\frac{0.004}{0.02}=0.0207(V)$$

(6)负极　$Pb(s)+SO_4^{2-}(a_{SO_4^{2-}}=0.01) \longrightarrow PbSO_4(s)+2e^-$

正极　$PbSO_4(s)+2e^- \longrightarrow Pb(s)+SO_4^{2-}(a'_{SO_4^{2-}}=0.001)$

电池反应　$SO_4^{2-}(a_{SO_4^{2-}}=0.01) \longrightarrow SO_4^{2-}(a'_{SO_4^{2-}}=0.001)$

$$E_6=-\frac{RT}{2F}\ln\frac{0.001}{0.01}=0.0296(V)$$

7.28　已知 298.2 K 反应 $H_2(p^\ominus)+2AgCl(s)=\!=\!=2Ag(s)+2HCl(0.1\ mol\cdot dm^{-3})$

(1)将此反应设计成电池；

(2)计算 $0.1\ mol\cdot dm^{-3}$ HCl 水溶液的 $\gamma_\pm$ 为多少？(298.2 K 时电池电动势为 0.3522 V)

(3)计算电池反应的平衡常数为多大？

(4)金属 Ag 在 $\gamma_{\pm}=0.809$ 的 $1\ mol \cdot dm^{-3}$ HCl 溶液中所产生 H_2 的平衡分压为多大？

解　(1)将上述反应设计成电池为

$Pt|H_2(p^{\ominus})|HCl(0.1\ mol \cdot dm^{-3})|AgCl(s)\text{-}Ag(s)$

(2)电池的电极电势为

$$E_{右}=E_{AgCl\text{-}Ag|Cl^-}=E^{\ominus}_{AgCl\text{-}Ag|Cl^-}-\frac{RT}{F}\ln a_{Cl^-}$$

$$E_{左}=E_{H^+|H_2}=E^{\ominus}_{H^+|H_2}-\frac{RT}{F}\ln a_{H^+}$$

$$E=E_{右}-E_{左}=E^{\ominus}_{AgCl\text{-}Ag|Cl^-}-\frac{RT}{F}\ln(a_{Cl^-}\cdot a_{H^+})$$

因为 $\frac{RT}{F}\ln(a_{Cl^-}\cdot a_{H^+})=\frac{RT}{F}\ln a_{\pm}^2=\frac{2RT}{F}\ln\left(\gamma_{\pm}\cdot\frac{b}{b^{\ominus}}\right)$

$$=\frac{2RT}{F}\ln\gamma_{\pm}+\frac{2RT}{F}\ln\frac{b}{b^{\ominus}}$$

所以 $E=E^{\ominus}_{AgCl\text{-}Ag|Cl^-}-\frac{2RT}{F}\ln\gamma_{\pm}-\frac{2RT}{F}\ln\frac{b}{b^{\ominus}}$

由于 $E=0.3522\ V$，$E^{\ominus}_{AgCl\text{-}Ag|Cl^-}=0.2223\ V$，$b=0.1\ mol \cdot dm^{-3}\approx 0.1\ mol \cdot kg^{-1}$，所以 $\gamma_{\pm}=0.7982$。

(3)反应 $H_2(p^{\ominus})+AgCl(s)=\!=\!=2Ag(s)+2HCl(0.1\ mol \cdot dm^{-3})$，其中纯固体 Ag，AgCl 的活度为 1，$a_{H_2}=\frac{p^{\ominus}}{p^{\ominus}}=1$，所以

$$E=E^{\ominus}-\frac{RT}{nF}\ln a_{HCl}^2=E^{\ominus}-\frac{2RT}{F}\ln(\gamma_{\pm}b_{\pm}/b^{\ominus})。$$

于是得

$$E^{\ominus}=E+\frac{2RT}{F}\ln(\gamma_{\pm}b_{\pm}/b^{\ominus})=0.3522+\frac{2\times 8.314\times 298.2}{96500}\ln(0.798\times 0.1)$$

$$=0.2223(V)$$

$$K^{\ominus}=\exp\left(\frac{nFE^{\ominus}}{RT}\right)=\exp\left(\frac{2\times 0.2223\times 96500}{8.314\times 298.2}\right)=3.278\times 10^7$$

(4)反应为 $2Ag(s)+2HCl\begin{pmatrix}b=1\ mol \cdot kg^{-1}\\ \gamma_{\pm}=0.809\end{pmatrix}=\!=\!=2AgCl(s)+H_2(g)$，纯固体的活度仍为 1，$a_{H_2}=\frac{p}{p^{\ominus}}$。

$$\frac{1}{K^{\ominus}}=\frac{a_{H_2}}{a_{HCl}^2}=\frac{p_{H_2}/p^{\ominus}}{(\gamma_{\pm}b_{\pm}/b^{\ominus})^4}$$

$$p_{H_2}=\frac{(\gamma_{\pm}b_{\pm}/b^{\ominus})^4 p^{\ominus}}{K^{\ominus}}=\frac{(0.809\times 1)^4 p^{\ominus}}{3.276\times 10^7}=1.308\times 10^{-8}p^{\ominus}=1.308\times 10^{-3}(\text{Pa})$$

7.29　(1)将反应 $H_2(p^{\ominus})+I_2(s)\rightarrow 2HI(a_{\pm}=1)$设计成电池；

(2)求此电池的 $E^{\ominus}$ 及电池反应在 298 K 时的 $K^{\ominus}$；

(3)若反应写成$\frac{1}{2}H_2(p^{\ominus})+\frac{1}{2}I_2(s)\rightarrow HI(a_{\pm}=1)$，电池的 $E^{\ominus}$ 及反应的 $K^{\ominus}$之值与(2)是否相同，为什么？

解　(1)设计电池：$Pt|H_2(p^{\ominus})|HI(a_{\pm}=1)|I_2(s)|Pt$

(2)查取正极的标准电极电势：$E^{\ominus}_{I_2|I^-}=0.5362$ V。于是，有

$$E^{\ominus}=E^{\ominus}_{I_2|I^-}-E^{\ominus}_{H_2|H^+}=0.5362\text{ V}$$

$$K^{\ominus}=\exp\left(\frac{2FE^{\ominus}}{RT}\right)=1.38\times 10^{18}$$

(3)电池电动势 $E^{\ominus}$ 相同，但 $K^{\ominus}$ 不同，因电池反应方程式计量系数为 1/2，故

$$K^{\ominus}=\sqrt{1.38\times 10^{18}}=1.175\times 10^{9}$$

7.30　在 298 K 时，下列电池的电动势为 0.720 V。

$Ag(s)\text{-}AgI(s)\ |KI(b=0.01\text{ mol}\cdot\text{kg}^{-1},\gamma_{\pm}=0.65)\ \|\ AgNO_3\ (b=0.001\text{ mol}\cdot\text{kg}^{-1},\gamma_{\pm}=0.95)|Ag(s)$。试求：

(1)AgI 的 K_{sp}；

(2)AgI 在纯水中的溶解度；

(3)AgI 在 1 $\text{mol}\cdot\text{kg}^{-1}$ KI 溶液中的溶解度。

解　负极：$Ag(s)+I^- - e^-\longrightarrow AgI(s)$

正极：$Ag^+ + e^-\longrightarrow Ag(s)$

电池反应：$Ag^+ + I^-\longrightarrow AgI(s)$

(1)$E=E^{\ominus}+\frac{RT}{F}\ln(a_{Ag^+}a_{I^-})$，$E^{\ominus}=E-\frac{RT}{F}\ln\left(\gamma_{Ag^+}\frac{b_{Ag^+}}{b^{\ominus}}\cdot\gamma_{I^-}\frac{b_{I^-}}{b^{\ominus}}\right)$

假设单独离子的活度系数可用 $\gamma_{\pm}$ 代替，则：

$$E^{\ominus}=0.720-0.02568\ln(0.95\times\frac{0.001}{1}\times 0.65\times\frac{0.01}{1})=1.028(\text{V})$$

$$K^{\ominus}=\exp\left(\frac{FE^{\ominus}}{RT}\right)=\frac{1}{a_{Ag^+}a_{I^-}}\approx\frac{1}{K^{\ominus}_{sp}}$$

所以　$$K^{\ominus}_{sp}=\exp\left(\frac{-FE^{\ominus}}{RT}\right)=\exp\left(\frac{-96500\times 1.028}{8.314\times 298}\right)=4.08\times 10^{-18}$$

(2)在纯水中，Ag^+ 和 I^- 浓度很小且相同，设 $\gamma_{\pm}=1$

$K^{\ominus}_{sp}=\gamma^2_{\pm}(b_{\pm}/b^{\ominus})^2=4.08\times 10^{-18}$

溶解度：$b=b_{\pm}=(K_{sp})^{\frac{1}{2}}b^{\ominus}=2.02\times 10^{-9}(\text{mol}\cdot\text{kg}^{-1})$

$=2.02\times10^{-9}(\mathrm{mol\cdot dm^{-3}})$

(3)在 1 $\mathrm{mol\cdot kg^{-1}}$ KI 溶液中($\gamma_{\pm}=0.65$),设溶解度为 b,$b_{Ag^+}=b$;$b_{I^-}=1\ \mathrm{mol\cdot kg^{-1}}+b_{Ag^+}\approx1\ \mathrm{mol\cdot kg^{-1}}$

$K_{sp}^{\ominus}=(\gamma_{Ag^+}b_{Ag^+}/b^{\ominus})(\gamma_{I^-}b_{I^-}/b^{\ominus})=\gamma_{\pm}^2 b/b^{\ominus}=4.08\times10^{-18}$

$b=4.08\times10^{-18}/0.65^2=9.66\times10^{-18}(\mathrm{mol\cdot kg^{-1}})=9.66\times10^{-18}(\mathrm{mol\cdot dm^{-3}})$

7.31 在 298 K 时,电池 $Zn(s)|ZnSO_4(b=0.01\ \mathrm{mol\cdot kg^{-1}},\gamma_{\pm}=0.38)|PbSO_4\text{-}Pb(s)$的电动势为 0.5477 V。

(1)已知 $E^{\ominus}(Zn^{2+}|Zn)=-0.763$ V,求 $E^{\ominus}(PbSO_4|Pb)$;

(2)已知 298 K 时 $PbSO_4$的 $K_{sp}^{\ominus}=1.58\times10^{-8}$,求 $E^{\ominus}(Pb^{2+}|Pb)$;

(3)当 $ZnSO_4$的 $b=0.050\ \mathrm{mol\cdot kg^{-1}}$时,$E=0.523$ V,求此浓度下 $ZnSO_4$的 $\gamma_{\pm}$。

解 负极:$Zn(s)\rightarrow Zn^{2+}(b_+)$

正极:$PbSO_4(s)+2e^-\longrightarrow Pb(s)+SO_4^{2-}(b_-)$

电池反应:$Zn(s)+PbSO_4(s)=ZnSO_4(b)+Pb(s)$

(1)$E=E^{\ominus}-\dfrac{RT}{nF}\ln a_{ZnSO_4}=E^{\ominus}-\dfrac{RT}{F}\ln a_{\pm}=E^{\ominus}-\dfrac{RT}{F}\ln(\gamma_{\pm}b/b^{\ominus})$

$$E^{\ominus}=0.5477+\frac{8.314\times298}{96500}\ln(0.38\times0.01)$$

$$=E^{\ominus}_{PbSO_4|Pb}-E^{\ominus}_{Zn^{2+}|Zn}=0.4046\ (\mathrm{V})$$

$E^{\ominus}_{PbSO_4|Pb}=0.4046-0.763=-0.358\ (\mathrm{V})$

(2)对于 $PbSO_4$ 电极,其电极反应为

$Pb^{2+}+2e^-\longrightarrow Pb(s),\Delta_r G_{m,1}^{\ominus}=-2FE^{\ominus}_{Pb^{2+}|Pb}$

$PbSO_4(s)\rightleftharpoons Pb^{2+}+SO_4^{2-},\Delta_r G_{m,2}^{\ominus}=-RT\ln K_{sp}^{\ominus}$

$PbSO_4(s)+2e^-\longrightarrow Pb(s)+SO_4^{2-},\Delta_r G_m^{\ominus}=-2FE^{\ominus}_{PbSO_4|Pb}$

$\Delta_r G_m^{\ominus}=\Delta_r G_{m,1}^{\ominus}+\Delta_r G_{m,2}^{\ominus},-2FE^{\ominus}_{PbSO_4|Pb}=-2FE^{\ominus}_{Pb^{2+}|Pb}-RT\ln K_{sp}^{\ominus}$

$E^{\ominus}_{PbSO_4|Pb}=E^{\ominus}_{Pb^{2+}|Pb}+\dfrac{RT}{2F}\ln K_{sp}^{\ominus}$

$E^{\ominus}_{Pb^{2+}|Pb}=[-0.358-(-0.231)]=-0.127(\mathrm{V})$

(3)$E^{\ominus}=0.4046$ V,$E=0.5230$ V,$b=0.050\ \mathrm{mol\cdot kg^{-1}}$代入下式

$$E=E^{\ominus}-\frac{RT}{2F}\ln(\gamma_{\pm}b/b^{\ominus})^2=E^{\ominus}-0.02568\ln(\gamma_{\pm}b/b^{\ominus})$$

$\gamma_{\pm}=0.199$

7.32 在 298 K 时,电池$(Pt)H_2(p^{\ominus})|NaOH(b)|HgO(s)\text{-}Hg(l)$的 $E=0.9255$ V,已知 $E^{\ominus}_{Hg\text{-}HgO|OH^-}=0.0976$ V,试求水的离子积 $K_w^{\ominus}$。

解 电池反应:$H_2(p^{\ominus})+HgO(s)=Hg(l)+H_2O(l)$

$$E=E^{\ominus}-\frac{RT}{nF}\ln\frac{a_{H_2O}\cdot a_{Hg}}{a_{HgO}\cdot p/p^{\ominus}}=E^{\ominus}=E^{\ominus}_{HgO}-E^{\ominus}_{H_2|OH^-}$$

$$E^{\ominus}_{H_2|OH^-}=E^{\ominus}_{H_2|H^+}+\frac{RT}{F}\ln K^{\ominus}_{W}$$

所以 $$E^{\ominus}=E^{\ominus}_{HgO}-\frac{RT}{F}\ln K^{\ominus}_{W}$$

$$K^{\ominus}_{W}=\exp\left(\frac{F(E^{\ominus}_{HgO}-E)}{RT}\right)=1\times10^{-14}$$

7.33 从下列电池导出公式$(pH)_x=(pH)_s+(E_x-E_s)/(2.303RT/F)$

$(Pt)H_2(p^{\ominus})$|pH=x的未知溶液或标准缓冲溶液(s)|摩尔甘汞电极

(1)用pH=4.00的缓冲溶液充入,$E=0.1120$ V;在298 K时,当测得未知溶液$E=0.3865$ V。试依据导出的公式求算未知溶液的pH值;

(2)当以pH=6.86的磷酸缓冲溶液充入时,$E=0.7409$ V;在298 K时,当充入某未知溶液时,测得的pH=4.64。求算该电池的E。

解 (1)当$(pH)_s=4.00$,$E_s=0.1120$ V时,根据公式:

$$(pH)_x=(pH)_s+(E_x-E_s)/(2.303RT/F)$$

即 $(pH)_x=4.00+(E_x-0.1120)/(2.303RT/F)$

所以当$E_x=0.3865$ V时

即 $(pH)_x=4.00+(0.3865-0.1120)/(2.303RT/F)=8.64$

(2)当$(pH)_s=6.86$,$E_s=0.7409$ V时,根据公式:

$$(pH)_x=(pH)_s+(E_x-E_s)/(2.303RT/F)$$

即 $(pH)_x=6.86+(E_x-0.7409)/(2.303RT/F)$

所以当$(pH)_x=4.64$时

即 $4.64=6.86+(E_x-0.7409)/(2.303RT/F)$

解得

$$E_x=0.6096\ (V)$$

7.34 在298 K时,下述电池Ag(s)-AgI(s)|HI(a=1)|$H_2(p^{\ominus})$(Pt)的电动势$E=0.1519$ V,并已知下列物质的生成焓,如下表:

物质	AgI(s)	Ag^+	I^-
$\Delta_f H^{\ominus}_m/(kJ\cdot mol^{-1})$	−62.38	105.89	−55.94

试求:(1)当电池可逆输出1 mol电子的电量时,电池反应的Q、W_e(膨胀功)、W_f(电功)、$\Delta_r U_m$、$\Delta_r H_m$、$\Delta_r S_m$、$\Delta_r A_m$和$\Delta_r G_m$的值各为多少?

(2)如果让电池短路,不做电功,则在发生同样的反应时上述各函数的变量又为多少?

解 (1)该电池的反应为

负极 $Ag(s)+I^-(a_{I^-})\longrightarrow AgI(s)+e^-$

正极 $H^+(a_{H^+})+e^-\longrightarrow\frac{1}{2}H_2(p^{\ominus})$

电池反应 $Ag(s)+H^+(a_{H^+})+I^-(a_{I^-})\longrightarrow\frac{1}{2}H_2(p^{\ominus})+AgI(s)$

$\Delta_r G_m=-zEF=-1\times0.1519\times96500=-14.66(\text{kJ}\cdot\text{mol}^{-1})$

$W_f(\text{电功})=\Delta_r G_m=-14.66(\text{kJ}\cdot\text{mol}^{-1})$

$\Delta_r H_m=\sum_B\nu_B\Delta_f H_m^{\ominus}=-62.38+55.94=-6.44(\text{kJ}\cdot\text{mol}^{-1})$

$\Delta_r S_m=\frac{\Delta_r H_m-\Delta_r G_m}{T}=\frac{-6.44+14.66}{298}=27.6(\text{J}\cdot\text{mol}^{-1}\cdot\text{K}^{-1})$

$Q_R=T\Delta_r S_m=\Delta_r H_m-\Delta_r G_m=-6.44+14.66=8.22(\text{kJ}\cdot\text{mol}^{-1})$

$W_e=-p\Delta V=-\sum_B\nu_B RT=-\frac{1}{2}\times8.314\times298=-1.24(\text{kJ}\cdot\text{mol}^{-1})$

$\Delta_r U_m=\Delta_r H_m-(p\Delta V)=-6.44-1.24=-7.68(\text{kJ}\cdot\text{mol}^{-1})$

$\Delta_r A_m=\Delta_r U_m-T\Delta_r S_m=-7.68-8.22=-15.90(\text{kJ}\cdot\text{mol}^{-1})$

或 $\Delta_r A_m=W_{max}=W_e+W_f=-1.24-14.66=-15.90(\text{kJ}\cdot\text{mol}^{-1})$

(2)当电池短路、不做电功时,由于反应的始终态相同,所以所有状态函数的变量都与(1)相同。但功和热不同,虽然膨胀功是一样的,但是

$W_f(\text{电功})=0$

$Q_p=\Delta_r H_m=-6.44(\text{kJ}\cdot\text{mol}^{-1})$

因为电池短路,是不可逆过程,这时 $\Delta_r A_m=W_{max}\neq W_e$。

7.35 在 298 K 时,当电流密度为 $0.1\ \text{A}\cdot\text{cm}^{-2}$ 时,$H_2(g)$ 和 $O_2(g)$ 在 $Ag(s)$ 电极上的超电势分别为 0.87 V 和 0.98 V。今用 $Ag(s)$ 电极插入 $0.01\ \text{mol}\cdot\text{kg}^{-1}$ 的 NaOH 溶液中进行电解,问在该条件下两个银电极上首先发生什么反应?此时外加电压为多少?(设活度系数为 1)

解 在阴极上有可能发生还原反应的离子为

$Na^+(a_{Na^+}=0.01)+e^-\longrightarrow Na(s)$

$E_{Na^+|Na}=E_{Na^+|Na}^{\ominus}-\frac{RT}{F}\ln\frac{1}{a_{Na^+}}=-2.71-\frac{RT}{F}\ln\frac{1}{0.01}=-2.83(\text{V})$

$H^+(a_{H^+}=10^{-12})+e^-\longrightarrow\frac{1}{2}H_2(p^{\ominus})$

$E_{H^+|H_2}=E_{H^+|H_2}^{\ominus}-\frac{RT}{F}\ln\frac{1}{a_{H^+}}-\eta_{H_2}=-\frac{RT}{F}\ln(10^{-12})-0.87=-1.58(\text{V})$

在阴极上，还原电极电势大的 $H_2(g)$ 先还原析出。在阳极上可能发生的反应除了阴离子外，还需要考虑银电极也可能发生氧化：

$$2OH^-(a_{OH^-}=0.01) \rightarrow \frac{1}{2}O_2(p^\ominus)+H_2O(l)+2e^-$$

$$E_{O_2|OH^-,H_2O}=E^\ominus_{O_2|OH^-,H_2O}-\frac{RT}{F}\ln a_{OH^-}+\eta_{阳}=0.401-\frac{RT}{F}\ln 0.01+0.98=1.50(V)$$

$$2Ag(s)+2OH^-(a_{OH^-}=0.01) \rightarrow Ag_2O(s)+H_2O(l)+2e^-$$

$$E_{OH^-|Ag_2O|Ag}=E^\ominus_{OH^-|Ag_2O|Ag}-\frac{RT}{zF}\ln a^2_{OH^-}=0.344-\frac{RT}{F}\ln(0.01)=0.46(V)$$

在阳极上发生的反应是还原电极电势较小的银电极先氧化成 $Ag_2O(s)$，此时外加的电压最少是

$$E_{分解}=E_{阳}-E_{阴}=0.46-(-1.58)=2.04(V)$$

7.36　在温度 298 K、压力 $p^\ominus$ 时，以 Pt 为阴极、C(石墨)为阳极电解含 $CdCl_2$(0.01 mol·kg^{-1})和 $CuCl_2$(0.02 mol·kg^{-1})的水溶液。若电解过程中超电势可忽略不计，试问(设活度系数为 1)：

(1)何种金属先在阴极析出？

(2)第二种金属析出时，至少需加多少电压？

(3)当第二种金属析出时，第一种金属离子在溶液中的浓度为多少？

(4)事实上 $O_2(g)$ 在石墨上是有超电势的。若设超电势为 0.85 V，则阳极上首先发生什么反应？

解　(1)在阴极上可能发生还原反应的离子有 Cd^{2+}，Cu^{2+}，H^+，它们的析出电势分别为

$$E_{Cd^{2+}|Cd}=E^\ominus_{Cd^{2+}|Cd}-\frac{RT}{2F}\ln\frac{1}{a_{Cd^{2+}}}=-0.402-\frac{RT}{2F}\ln\frac{1}{0.01}=-0.461(V)$$

$$E_{Cu^{2+}|Cu}=E^\ominus_{Cu^{2+}|Cu}-\frac{RT}{2F}\ln\frac{1}{a_{Cu^{2+}}}=0.337-\frac{RT}{2F}\ln\frac{1}{0.02}=0.287(V)$$

$$E_{H^+|H_2}=E^\ominus_{H^+|H_2}-\frac{RT}{F}\ln\frac{1}{a_{H^+}}=-\frac{RT}{F}\ln 10^{-7}=-0.414(V)$$

所以，首先是电势最大的 Cu^{2+} 被还原成 Cu(s)在阴极析出。

(2)当 Cd(s)开始析出时(由于氢有超电势而不能析出)，要计算分解电压前，还需计算阳极的析出电势。而在阳极可能发生氧化的离子有 Cl^-，OH^-，它们的析出电势分别为

$$E_{O_2|H^+,H_2O}=E^\ominus_{O_2|H^+,H_2O}-\frac{RT}{F}\ln\frac{1}{a_{H^+}}=1.229-\frac{RT}{F}\ln\frac{1}{10^{-7}}=0.815(V)$$

$$E_{Cl_2|Cl^-}=E^\ominus_{Cl_2|Cl^-}-\frac{RT}{F}\ln a_{Cl^-}=1.360-\frac{RT}{F}\ln 0.06=1.432(V)$$

在阳极上首先是还原电势小的，OH^-先氧化放出氧气。由于OH^-的氧化，在Cu^{2+}基本还原完成时，溶液中的H^+质量摩尔浓度会增加，约等于0.04 mol·kg^{-1}，这时阳极的实际电势为

$$E_{O_2|H^+,H_2O,析出}=1.229-\frac{RT}{F}\ln\frac{1}{0.04}=1.146(\mathrm{V})$$

在Cd(s)开始析出时，外加的电压最小为

$$E_{分解}=E_{阳}-E_{阴}=1.146-(-0.461)=1.607(\mathrm{V})$$

(3)当Cd(s)开始析出时，两种金属离子的析出电势相等，$E_{Cu^{2+}|Cu}=E_{Cd^{2+}|Cd}$，则

$$E_{Cu^{2+}|Cu}=0.337-\frac{RT}{F}\ln\left(\frac{1}{a_{Cu^{2+}}}\right)^2=-0.461(\mathrm{V})$$

解得　$a_{Cu^{2+}}=1.01\times10^{-27}$

即　$b_{Cu^{2+}}=1.01\times10^{-27}(\mathrm{mol\cdot kg^{-1}})$

(4)考虑氧气的超电势，其析出电势为

$$\begin{aligned}E_{O_2|H^+,H_2O}&=E^{\ominus}_{O_2|H^+,H_2O}-\frac{RT}{F}\ln\frac{1}{a_{H^+}}+\eta_{O_2}\\&=1.229-\frac{RT}{F}\ln\frac{1}{10^{-7}}+0.85\\&=1.665(\mathrm{V})\end{aligned}$$

这时在阳极上首先是还原电势小的，Cl^-先氧化放出氯气。氯碱工业就是利用氧气在石墨阳极上有很大的超电势而获得氯气的。

7.37 在298 K时，原始浓度Ag^+为0.1 mol·kg^{-1}和CN^-为0.25 mol·kg^{-1}的溶液中形成了配离子$Ag(CN)_2^-$，其解离常数$K_a^{\ominus}=3.8\times10^{-19}$。试计算在该溶液中$Ag^+$的浓度和Ag(s)的析出电势。(设活度系数均为1)

解 通过配离子的解离平衡常数，计算平衡时Ag^+的剩余质量摩尔浓度就能计算其电极电势。设x为Ag^+的剩余活度，则

	Ag^+	$+2\,CN^-$	$\longrightarrow[Ag(CN)_2]^-$
配位前	0.1	0.25	0
配位后	≈0	0.05	0.1
解离平衡时	x	$0.05+2x$	$0.1-x$

$$K_a^{\ominus}=\frac{a_{Ag^+}a_{CN^-}^2}{a_{[Ag(CN)_2]^-}}=\frac{x\cdot(0.05+2x)^2}{0.1-x}=3.8\times10^{-19}$$

因为解离平衡常数很小，所以Ag^+的剩余活度也很小，与0.04和0.1相比可忽略不计，上式可简化为

$$\frac{x \cdot (0.05)^2}{0.1} = 3.8 \times 10^{-19}$$

解得　$x = 1.52 \times 10^{-17}$

即　$b_{Ag^+} = 1.52 \times 10^{-17}\ \mathrm{mol \cdot kg^{-1}}$

$$E_{Ag^+ | Ag} = E^{\ominus}_{Ag^+ | Ag} - \frac{RT}{F} \ln \frac{1}{a_{Ag^+}}$$

$$= 0.799 + \frac{RT}{F} \ln(1.52 \times 10^{-17}) = -0.195(\mathrm{V})$$

7.38 目前工业上电解食盐水制造 NaOH 的反应为

$2NaCl + 2H_2O \longrightarrow 2NaOH + H_2(g) + Cl_2(g)$　　①

有人提出改进方案，改造电解池的结构，使电解食盐水的总反应为

$2NaCl + H_2O + \frac{1}{2}O_2(\text{空气}) \longrightarrow 2NaOH + Cl_2(g)$　　②

(1)分别写出上述两种电池总反应的阴极和阳极反应；

(2)计算在 298 K 时，两种反应的理论分解电压各为多少？设活度均为 1，溶液 pH＝14；

(3)计算改进方案在理论上可节约多少电能。(用百分数表示)

解　(1)电解池①的电极反应为

阴极　$2\,H_2O(l) + 2e^- \longrightarrow H_2(g) + 2\,OH^-(a_{OH^-})$

阳极　$2\,Cl^-(a_{Cl^-}) \longrightarrow Cl_2(g) + 2e^-$

电解池②的电极反应为

阴极　$1/2\,O_2(g,\text{空气}) + H_2O + 2e^- \longrightarrow 2\,OH^-(a_{OH^-})$

阳极　$2\,Cl^-(a_{Cl^-}) \longrightarrow Cl_2(g) + 2e^-$

(2)对于电解池①：

$$E_{\text{阳}} = E_{Cl_2 | Cl^-} \approx E^{\ominus}_{Cl_2 | Cl^-} = 1.36(\mathrm{V})$$

$$E_{\text{阴}} = E_{OH^- | H_2} = E^{\ominus}_{OH^- | H_2} - \frac{RT}{F} \ln a_{OH^-}$$

$$= -0.828 - \frac{RT}{F} \ln 1.0 = -0.828(\mathrm{V})$$

$$E_{\text{分解},1} = E_{\text{阳}} - E_{\text{阴}} = 1.36 - (-0.828) = 2.19(\mathrm{V})$$

对于电解池②：

$$E_{\text{阳}} = E_{Cl_2 | Cl^-} \approx E^{\ominus}_{Cl_2 | Cl^-} = 1.36(\mathrm{V})$$

$$E_{\text{阴}} = E_{O_2 | OH^-, H_2O} = E^{\ominus}_{O_2 | OH^-, H_2O} - \frac{RT}{2F} \ln \frac{a^2_{OH^-}}{a^{1/2}_{O_2}}$$

$$= 0.401 - \frac{RT}{2F} \ln \frac{1}{\sqrt{0.21}} = 0.39(\mathrm{V})$$

$E_{分解,2} = E_{阳} - E_{阴} = 1.36 - 0.39 = 0.97(V)$

(3)节约电能的百分数相当于降低分解电压的百分数：

$$\frac{2.19-0.97}{2.19} \times 100\% = 56\%$$

由此，电解池②可以明显降低电耗。

五、测验题

(一)选择题

1. 无限稀释的 KCl 溶液中，Cl^- 离子的迁移数为 0.505，该溶液中 K^+ 离子的迁移数为(　　)。

(1)0.505　　(2)0.495　　(3)67.5　　(4)64.3

2. 电解质分为强电解质和弱电解质，在于(　　)。

(1)电解质为离子晶体和非离子晶体

(2)全解离和非全解离

(3)溶剂为水和非水

(4)离子间作用强和弱

3. 质量摩尔浓度为 b 的 H_3PO_4 溶液，离子平均活度因子(系数)为 $\gamma_\pm$，则电解质的活度是 a_B(　　)。

(1)$a_B = 4(b/b^\ominus)^4\gamma_\pm^4$

(2)$a_B = 4(b/b^\ominus)\gamma_\pm^4$

(3)$a_B = 27(b/b^\ominus)\gamma_\pm^4$

(4)$a_B = 27(b/b^\ominus)^4\gamma_\pm^4$

4. 实验室里为测定由电极 Ag | $AgNO_3$(aq)及 Ag | AgCl(s)| KCl(aq) 组成的电池的电动势，下列哪一项是不能采用的？(　　)

(1)电位差计　　(2)标准电池

(3)直流检流计　　(4)饱和的 KCl 盐桥

5. 原电池在等温等压可逆的条件下放电时，其在过程中与环境交换的热量为：(　　)。

(1)ΔH　　(2)零　　(3)$T\Delta S$　　(4)ΔG

6. 在等温等压的电池反应中，当反应达到平衡时，电池的电动势等于(　　)。

(1)零

(2)$E^\ominus$

(3)不一定

(4)随温度、压力的数值而变

7. 25 ℃时，电池 Pt|H_2(10 kPa)|HCl(b)| H_2(100 kPa)|Pt 的电动势 E 为(　　)。

(1)2×0.059 V　　(2)−0.059 V

(3)0.0295 V　　(4)−0.0295

8. 正离子的迁移数与负离子的迁移数之和是(　　)。

(1)大于 1　　(2)等于 1

(3)小于 1　　(4)不确定

9. 浓度为 b 的 $Al_2(SO_4)_3$溶液中，正、负离子的活度因子(系数)分别为 γ_+ 和 γ_-，则离子的平均活度系数 $\gamma_\pm$ 等于(　　)。

(1)$(108)^{\frac{1}{5}}b$　　(2)$(\gamma_+^2 \cdot \gamma_-^3)^{\frac{1}{5}}b$

(3)$(\gamma_+^2 \cdot \gamma_-^3)^{\frac{1}{5}}$　　(4)$(\gamma_+^3 \cdot \gamma_-^2)^{\frac{1}{5}}$

10. 某电池的电池反应可写成

(1)$H_2(g)+\frac{1}{2}O_2(g) \longrightarrow H_2O(l)$　或　(2)$2H_2(g)+O_2(g) \longrightarrow 2H_2O(l)$

用 E_1，E_2表示相应反应的电动势，K_1，K_2表示相应反应的平衡常数，下列各组关系正确的是(　　)。

(1)$E_1=E_2$，$K_1=K_2$；　　(2)$E_1\neq E_2$，$K_1=K_2$；

(3)$E_1=E_2$，$K_1\neq K_2$；　　(4)$E_1\neq E_2$，$K_1\neq K_2$。

11. 下列图中的四条极化曲线，曲线(　　)表示原电池的阳极，曲线(　　)表示电解池的阳极。

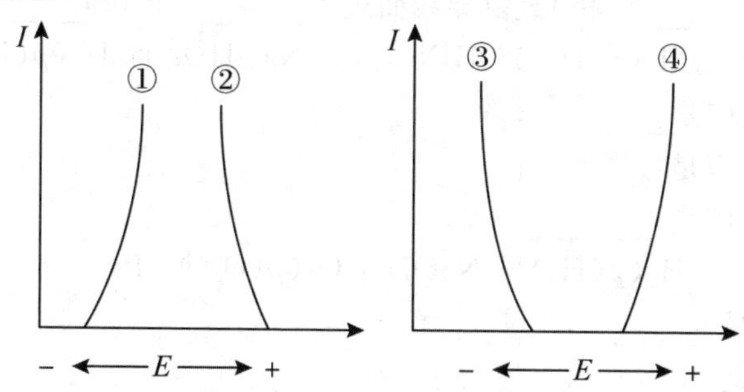

12. 求得某电池的电动势为负值，则表示此电池得电池反应是(　　)

(1)正向进行　　(2)逆向进行

(3)不可能发生　　(4)不确定

13. 用补偿法测定可逆电池的电动势时，主要为了(　　)

(1)消除电极上的副反应

(2)减少标准电池的损耗

(3)在可逆情况下测定电池电动势

(4)简便易行

14. 电解质溶液的导电能力(　　)。

(1)随温度升高而减小

(2)随温度升高而增大

(3)与温度无关

(4)因电解质溶液种类不同,有的随温度升高而减小,有的随温度升高而增大

15. 已知25 ℃时,$E^{\ominus}(Fe^{3+} \mid Fe^{2+})=0.77$ V,$E^{\ominus}(Sn^{4+} \mid Sn^{2+})=0.15$ V。今有一电池,其电池反应为$2\ Fe^{3+}+Sn^{2+} \!=\!=\!= Sn^{4+}+2\ Fe^{2+}$,则该电池的标准电动势$E^{\ominus}$(298 K)为(　　)。

(1)1 V　　(2)0.62 V　　(3)0.92 V　　(4)1.07 V

(二)填空题

1. 今有一溶液,含0.002 $mol \cdot kg^{-1}$的NaCl和0.001 $mol \cdot kg^{-1}$的$La(NO_3)_3$,该溶液的离子强度$I=$________。

2. 离子氛的电性与中心离子的电性________,电量与中心离子的电量________。

3. ________的电导率随温度升高而增大,________的电导率随温度升高而降低。

4. 中心离子的电荷数________离子氛的电荷数。

5. 用导线把原电池的两极连接上,立刻产生电流,电子的流动是从________极(即________极)经由导线而进入________极(即________极)。

6. 电池$Pt \mid H_2(p(H_2)) \mid HCl(a_1) \| NaOH(a_2) \mid H_2(p(H_2)) \mid Pt$的:

(1)阳极反应是________;

(2)阴极反应是________;

(3)电池反应是________。

7. 电池$Pt \mid H_2(p(H_2)) \mid NaOH \mid O_2(p(O_2)) \mid Pt$

负极反应是________,

正极反应是________,

电池反应是________。

8. 原电池　$Hg \mid Hg_2Cl_2(s) \mid HCl \mid Cl_2(p) \mid Pt$,其负极的反应方程式为________,称________反应;正极的反应式为________,称________反应。

9. 由于极化,原电池的正极电势将比平衡电势________,负极电势将比平

衡电势________;而电解池的阳极电势将比平衡电势________,阴极电势将比平衡电势________。(选填高或低)

(三)是非题

1. 25 ℃时,摩尔甘汞电极 $Hg \mid Hg_2Cl_2(s) \mid KCl(1\ mol \cdot dm^{-1})$的电极电势为 0.2800 V,此数值就是甘汞电极的标准电极电势。是不是?(　　)

2. 在一定的温度和较小的浓度情况下,增大弱电解质溶液的浓度,则该弱电解质的电导率增加,摩尔电导率减小。是不是?(　　)

3. 设 $ZnCl_2$水溶液的质量摩尔浓度为 b,离子平均活度因子(系数)为 $\gamma_\pm$,则其离子平均活度 $a_\pm=\sqrt[3]{4}\gamma_\pm b/b^\ominus$。是不是?(　　)

4. 电极 $Pt \mid H_2(p=100\ kPa) \mid OH^-(a=1)$是标准氢电极,其 $E^\ominus(H_2+2OH^- \longrightarrow 2H_2O+2e^-)=0$。是不是?(　　)

5. 盐桥的作用是导通电流和减小液体接界电势。是不是?(　　)

6. 金属导体的电阻随温度升高而增大,电解质溶液的电阻随温度升高而减少。是不是?(　　)

7. 一个化学反应进行时,$\Delta_r G_m=-220.0\ kJ \cdot mol^{-1}$。如将该化学反应安排在电池中进行,则需要环境对系统做功。(　　)

8. 电解池中阳极发生氧化反应,阴极发生还原反应。是不是?(　　)

9. 在等温等压下进行的一般化学反应,$\Delta G<0$,电化学反应的ΔG可小于零,也可大于零。是不是?(　　)

10. 用 Λ_m对$\sqrt{c}$作图外推的方法,可以求得 HAc 的无限稀释摩尔电导率。是不是?(　　)

11. 氢电极的标准电极电势在任何温度下都等于零。是不是?(　　)

(四)计算题

1. 已知 298 K 时,$E^\ominus(Ag^+ \mid Ag)=0.7996\ V$,AgCl 的活度积:$K_{sp}^\ominus=a(Ag^+)a(Cl^-)=1.75\times10^{-10}$,试求 298 K 时 $E^\ominus(Cl^- \mid AgCl \mid Ag)$。

2. 在 25 ℃时,质量摩尔浓度 $b=0.20\ mol \cdot kg^{-1}$的 $K_4Fe(CN)_6$水溶液正、负离子的平均活度因子(系数)$\gamma_\pm=0.099$,试求此水溶液中正负离子的平均活度 $a_\pm$及 $K_4Fe(CN)_6$的电解质活度 a_B。

3. 某电导池中充入 $0.02\ mol \cdot dm^{-3}$的 KCl 溶液,在 25 ℃时电阻为 250 Ω,如改充入 $6\times10^{-5}\ mol \cdot dm^{-3}\ NH_3 \cdot H_2O$溶液,其电阻为 $10^5\ \Omega$。已知 $0.02\ mol \cdot dm^{-3}$ KCl 溶液的电导率为 $0.227\ S \cdot m^{-1}$,而 NH_4^+及 OH^-的摩尔电导率分别为 $73.4\times10^{-4}\ S \cdot m^2 \cdot mol^{-1}$,$198.3\ S \cdot m^2 \cdot mol^{-1}$。试计算 $6\times10^{-5}\ mol \cdot dm^{-3}\ NH_3 \cdot H_2O$溶液的解离度。

4. 在 25 ℃时，将待测溶液置于下列电池中，测得 $E=0.829\ V$，求该溶液的 pH 值。已知甘汞电极的 E(甘汞)$=0.2800\ V$。电池为：$Pt \mid H_2(p^{\ominus}) \mid$ 溶液$(H^+) \| $ 甘汞电极。

5. 有一原电池 $Ag \mid AgCl(s) \mid Cl^-(a=1) \| Cu^{2+}(a=0.01) \mid Cu$。

(1)写出上述原电池的反应式；

(2)计算该原电池在 25 ℃时的电动势 E；

(3)25 ℃时，原电池反应的吉布斯函数变($\Delta_r G_m$)和平衡常数 $K^{\ominus}$ 各为多少？

已知：$E^{\ominus}(Cu^{2+}|Cu)=0.3402\ V$，$E^{\ominus}(Cl^-|AgCl|Ag)=0.2223\ V$。

6. 在 25 ℃时，对电池 $Pt|Cl_2(p^{\ominus})|Cl^-(a=1) \| Fe^{3+}(a=1), Fe^{2+}(a=1)|Pt$：

(1)写出电池反应；

(2)计算电池反应的$\Delta_r G^{\ominus}$ 及 $K^{\ominus}$ 值；

(3)当 Cl^- 的活度改变为 $a(Cl^-)=0.1$ 时，E 值为多少？

(已知 $E^{\ominus}(Cl^-|Cl_2|Pt)=1.3583\ V$，$E^{\ominus}(Fe^{3+}, Fe^{2+} \mid Pt)=0.771\ V$)

六、测验题答案

(一)选择题

1.(2) **2.**(2) **3.**(4) **4.**(4) **5.**(3) **6.**(1) **7.**(4) **8.**(2) **9.**(3)
10.(3) **11.**①,④ **12.**(2) **13.**(3) **14.**(2) **15.**(2)

(二)填空题

1. $0.008\ mol \cdot kg^{-1}$

2. 相反；相等

3. 电解质溶液；金属

4. 等于

5. 负；阳；正；阴

6. (1)$\frac{1}{2}H_2[p(H_2O)] \rightarrow H^+(a_1)+e^-$

(2)$H_2O+e^- \rightarrow \frac{1}{2}H_2[p(H_2)]+OH^-(a_2)$

(3)$H_2O \rightarrow H^+(a_1)+OH^-(a_2)$

7. (－)：$2H_2(p(H_2))+4OH^- \rightarrow 4H_2O+4e^-$

(＋)：$O_2(p(O_2))+2\ H_2O+4e^- \rightarrow 4OH^-$

电池：$2H_2(p(H_2))+O_2(p(O_2)) = 2H_2O$

8. $Hg+Cl^- \rightarrow \frac{1}{2}Hg_2Cl_2+e^-$，氧化反应

$\frac{1}{2}Cl_2+e^- \rightarrow Cl^-$,还原反应

9. 低;高;高;低

(三)是非题

1. × **2.** √ **3.** √ **4.** × **5.** √ **6.** √ **7.** × **8.** √ **9.** √ **10.** × **11.** √

(四)计算题

1. 解　设计电池:Ag| Ag^+ ‖ Cl^- |AgCl(s)|Ag

电池反应:$AgCl(s) = Ag^+ + Cl^-$

$$E=\frac{RT\ln K_{sp}^{\ominus}}{F}$$

$$E^{\ominus}(Cl^-|AgCl|Ag)=E^{\ominus}(Ag^+|Ag)+E^{\ominus}=E^{\ominus}(Ag^+|Ag)+\frac{RT\ln K_{sp}^{\ominus}}{F}$$

$$=0.2227(V)$$

2. 解　$b_{\pm}=\sqrt[5]{(4\times0.20)^4(0.20)}=4^{4/5}\times0.20$

$=0.6063(mol\cdot kg^{-1})$

$a_{\pm}=\gamma_{\pm}b_{\pm}/b=0.099\times4^{4/5}\times0.20=0.06$

$a_B=a_{\pm}^5=0.06^5=7.78\times10^{-7}$

3. 解　$\kappa=\frac{R_1}{R_2}\kappa_1=\frac{250}{10^5}\times0.277=69.3\times10^{-5}(S\cdot m^{-1})$

$$\Lambda_m=\kappa/c=\frac{69.3\times10^{-5}}{6\times10^{-5}\times10^3}=0.0115(S\cdot m^2\cdot mol^{-1})$$

$\Lambda_m^{\infty}=(73.4+198.3)\times10^{-4}=271.7\times10^{-4}(S\cdot m^2\cdot mol^{-1})$

所以　$\alpha=\frac{\Lambda_m}{\Lambda_m^{\infty}}=\frac{0.0115}{271.7\times10^{-4}}=0.423$

4. 解　$E=E(甘汞)+E(H^+|H_2|Pt)=E(甘汞)+0.05916pH$

$$pH=\frac{E-E(甘汞)}{0.05916}=\frac{0.829-0.2800}{0.05916}=9.28$$

5. 解　(1)$2Ag+2Cl^-(a=1)+Cu^{2+}(a=0.01)=2AgCl(s)+Cu$

(2)$E=0.3402-0.2223-\frac{0.05916}{2}\lg\left(\frac{1}{1^2\times0.01}\right)=0.05875(V)$

(3)$\Delta_rG_m=-zFE=-2\times96485\times0.05875=-11.337(kJ\cdot mol^{-1})$

$\Delta_rG_m^{\ominus}=-zFE^{\ominus}=-RT\ln K^{\ominus}$

$$\ln K^{\ominus}=-zFE/RT=\frac{2\times96485\times(0.3402-0.2223)}{8.314\times298.15}=9.1782$$

$K^{\ominus}=9.68\times10^3$

6. 解 (1)$2Cl^-(a=1)+2Fe^{3+}(a=1)$══$Cl_2(p^\ominus)+2Fe^{2+}(a=1)$

(2)$\Delta_r G_m^\ominus=-2\times 96485\times(0.771-1.3583)=113331(J\cdot mol^{-1})$

$$\lg K^\ominus=\frac{2(0.771-1.3583)}{0.05916}=-19.855$$

$$K^\ominus=1.396\times 10^{-20}$$

(3)
$$E=E^\ominus-\frac{0.05916}{2}\lg\frac{1}{a^2(Cl^-)}$$

$$=(0.771-1.3583)-\frac{0.05916}{2}\lg\frac{1}{(0.1)^2}$$

$$=-0.6465(V)$$

第八章　界面现象
(Chapter 8　Interface Phenomenon)

学习目标

通过本章的学习,要求掌握:

1. 表面张力、表面功、表面吉布斯函数;
2. 弯曲表面的附加压力——拉普拉斯方程;
3. 微小液滴的饱和蒸气压——开尔文公式;
4. 亚稳状态与新相生成的关系;
5. 接触角、润湿、铺展——杨氏方程;
6. 物理吸附与化学吸附;
7. 朗缪尔单分子层吸附理论和吸附等温式;
8. BET 多分子层吸附理论和吸附等温式;
9. 溶液界面的吸附——吉布斯吸附公式;
10. 表面活性物质。

一、知识结构

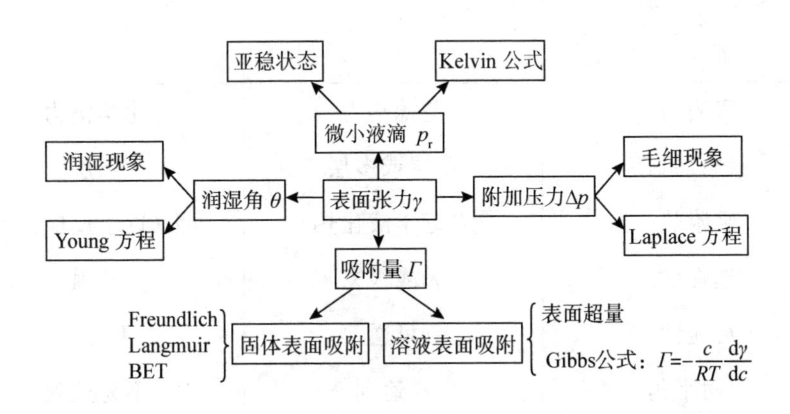

二、基本概念

1. 表面张力、表面功、表面吉布斯函数

$$\gamma=\frac{F}{2l}$$

γ 为表面张力(surface tension),其物理意义为使液体表面收缩的单位长度上的力。

表面张力的方向与液面相切,如果液面是平面,表面张力就处于这个平面。如果液面是曲面,表面张力则在这个曲面的切面上。

γ 可理解为:使液体增加单位表面时对环境所需做的可逆功,称比表面功,单位为 $J \cdot m^{-2}$。

γ 也等于系统在恒温恒压条件下扩大单位面积时的吉布斯函数变,所以 γ 也称为表面吉布斯函数,单位亦为 $J \cdot m^{-2}$。

2. 吸附

固体表面有吸附气体和吸附溶液中溶质的特征。这种在一定条件下,物质的分子、原子或者离子能自动吸附在某固体表面上的现象,称为吸附。吸附分为:物理吸附与化学吸附。

表 1　物理吸附与化学吸附的区别

特征 \ 差别 \ 性质	物理吸附	化学吸附
吸附力	范德华力	化学键力
吸附层数	单层或多层	单层
吸附热	小(近于液化热)	大(近于反应热)
选择性	无或很差	较强
可逆性	可逆	不可逆
吸附平衡	易达到	不易达到

物理吸附的作用力是范德华力。化学吸附的作用力是化学键力。

3. 朗缪尔单分子层吸附理论

(1)单分子层吸附。

(2)固体表面是均匀的。

(3)被吸附在固体表面上的分子相互之间无作用力。

(4)吸附平衡是动态平衡。

4. 多分子层吸附理论

(1)吸附与解吸是动态平衡。

(2)固体表面是均匀的,各处的吸附能力相同。

(3)多分子层吸附。

5. 接触角与杨氏方程

当一液滴在固体表面上不完全展开时,在气、液、固三相相交点 O,固-液界面的水平线与气-液界面切线通过液体内部的夹角 θ,称为接触角,其范围是 $0^{\circ}\sim180^{\circ}$(见图 1)。

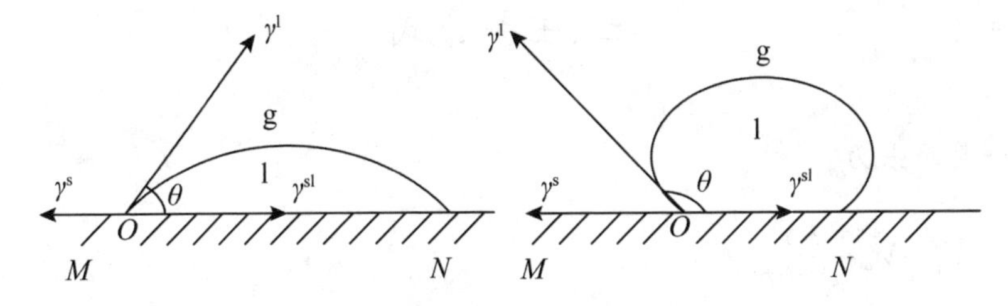

图 1　接触角与各界面张力的关系

三种界面张力同时作用在 O 点,方向均为减少相应的界面面积。固体表面张力 γ^{s} 力图把液体拉向左方,以减少气-固界面面积;固-液界面张力 γ^{sl} 的方向是把液体拉向右方,以缩小固-液界面;而液体表面张力 γ^{l} 则沿液面的切线方向,以缩小气-液界面。当固体表面为光滑的水平面,在水平方向上达到平衡后,三种表面张力存在下列关系:

$$\gamma^{s}=\gamma^{sl}+\gamma^{l}\cos\theta$$

该式称为杨氏方程。

6. 润湿现象

对于一定的液体和固体来说,两者相互接触达到平衡后,接触角 θ 具有确定值。所以可以用接触角θ的大小来判断液体对固体的润湿程度：$\theta=0°$，称为完全润湿；$\theta<90°$，称为润湿；$\theta>90°$，称为不润湿；$\theta=180°$，完全不润湿。θ可用杨氏方程求算。

7.溶液表面的吸附现象

溶质在溶液的表面层（或表面相）中的浓度与它在溶液本体中的浓度不同的现象，称为溶液表面的吸附。

对于纯液体，无所谓吸附，恒温、恒压下，表面张力为定值。对于溶液来讲，由于表面效应，溶质在表面层与在本体浓度不同，所以能改变溶液的表面张力，因此溶液的表面张力是温度、压力与浓度的共同函数。

8.表面吸附量

定义为：单位面积的表面层所含溶质的物质的量与同量溶剂在溶液本体中所含溶质的物质的量的差值。表面吸附量由吉布斯吸附等温式可以求算。

$$\Gamma=-\frac{c}{RT}\cdot\frac{\mathrm{d}\gamma}{\mathrm{d}c}$$

三、主要公式

1.表面张力

(1)$V^{a}=V_{m}^{a}\frac{bp}{1+bp}$

(2)$\frac{1}{V^{a}}=\frac{1}{V_{m}^{a}}+\frac{1}{V_{m}^{a}b}\cdot\frac{1}{p}$

(3)将$\frac{1}{V^{a}}\sim\frac{1}{p}$作图，是一直线，求得$V_{m}^{a}$，$b$

(4)$a_{s}=\frac{V_{m}^{a}}{V_{0}}L\cdot a_{m}$

2. Laplace方程

$$\Delta p=\frac{2\gamma}{r}$$

3.毛细管上升高度

$$h=\frac{2\gamma\cos\theta}{r\rho g}$$

4. Kelvin 公式

$$\ln\frac{p_r}{p}=\frac{2\gamma M}{\rho RTr}$$

5. Freundlich 公式

$$V^a=kp^n$$

6. Langmuir 吸附等温式

$$\theta=\frac{bp}{1+bp}$$

7. BET 吸附等温式

$$\frac{p}{V^a(p^*-p)}=\frac{1}{cV_m^a}+\frac{c-1}{cV_m^a}\frac{p}{p^*}$$

8. 杨氏方程

$$\cos\theta=\frac{\gamma^s-\gamma^{ls}}{\gamma^l}$$

9. 吉布斯吸附等温式

$$\Gamma=-\frac{c}{RT}\frac{d\gamma}{dc}$$

10. 如何用 Langmuir 吸附等温式求算比表面，解题步骤如下：

(1) $V^a=V_m^a\dfrac{bp}{1+bp}$

(2) $\dfrac{1}{V^a}=\dfrac{1}{V_m^a}+\dfrac{1}{V_m^a b}\cdot\dfrac{1}{p}$

(3) 将 $\dfrac{1}{V^a}\sim\dfrac{1}{p}$ 作图，是一直线，求得 V_m^a，b

(4) $a_s=\dfrac{V_m^a}{V_0}L\cdot a_m$

11. 如何用 BET 吸附等温式求算比表面，解题步骤如下：

(1) 利用 BET 公式：

$$\frac{p}{V^a(p^*-p)}=\frac{1}{cV_m^a}+\frac{c-1}{cV_m^a}\frac{p}{p^*}$$

(2) 由实验测定不同 $p-V^a$

(3) 将 $\dfrac{p}{V^a(p^*-p)}\sim\dfrac{p}{p^*}$ 作图，得一直线，求得 c，V_m^a

(4) $V_m^a=\dfrac{1}{B+m}$（B 是截距，m 是斜率）

(5) $a_s=\dfrac{V_m^a}{V_0}L\cdot a_m=\dfrac{pV_m^a}{RT}L\cdot a_m=\dfrac{101.325}{8.314\times273.15}\times6.022\times10^{23}V_m^a\cdot a_m$

12. 如何用吉布斯吸附等温式求算溶液的表面吸附量,解题步骤如下:

(1)先将 $c\sim\gamma$ 作图

(2)得到 $c,\dfrac{\mathrm{d}\gamma}{\mathrm{d}c}$

(3)$\Gamma=-\dfrac{c}{RT}\dfrac{\mathrm{d}\gamma}{\mathrm{d}c}$

四、习题详解

8.1 在 25 ℃及常压条件下,将半径为 0.100 cm 的水滴分散成半径为 10^{-7} m 的雾沫,需要做多少功?已知 25 ℃时水的表面张力为 0.07197 $\mathrm{N\cdot m^{-1}}$。

解
$$\begin{aligned}\Delta A_s&=(A_{s,后}-A_{s,前})\\&=(N\times4\pi r_{后}^2-4\pi r_{前}^2)\\&\approx N\times4\pi r_{后}^2=\frac{\frac{4}{3}\pi r_{前}^3}{\frac{4}{3}\pi r_{后}^3}\times4\pi r_{后}^2\\&=\frac{r_{前}^3}{r_{后}^3}\times4\pi r_{后}^2\\&=\frac{(10^{-3})^3}{(10^{-7})^3}\times4\pi\times(10^{-7})^2\\&=0.1256\ \mathrm{m^2}\end{aligned}$$

$W'_r=\gamma\Delta A_s=0.07197\times0.1256=9.039\times10^{-3}$(J)

8.2 常压下,水的表面吉布斯函数与温度 T 的关系可表示为 $\left(\dfrac{\partial\gamma}{\partial T}\right)_{p,A_s}=-1.57\times10^{-4}\ \mathrm{J\cdot m^{-2}\cdot K^{-1}}$。若在 10 ℃时,$\gamma=0.07424\ \mathrm{N\cdot m^{-1}}$,保持水的总体积不变而改变其表面积,试求:

(1)使水的表面积可逆地增加 10.00 $\mathrm{cm^2}$,必须做多少功?

(2)上述过程中水的 $\Delta U,\Delta H,\Delta A,\Delta G$ 以及所吸收的热各为若干?

(3)上述过程中,除去外力,水将自发收缩到原来的表面积,此过程对外不做功。试计算此过程中的 $Q,\Delta U,\Delta H,\Delta A$ 及 ΔG 值。

$\left[提示:\left(\dfrac{\partial S}{\partial A_s}\right)_{p,T}=-\left(\dfrac{\partial\gamma}{\partial T}\right)_{p,A_s}\right]$

解 (1)$W'_r=\gamma\Delta A_s=0.07424\times10\times10^{-4}=7.424\times10^{-5}$(J)

(2)$\left(\dfrac{\partial S}{\partial A_s}\right)_{p,T}=-\left(\dfrac{\partial\gamma}{\partial T}\right)_{p,A_s}$

$$\Delta S=-\left(\frac{\partial \gamma}{\partial T}\right)_{p,A_s}\cdot \Delta A_s=1.57\times 10^{-4}\times 10\times 10^{-4}=1.57\times 10^{-7}(\text{J}\cdot\text{K}^{-1})$$

$$Q_r=T\Delta S=283\times 1.57\times 10^{-7}=4.443\times 10^{-5}(\text{J})$$

$$\Delta U=W'_r+Q_r=1.187\times 10^{-4}\ \text{J}$$

$$\Delta G=W'_r=7.424\times 10^{-5}\ \text{J}$$

$$\Delta H=T\Delta S+\Delta G=1.187\times 10^{-4}\ \text{J}$$

$$\Delta A=\Delta G=7.424\times 10^{-5}\ \text{J}$$

(3)收缩过程与扩张过程相反，状态函数值绝对值相等，符号相反，此过程

$W=0$

$$\Delta U=-1.187\times 10^{-4}\ \text{J}$$

$$\Delta G=-7.424\times 10^{-5}\ \text{J}$$

$$\Delta A=-7.424\times 10^{-5}\ \text{J}$$

$$\Delta H=-1.187\times 10^{-4}\ \text{J}$$

$$Q=\Delta U-W=-1.187\times 10^{-4}\ \text{J}$$

8.3 泡压法测定丁醇水溶液的表面张力。20 ℃实测最大泡压力为 0.4217 kPa，若用同一个毛细管，20 ℃时测的水的最大泡压力为 0.5472 kPa，已知 20 ℃时水的表面张力为 72.75 mN・m^{-1}，请计算丁醇溶液的表面张力。

解　$\Delta p=\dfrac{2\gamma}{r}$

$$0.5472=\frac{2\times 72.75}{r}$$

$0.4217=\dfrac{2\gamma}{r}$，两式相除，得

$$\frac{72.75}{\gamma}=\frac{0.5472}{0.4217}$$

$$\gamma=\frac{72.75\times 0.4217}{0.5472}=56.1(\text{mN}\cdot\text{m}^{-1})$$

8.4 某肥皂水溶液的表面张力为 0.01 N・m^{-1}，若用此肥皂水溶液吹成半径分别为 5×10^{-3} m 和 2.5×10^{-2} m 的肥皂泡，求每个肥皂泡内外的压力差分别是多少？

解　$\Delta p_1=\dfrac{4\gamma}{r}=\dfrac{4\times 0.01}{5\times 10^{-3}}=8(\text{Pa})$

$\Delta p_2=\dfrac{4\gamma}{r}=\dfrac{4\times 0.01}{2.5\times 10^{-2}}=1.6(\text{Pa})$

8.5 293 K 时水的饱和蒸气压为 2 338 Pa,试求半径为 1×10^{-8} m 的水滴的饱和蒸气压。已知 20 ℃时水的表面张力为 $72.75\times10^{-3}\ \mathrm{N\cdot m^{-1}}$,体积质量(密度)为 $0.9982\ \mathrm{g\cdot cm^{-3}}$,水的摩尔质量为 $18.02\ \mathrm{g\cdot mol^{-1}}$。

解 $RT\ln\dfrac{p_r}{p}=\dfrac{2\gamma M}{\rho r}$

$$8.314\times293\times\ln\frac{p_r}{2338}=\frac{2\times72.75\times10^{-3}\times18.02\times10^{-3}}{0.9982\times10^{3}\times1\times10^{-8}}$$

$p_r=2604(\mathrm{Pa})$

8.6 293.15 K 时,水的饱和蒸气压为 2 338 Pa,密度为 $998.2\ \mathrm{kg\cdot m^{-3}}$,表面张力为 $0.07275\ \mathrm{N\cdot m^{-1}}$,一变色硅胶内的毛细管直径为 1.00×10^{-8} m,试计算此温度下该毛细管内水的饱和蒸气压。设水能够完全润湿该毛细管(接触角 $\theta\approx0°$)。

解 因为水能完全润湿该毛细管,水面为凹液面,开尔文公式变形为

$$RT\ln\frac{p_r}{p}=\frac{2\gamma M}{\rho r}=\frac{2\gamma V_m}{r}$$

$$r=\frac{1\times10^{-8}}{2}=0.5\times10^{-8}(\mathrm{m})$$

$$8.314\times293.15\times\ln\frac{2338}{p_r}=\frac{2\times72.75\times10^{-3}\times18.02\times10^{-3}}{0.9982\times10^{3}\times0.5\times10^{-8}}$$

$p_r=1.885\ (\mathrm{kPa})$

8.7 如果水开始沸腾的温度为 396 K,试求开始沸腾时这样的水含有的气泡直径为多少?已知 100 ℃以上水的表面张力为 $0.0589\ \mathrm{N\cdot m^{-1}}$,气化焓为 $40.7\ \mathrm{kJ\cdot mol^{-1}}$。

解 $\ln\dfrac{p_2}{p_1}=-\dfrac{\Delta_r H_m^{\ominus}}{R}\times\left(\dfrac{1}{T_2}-\dfrac{1}{T_1}\right)$

$$\ln\frac{p_2}{100\times10^{3}}=-\frac{40.7\times10^{3}}{8.314}\times\left(\frac{1}{396}-\frac{1}{373}\right)$$

$p_2=214(\mathrm{kPa})$

$$p_2=p_1+\Delta p=p_1+\frac{2\gamma}{r}$$

$$214\times10^{3}=100\times10^{3}+\frac{2\times0.0589}{r}$$

$r=1.0(\mu\mathrm{m})\qquad d=2.0(\mu\mathrm{m})$

8.8 将正丁醇($M_r=74$ g/mol)蒸气冷至 273 K,发现其过饱和蒸气压为平衡蒸气压的 4 倍,才能自行凝结为液滴。若在 273 K 时,正丁醇的表面张力为 $0.0261\ \mathrm{N\cdot m^{-1}}$,密度为 $809.8\ \mathrm{kg\cdot m^{-3}}$,试计算:

(1)在此过饱和度下开始凝结的液滴的半径。

(2)每一液滴中所含正丁醇的分子数。

解 $RT\ln\frac{p_r}{p}=\frac{2\gamma M}{\rho r}$

$$8.314\times273\times\ln4=\frac{2\times0.0261\times74\times10^{-3}}{809.8\times r}$$

$$r=1.52\times10^{-9}\text{(m)}$$

$$N=\frac{\frac{4}{3}\times\pi r^{-3}\times\rho}{M}\times L$$

$$=\frac{\frac{4}{3}\times3.14\times(1.52\times10^{-9})^{-3}\times809.8}{74\times10^{-3}}\times6.022\times10^{23}$$

$$=97\ (个)$$

8.9 汞在玻璃表面的接触角为180°,若将半径为1.00 mm的玻璃毛细管插入大量汞中,试求管内汞面的相对位置。已知汞的密度为1.35×10^{4} kg·m^{-3},表面张力为0.520 N·m^{-1}。

解 $h=\frac{2\gamma\cos\theta}{r\rho g}=\frac{2\times0.520\times(-1)}{1\times10^{-3}\times13.5\times10^{3}\times9.8}=-0.0079\ \text{(m)}$

8.10 在298 K时,将直径为0.10 mm的玻璃毛细管插入水中。需要在管内加多大的压力才能防止液面上升?若不加压力,平衡后毛细管内液面的高度为多少?已知该温度下水的表面张力为0.07197 N·m^{-1},密度为1000 kg·m^{-3},重力加速度为9.8 m·s^{-2}。接触角为0°。

解 $r=\frac{d}{2}=\frac{0.10\times10^{-3}}{2}=5.0\times10^{-5}\text{(m)}$

$$\Delta p=\frac{2\gamma}{r}=\frac{2\times0.07197}{5.0\times10^{-5}}=2.88\ \text{(kPa)}$$

$$h=\frac{2\gamma\cos\theta}{r\rho g}=\frac{2\times0.07197\times1}{5.0\times10^{-5}\times1000\times9.8}=0.294\ \text{(cm)}$$

8.11 固体溶于某溶剂若形成理想溶液,固体溶解度与颗粒大小有如下关系:

$$RT\ln\frac{S_r}{S}=\frac{2\gamma M}{r\rho}$$

式中,γ为固液界面张力,M为固体的摩尔质量,ρ为固体的密度,r为小颗粒半径,S_r和S分别为小颗粒和大颗粒的溶解度。试计算25 ℃时$r=3.0\times10^{-5}$ cm的$CaSO_4$细晶的溶解度。已知大颗粒$CaSO_4$在水中的溶解度为15.33×10^{-3} mol·dm^{-3},$\rho(CaSO_4)=2.96\times10^{3}$ kg·m^{-3},表面张力为0.520 N·m^{-1},$CaSO_4$与水的界

面张力为 1.39 N·m^{-1}。通过计算解释为何会有过饱和溶液不结晶的现象发生，为何在过饱和溶液中投入晶种会大批析出晶体？

解 $RT\ln\dfrac{S_r}{S}=\dfrac{2\gamma M}{r\rho}$

$$8.314\times298.15\times\ln\frac{S_r}{15.33\times10^{-3}}=\frac{2\times1.39\times136\times10^{-3}}{3.0\times10^{-7}\times2.96\times10^{3}}$$

$$S_r=18.2\times10^{-3}(\text{mol}\cdot\text{dm}^{-3})$$

因为刚析出溶质固体时，其粒子半径很小，固体的溶解度增大，当溶液浓度相对普通颗粒大小的固体达到饱和时，相对最初析出的极小颗粒还未饱和，因此有过饱和溶液不结晶的现象发生；当在过饱和溶液中投入晶种后，因为加入的晶种粒子半径较大，所以此时的溶液对于该晶种粒子是饱和的，就会析出大量的晶体。

8.12 在 335 K 时，用焦炭吸附氨气，测得如下数据：

p/k Pa	0.798	1.444	1.904	3.202	4.344	8.320	11.164
$V^a/(\text{dm}^3\cdot\text{kg}^{-1})$	12.6	18.3	21.9	30.5	37.0	56.1	67.6

设 V^a-p 关系符合方程 $V^a=kp^n$，试求 k 及 n 的值。

解 $V^a=kp^n$

两边取对数得 $\lg V^a=\lg k+n\lg p$

以 $\lg V^a$ 对 $\lg p$ 作图得

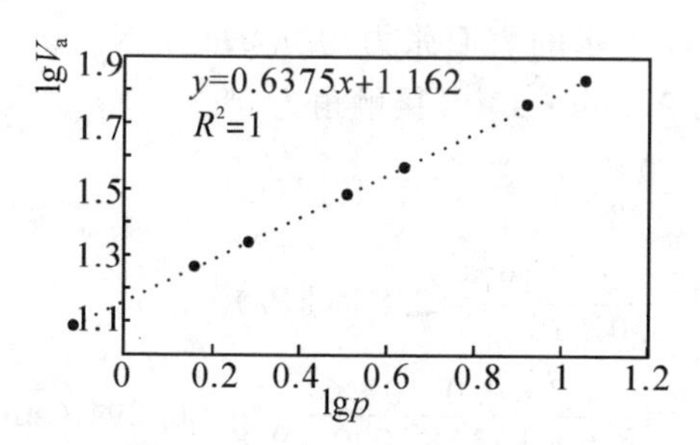

从图中可以看出，$\lg k=1.162$，$k=14.5\ \text{dm}^3\cdot\text{kg}^{-1}$，$n=0.637$。

8.13 已知在-33.6 ℃时，CO(g)在活性炭上的吸附符合朗缪尔直线方程。经测定知该$(p/V)\sim p$ 直线的斜率为 23.78 kg·m^{-3}，截距为 131 kPa·kg·m^{-3}，试求：

(1)朗缪尔方程中的常数V_m^a 及 b。

(2)求 CO 压力为 5.33×10^4 Pa 时，1 g 活性炭吸附的 CO 在标准状况下的体积。

解　(1)朗缪尔方程为：$\frac{p}{V^a}=\frac{p}{V_m^a}+\frac{1}{V_m^a b}$，则斜率

$$\frac{1}{V_m^a}=23.78(\text{kg}\cdot\text{m}^{-3}), V_m^a=0.0420(\text{m}^3\cdot\text{kg}^{-1})$$

截距　$\frac{1}{V_m^a b}=131(\text{kPa}\cdot\text{kg}\cdot\text{m}^{-3})$

$$V_m^a b=7.63\times10^{-6}(\text{m}^3\cdot\text{kg}^{-1}\cdot\text{Pa}^{-1})$$

$$b=1.82\times10^{-4}(\text{Pa}^{-1})$$

(2)将 $p=5.33\times10^4$ Pa 代入：$\frac{p}{V^a}=\frac{p}{V_m^a}+\frac{1}{V_m^a b}$，得

$$V^a=0.0381(\text{m}^3\cdot\text{kg}^{-1})$$

8.14　在－192.4 ℃时，用硅胶吸附氮气，不同压力下每克硅胶吸附氮气的标准状况体积如下：

p/kPa	8.886	13.93	20.62	27.73	33.77	37.30
V^a/cm^3	33.55	36.56	39.80	42.61	44.66	45.92

已知在－192.4 ℃时氮气的饱和蒸气压为 147.1 kPa，氮气分子的截面积 a_S 为 16.20×10^{-20} m²，设氮气在硅胶表面吸附符合 BET 方程，求所用硅胶的比表面积。

解　(1)BET 方程为：$\frac{p}{V^a(p^*-p)}=\frac{1}{cV_m^a}+\frac{c-1}{cV}\cdot\frac{p}{p^*}$

将表中数据进行转化，如当 $p=8.886$ kPa，$V^a=33.55$ cm³，则

$$\frac{p}{V^a(p^*-p)}=\frac{8886}{33.55\times(147100-8886)}=1.916\times10^{-3}\ \text{cm}^{-3}$$

$$\frac{p}{p^*}=\frac{8.886}{147.1}=6.04\times10^{-2}$$

得下表：

$\frac{p}{p^*}$	0.060408	0.094697	0.140177	0.188511	0.229572	0.253569
$\frac{p}{V^a(p^*-p)}/\text{cm}^{-3}$	0.001916	0.002861	0.004096	0.005452	0.006672	0.007398

以 $\frac{p}{V^a(p^*-p)}$ 对 $\frac{p}{p^*}$ 作图可得一直线，截距为

$$\frac{1}{cV_m^a}=1.76\times10^{-4}(\text{cm}^{-3})$$

斜率：
$$\frac{c-1}{cV_m^a}=0.0283(\text{cm}^{-3})$$

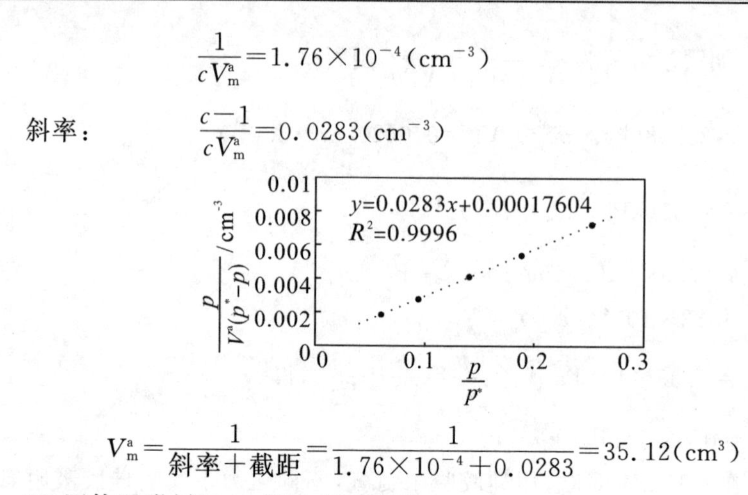

$$V_m^a=\frac{1}{\text{斜率}+\text{截距}}=\frac{1}{1.76\times10^{-4}+0.0283}=35.12(\text{cm}^3)$$

(2)固体吸附剂(1 g)的比表面积为

$$a_s=\frac{V_m^a}{V_0}La_m=\frac{35.12}{22400}\times6.022\times10^{23}\times16.20\times10^{-20}=153(\text{m}^2)$$

8.15 0 ℃时，丁烷蒸气在某催化剂有如下吸附数据：

$p/10^4$ Pa	0.752	1.193	1.669	2.088	2.350	2.499
V^a/cm^3	17.09	20.62	23.74	26.09	27.77	28.30

p 和 V^a 是吸附平衡时气体的压力和被吸附气体在标准状况下的体积，0 ℃时丁烷的饱和蒸气压 p^* 为 1.032×10^5 Pa，催化剂质量 1.876 g，单个分子的截面积 a_S 为 0.4460 nm^2，试用 BET 公式求该催化剂的总表面积和比表面积。

解 (1)BET 方程为：$\frac{p}{V^a(p^*-p)}=\frac{1}{cV_m^a}+\frac{c-1}{cV_m^a}\cdot\frac{p}{p^*}$，将表中数据进行转化，得下表：

$\frac{p}{p^*}$	0.007287	0.01156	0.016172	0.020233	0.022771	0.024215
$\frac{p}{V^a(p^*-p)}/\text{cm}^{-3}$	0.00043	0.000567	0.000692	0.000792	0.000839	0.000877

以$\frac{p}{V^a(p^*-p)}$对$\frac{p}{p^*}$作图可得一直线，

截距：$\frac{1}{cV_m^a}=0.0003(\text{cm}^{-3})$，斜率：$\frac{c-1}{cV_m^a}=0.026(\text{cm}^{-3})$

$$V_m^a=\frac{1}{\text{斜率}+\text{截距}}=\frac{1}{3.0\times10^{-4}+0.026}=38.02(\text{cm}^3)$$

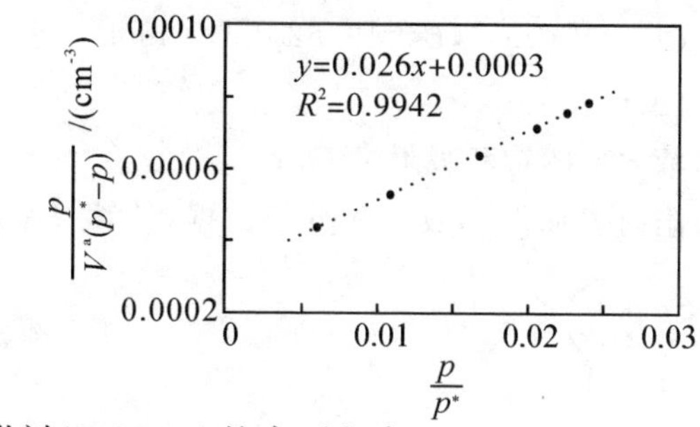

(2)固体吸附剂(1.876 g)的表面积为

$$a_s=\frac{V_m^a}{V_0}La_m=\frac{38.02}{22400}\times 6.022\times 10^{23}\times(0.4460\times 10^{-9})^2=203(m^2)$$

比表面积为：$\frac{203}{1.876}=109(m^2)$

8.16 293 K 时，根据下列表面张力的数据：

界面	苯-水	苯-气	水-气	汞-气	汞-水	汞-苯
$\gamma\times 10^3/(N\cdot m^{-1})$	35	28.9	72.7	483	375	357

试计算下列情况的铺展系数及判断能否铺展：

(1)苯在水面上；

(2)水在汞上；

(3)苯在汞上。

解　(1)苯在水面上：$S=\gamma^{水-气}-\gamma^{苯-水}-\gamma^{苯-气}$

$$=(72.7-35-28.9)\times 10^{-3}=8.8\times 10^{-3}(N\cdot m^{-1})>0$$

$S>0$，则液苯在水面上能铺展；

(2)水在汞面上：$S=\gamma^{汞-气}-\gamma^{汞-水}-\gamma^{水-气}$

$$=(483-375-72.7)\times 10^{-3}=35.3\times 10^{-3}(N\cdot m^{-1})>0$$

$S>0$，则水在汞面上能铺展；

(3)苯在汞上：$S=\gamma^{汞-气}-\gamma^{汞-苯}-\gamma^{苯-气}$

$$=(483-357-28.9)\times 10^{-3}=97.1\times 10^{-3}(N\cdot m^{-1})>0$$

$S>0$，则苯在汞面上能铺展。

8.17 19 ℃时，丁酸水溶液的表面张力与浓度的关系可以准确地用下式表示：

$\gamma=\gamma^*-A\ln(1+Bc)$

其中 γ^* 是纯水的表面张力，c 是丁酸浓度，A 和 B 是常数。

(1)导出此溶液表面吸附量 Γ 与浓度 c 的关系；

(2)已知 $A=0.0131\ \mathrm{N\cdot m^{-1}}$，$B=19.62\ \mathrm{dm^3\cdot mol^{-1}}$，求丁酸浓度为 $0.10\ \mathrm{mol\cdot dm^{-3}}$ 时的吸附量；

(3)求丁酸在溶液表面的饱和吸附量 Γ_∞；

(4)假定饱和吸附时表面全部被丁酸分子占据，计算每个丁酸分子的横截面积为多少？

解 (1)$\Gamma=-\dfrac{c}{RT}\cdot\dfrac{\mathrm{d}\gamma}{\mathrm{d}c}$

$$\gamma=\gamma^*-A\ln(1+Bc)$$

则 $\dfrac{\mathrm{d}\gamma}{\mathrm{d}c}=-\dfrac{AB}{1+Bc}$，代入，得

$$\Gamma=\frac{ABc}{RT(1+Bc)}$$

(2)已知 $A=0.0131\ \mathrm{N\cdot m^{-1}}$，$B=19.62\ \mathrm{dm^3\cdot mol^{-1}}$，$c=0.10\ \mathrm{mol\cdot dm^{-3}}$，得

$$\Gamma=\frac{0.0131\times19.62\times0.1}{8.314\times292\times(1+19.62\times0.1)}=3.57\times10^{-6}(\mathrm{mol\cdot dm^{-2}})$$

(3)$c\to\infty$ 时，$\Gamma\to\Gamma_\mathrm{m}$，因为

$$\lim_{c\to\infty}\frac{Bc}{1+Bc}=1$$

所以 $\Gamma=\dfrac{ABc}{RT(1+Bc)}=\dfrac{0.0131}{8.314\times292}=5.396\times10^{-6}(\mathrm{mol\cdot dm^{-2}})$

(4)分子横截面 $a_\mathrm{m}=\dfrac{1}{\Gamma_\mathrm{m}L}=\dfrac{1}{5.396\times10^{-6}\times6.022\times10^{23}}=3.077\times10^{-19}(\mathrm{m^2})$

8.18 在 298 K 时，用刀片切下稀肥皂水的极薄表面层 $0.03\ \mathrm{m^2}$，得到 $0.002\ \mathrm{dm^3}$ 溶液，发现其中含肥皂为 4.013×10^{-5} mol，而其同体积的本体溶液中含肥皂为 4.00×10^{-5} mol，试计算该溶液的表面张力。已知 298 K 时，纯水的表面张力为 $0.07197\ \mathrm{N\cdot m^{-1}}$，设溶液的表面张力与肥皂的浓度呈线性关系，$\gamma=\gamma^*-bc$，$\gamma^*$ 是纯水的表面张力，b 是常数。

解 $\Gamma=\dfrac{n_2-n_1}{A}=\dfrac{4.013\times10^{-5}-4.00\times10^{-5}}{0.03}=4.33\times10^{-6}(\mathrm{mol\cdot dm^{-2}})$

$\dfrac{\mathrm{d}\gamma}{\mathrm{d}c}=-b$，代入，得

$$\Gamma=\frac{bc}{RT}=\frac{\gamma^*-\gamma}{RT}=4.33\times10^{-6}(\mathrm{mol\cdot dm^{-2}})$$

$$\gamma=\gamma*-\Gamma RT=0.07197-4.33\times10^{-6}\times8.314\times298=0.0612(\mathrm{N\cdot m^{-1}})$$

五、测验题

(一)选择题

1. 接触角是指:(　　)。

(1)g/l 界面经过液体至 l/s 界面间的夹角

(2)l/g 界面经过气相至 g/s 界面间的夹角

(3)g/s 界面经过固相至 s/l 界面间的夹角

(4)l/g 界面经过气相和固相至 s/l 界面间的夹角

2. 朗缪尔公式可描述:(　　)。

(1)5 类吸附等温线　　(2)3 类吸附等温线

(3)两类吸附等温线　　(4)化学吸附等温线

3. 化学吸附的吸附力是:(　　)。

(1)化学键力　　(2)范德华力　　(3)库仑力

4. 温度与表面张力的关系是:(　　)。

(1)温度升高表面张力降低

(2)温度升高表面张力增加

(3)温度对表面张力没有影响

(4)不能确定

5. 液体表面分子所受合力的方向总是:(　　),液体表面张力的方向总是:(　　)。

(1)沿液体表面的法线方向,指向液体内部

(2)沿液体表面的法线方向,指向气相

(3)沿液体的切线方向

(4)无确定的方向

6. 下列各式中,不属于纯液体表面张力的定义式的是:(　　);

(1)$\left(\frac{\partial G}{\partial A}\right)_{T,p}$　　(2)$\left(\frac{\partial H}{\partial A}\right)_{T,p}$　　(3)$\left(\frac{\partial F}{\partial A}\right)_{T,V}$

7. 气体在固体表面上吸附的吸附等温线可分为:(　　)。

(1)两类　　(2)3 类　　(3)4 类　　(4)5 类

8. 今有一球形肥皂泡,半径为 r,肥皂水溶液的表面张力为 γ,则肥皂泡内附加压力是:(　　)。

(1)$\Delta p=\frac{2\gamma}{r}$　　(2)$\Delta p=\frac{\gamma}{2r}$　　(3)$\Delta p=\frac{4\gamma}{r}$

9. 若某液体能在某固体表面铺展，则铺展系数 S 一定：(　　)。

(1)＜0　　　(2)＞0　　　(3)＝0

10. 等温等压条件下的润湿过程是：(　　)。

(1)表面吉布斯自由能降低的过程

(2)表面吉布斯自由能增加的过程

(3)表面吉布斯自由能不变的过程

(4)表面积缩小的过程

(二)填空题

1. 玻璃毛细管水面上的饱和蒸气压________同温度下水平的水面上的饱和蒸气压。(选填＞，＝，＜)

2. 朗缪尔公式的适用条件仅限于________吸附。

3. 推导朗缪尔吸附等温式时，其中假设之一吸附是________分子层的；推导 BET 吸附等温式时，其中假设之一吸附是________分子层的。

4. 表面张力随温度升高而________。(选填增大、不变、减小)，当液体到临界温度时，表面张力等于________。

5. 物理吸附的吸附力是________，吸附分子层是________。

6. 朗缪尔吸附等温式的形式为________。该式的适用条件是________。

7. 溶入水中能显著降低水的表面张力的物质通常称为________物质。

8. 过饱和蒸气的存在可用________公式解释，毛细管凝结现象可用________公式解释。(选填拉普拉斯、开尔文、朗缪尔)

9. 表面活性剂按亲水基团的种类不同，可分为：________、________、________、________。

10. 物理吸附永远为________热过程。

(三)是非题

1. 物理吸附无选择性。(　　)

2. 弯曲液面所产生的附加压力与表面张力呈正比。(　　)

3. 溶液表面张力总是随溶液浓度的增大而减小。(　　)

4. 朗缪尔吸附的理论假设之一是吸附剂固体的表面是均匀的。(　　)

5. 朗缪尔等温吸附理论只适用于单分子层吸附。(　　)

6. 弯曲液面处的表面张力的方向总是与液面相切。(　　)

7. 在相同温度与外压力下，水在干净的玻璃毛细管中呈凹液面，故管中饱和蒸气压应小于水平液面的蒸气压力。(　　)

8. 分子间力越大的液体，其表面张力越大。(　　)

9. 纯水、盐水、皂液相比，其表面张力的排列顺序是：γ(盐水)＜γ(纯水)＜

γ(皂液)。(　　)

10. 表面张力在数值上等于等温等压条件下系统增加单位表面积时环境对系统所做的可逆非体积功。(　　)

11. 弯曲液面的饱和蒸气压总大于同温度下平液面的蒸气压。(　　)

12. 由拉普拉斯公式 $\Delta p=\frac{2\gamma}{r}$可知,当$\Delta p=0$ 时,则 $\gamma=0$。(　　)

(四)计算题

1. 200 ℃时测定 O_2在某催化剂上的吸附作用,当平衡压力为 0.1 MPa 及 1 MPa 时,1 g 催化剂吸附 O_2的量分别为 2.5 cm^3及 4.2 cm^3(STP)。设吸附作用服从朗缪尔公式,计算当 O_2的吸附量为饱和吸附量的一半时,平衡压力为多少。

2. 已知某硅胶的表面为单分子层覆盖时,1 g 硅胶所需 N_2气体积为 129 cm^3(STP)。若 N_2分子所占面积为 0.162 nm^2,试计算此硅胶的总表面积。

3. 20 ℃时汞的表面张力 $\gamma=4.85\times10^{-1}$ N·m^{-1},求在此温度下 101.325 kPa 时,将半径 $r_1=10.0$ mm 的汞滴分散成半径为 $r_2=1\times10^{-4}$ mm 的微小汞滴至少需要消耗多少非体积功(假定分散前后汞的体积不变)。

4. 在 18 ℃时,各种饱和脂肪酸水溶液的表面张力 γ 与浓度 c 的关系可表示为:

$$\frac{\gamma}{\gamma^*}=1-b\lg\left(\frac{c}{a}+1\right)$$

式中 γ^* 是同温度下纯水的表面张力,常数 a 因不同的酸而异,$b=0.411$,试写出服从上述方程的脂肪酸的吸附等温式。

5. 25 ℃时乙醇水溶液的表面张力 γ 随乙醇浓度 c 的变化关系为:

$$\gamma/10^{-3}\ \text{N}\cdot\text{m}^{-1}=72-0.5(c/c^{\ominus})+0.2\ (c/c^{\ominus})^2$$

试分别计算乙醇浓度为 0.1 mol·dm^{-3}和 0.5 mol·dm^{-3}时,乙醇的表面吸附量($c^{\ominus}=1.0$ mol·dm^{-3})。

六、测验题答案

(一)选择题

1. (1)　**2.** (4)　**3.** (1)　**4.** (1)　**5.** (1)　(3)　**6.** (2)　**7.** (4)　**8.** (3)　**9.** (2)　**10.** (1)

(二)填空题

1. <

2. 单分子层或化学吸附

3. 单,多

4. 减小;零

5. 范德华力;单或多分子

6. $\Gamma=\Gamma_\infty \dfrac{bp}{1+bp}$或$\theta=\dfrac{bp}{1+bp}$;单分子层吸附或化学吸附

7. 表面活性

8. 开尔文;开尔文

9. 阴离子活性剂,阳离子活性剂,两性活性剂,非离子活性剂

10. 放

(三)是非题

1. √ **2.** √ **3.** × **4.** √ **5.** √ **6.** √ **7.** √ **8.** √ **9.** × **10.** √

11. × **12.** ×

(四)计算题

1. 解 $\Gamma=\Gamma_\infty \dfrac{b}{1+bp}$

$$\frac{\Gamma_1}{\Gamma_2}=\frac{p_1}{p_2}\cdot\frac{1+bp_2}{1+bp_1}$$

即
$$\frac{2.5}{4.2}=\frac{0.1}{1}\cdot\frac{1+b(1\times10^6)}{1+b(0.1\times10^6)}$$

所以
$$b=12.2\times10^{-6}(\mathrm{Pa}^{-1})$$

$$\frac{\Gamma}{\Gamma_\infty}=\frac{bp}{1+bp}$$

$$\frac{\Gamma}{\Gamma_\infty}=\frac{1}{2}\text{即}\frac{bp}{1+bp}=\frac{1}{2}$$

所以
$$p=\frac{1}{b}=\frac{1}{12.2\times10^{-6}}=82\times10^3(\mathrm{Pa})=82(\mathrm{kPa})$$

2. 解 $S=A_\mathrm{m}\cdot nL_\mathrm{A}=0.162\times\dfrac{129}{22414}\times6.022\times10^{23}\times10^{-18}=562(\mathrm{m}^2)$

3. 解 设A为总表面积,则

$$N=\left(\frac{\frac{4}{3}\pi r_1^3}{\frac{4}{3}\pi r_2^3}\right)$$

$$\Delta A\approx A_2=4\pi r_1^2\left(\frac{r_1}{r_2}\right)^3$$

$$W'=\gamma\Delta A=\gamma\times4\pi r_1^2\left(\frac{r_1}{r_2}\right)^3=4.85\times10^{-1}\times4\times3.14\times(1\times10^{-2})^2\times\left(\frac{10^{-2}}{10^{-7}}\right)^3$$

$$=60.9\ (\mathrm{J})$$

4. 解　$\gamma=\gamma^*-\gamma^* b\times 2.303\cdot\ln\left(\frac{c}{a}+1\right)$

$$\frac{d\gamma}{dc}=-b\gamma^*\times\frac{1}{2.303}\cdot\frac{1}{c+a}$$

所以吸附等温式为

$$\Gamma=-\frac{c}{RT}\cdot\frac{d\gamma}{dc}=\frac{b\gamma^*}{2.303RT}\cdot\frac{c}{c+a}$$

5. 解　斜率 $m=23.78\ \mathrm{kg\cdot m^{-3}}=1/V_m$

所以　$V_m=1/m=0.0420\ \mathrm{m^3\cdot kg^{-1}}$

截距　$B=131\ \mathrm{kPa\cdot kg\cdot m^{-3}}=1/(V_m\cdot b)$

所以　$b=1/(V_m\cdot B)=1/(0.0420\times 131)$

$=1.82\times 10^{-4}(\mathrm{Pa^{-1}})$

6. 解　由吉布斯溶液等温吸附理论，表面吸附量 Γ 为

$$\Gamma=-\frac{c}{RT}\frac{d\gamma}{dc}$$

$$\frac{d\gamma}{dc}=[-0.5+0.4\ (c/c^{\ominus})]\times 10^{-3}$$

将 $c=0.1\ \mathrm{mol\cdot dm^{-3}}$ 得

$$\Gamma=-\frac{0.1\times(-0.5+0.4\times 0.1)\times 10^{-3}}{8.314\times 298}$$

$$=18.6\times 10^{-9}(\mathrm{mol\cdot m^{-2}})$$

将 $c=0.5\ \mathrm{mol\cdot dm^{-3}}$ 得

$$\Gamma=60.5\times 10^{-9}(\mathrm{mol\cdot m^{-2}})$$

第九章　化学动力学
（Chapter 9　Chemical kinetics）

学习目标

通过本章的学习，要求掌握：

1. 化学反应速率、反应级数、基元反应、反应分子数的概念；
2. 通过实验建立速率方程的方法；
3. 速率方程的积分形式；
4. 一级和二级反应的速率方程及其应用；
5. 温度对反应速率的影响，活化能；
6. 对行反应、平行反应和连串反应的动力学处理及应用；
7. 稳态近似法、平衡态近似法及控制步骤法。

一、知识结构

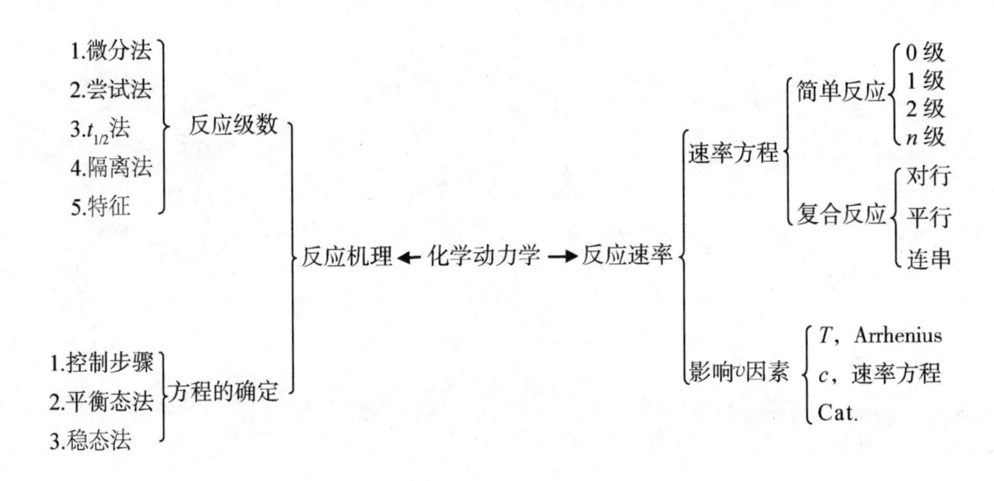

二、基本概念

1. 化学反应速率

对于任意化学反应

$$0=\sum_{B}\nu_B B$$

反应速率定义为单位时间、单位体积内发生的反应进度，即：

$$v=\frac{\dot{\xi}}{V}=\frac{1}{\nu_B V}\frac{dn_B}{dT}$$

对于恒容反应，如密闭反应器中的反应或者是液相反应，在这种情况下体积 V 是常数，因此 $\frac{dn_B}{V}=dc_B$，则上式化为

$$v=\frac{1}{\nu_B}\frac{dc_B}{dt}\text{(恒容)}$$

若化学计量反应写作

$$-\nu_A A-\nu_B B-\cdots\rightarrow\cdots+\nu_Y Y+\nu_Z Z$$

通常采用以某指定反应物 A 的消耗速率，或某指定产物 Z 的生成速率来表示反应进行的速率：

反应物 A 的消耗速率：

$$v_A=-\frac{dc_A}{dt}$$

生成物Z 的生成速率：

$$v_Z=+\frac{dc_Z}{dt}$$

$$v=\frac{1}{\nu_A}.\frac{dc_A}{dt}=\frac{1}{\nu_B}.\frac{dc_B}{dt}=\cdots=\frac{1}{\nu_Y}.\frac{dc_Y}{dt}=\frac{1}{\nu_Z}.\frac{dc_Z}{dt}$$

$$v=\frac{v_A}{|\nu_A|}=\frac{v_B}{|\nu_B|}=\cdots=\frac{v_Y}{\nu_Y}=\frac{v_Z}{\nu_Z}$$

2. 基元反应和反应分子数

基元反应是一步就能完成的反应。基元反应是组成一切化学反应的基本单元。所谓反应机理或(反应历程)是指反应的进行过程中所涉及的所有基元反应。绝大多数反应不是基元反应，而是由若干个基元反应所组成的非基元反应。

在基元反应中，实际参加反应的分子数目称为反应分子数。反应分子数可区分为单分子反应、双分子反应和三分子反应，反应分子数只可能是简单的正整数 1，2 或 3。

3. 基元反应的速率方程——质量作用定律

对于基元反应：

$a\mathrm{A}+b\mathrm{B}+\cdots \rightarrow$ 产物

其速率方程应为

$$-\frac{\mathrm{d}c_{\mathrm{A}}}{\mathrm{d}t}=kc_{\mathrm{A}}^{a}c_{\mathrm{B}}^{b}\cdots$$

也就是说基元反应的速率与各反应物浓度的幂的乘积成正比，其中各浓度的方次为反应方程中相应组分的计量系数。这就是质量作用定律。

速率方程中的比例常数 k，称为反应速率常数。温度一定，反应速率常数就为一定值，与浓度无关。

4. 化学反应速率方程的一般形式与反应级数

对于任意反应

$$a\mathrm{A}+b\mathrm{B}+\cdots \longrightarrow y\mathrm{Y}+z\mathrm{Z}+\cdots$$

$$v_{\mathrm{A}}=-\frac{\mathrm{d}c_{\mathrm{A}}}{\mathrm{d}t}=k_{\mathrm{A}}c_{\mathrm{A}}^{n_{\mathrm{A}}}c_{\mathrm{B}}^{n_{\mathrm{B}}}\cdots$$

式中各浓度的方次 n_{A} 和 n_{B} 等(一般不等于各组分的计量系数)，分别称为反应组分 A 和 B 等的反应分级数，量纲为一。反应总级数(简称反应级数)n 为各组分反应分级数的代数和：

$$n=n_{\mathrm{A}}+n_{\mathrm{B}}+\cdots$$

反应级数的大小表示浓度对反应速率影响的程度，反应级数越大，则反应速率受浓度的影响越大。

反应级数可以是正数、负数、整数、分数或零，如果反应的速率方程不能表示为上式的形式，则无法用简单的数字来表示级数。反应级数是由实验测定的。

5. 阿伦尼乌斯方程

1889 年，阿伦尼乌斯提出了速率常数 k 与温度 T 的定量关系式，称为阿伦尼乌斯(Arrhenius S A)方程。

(1)指数式　$k=Ae^{-E_a/RT}$

(2)对数式　$\ln k=-\frac{E_a}{RT}+\ln A$

(3)微分式　$\frac{d\ln k}{dT}=\frac{E_a}{RT^2}$

(4)积分式　$\ln\frac{k_2}{k_1}=-\frac{E_a}{R}\left(\frac{1}{T_2}-\frac{1}{T_1}\right)$

6. 活化能

阿伦尼乌斯提出，为了发生反应，普通分子要吸收一定的能量，成为活化分子，所需要的能量称为“活化能”。活化能定义为：活化分子的平均能量与反应物分子的平均能量之差。

三、主要公式

1. 化学反应速率

若化学计量反应写作：

$-\nu_A A-\nu_B B-\cdots\rightarrow\cdots+\nu_Y Y+\nu_Z Z$，则：

(1)$v=\frac{1}{\nu_A}\cdot\frac{dc_A}{dt}=\frac{1}{\nu_B}\cdot\frac{dc_B}{dt}=\cdots=\frac{1}{\nu_Y}\cdot\frac{dc_Y}{dt}=\frac{1}{\nu_Z}\cdot\frac{dc_Z}{dt}$

(2)$v_p=\frac{1}{\nu_A}\cdot\frac{dp_A}{dt}=\frac{1}{\nu_B}\cdot\frac{dp_B}{dt}=\cdots=\frac{1}{\nu_Y}\cdot\frac{dp_Y}{dt}=\frac{1}{\nu_Z}\cdot\frac{dp_Z}{dt}$

(3)$v=\frac{v_A}{|\nu_A|}=\frac{v_B}{|\nu_B|}=\cdots=\frac{v_Y}{\nu_Y}=\frac{v_Z}{\nu_Z}$

(4)$v_p=vRT$

2. 化学反应速率常数

(1)$\frac{k_A}{|\nu_A|}=\frac{k_B}{|\nu_B|}=\cdots=\frac{k_Y}{|\nu_Y|}=\frac{k_Z}{|\nu_Z|}=k$

(2)$k_A=k_{p,A}(RT)^{n-1}$

3.反应速率方程

各级反应的速率方程及其特征

级数	速率方程			特征	
	特征微分式	积分式	k_A 的单位	直线关系	$t_{1/2}$
0	$-\frac{dc_A}{dt}=k_A$	$c_{A,0}-c_A=k_At$	$c\cdot t^{-1}$	$c_A\sim t$	$t_{\frac{1}{2}}\propto c_{A,0}$
1	$-\frac{dc_A}{dt}=k_Ac_A$	$\ln\frac{c_{A,0}}{c_A}=k_At$	t^{-1}	$\ln c_A\sim t$	$t_{\frac{1}{2}}=$常数
2	$-\frac{dc_A}{dt}=k_Ac_A^2$	$\frac{1}{c_A}-\frac{1}{c_{A,0}}=k_At$	$c^{-1}\cdot t^{-1}$	$\frac{1}{c_A}\sim t$	$t_{\frac{1}{2}}\propto\frac{1}{c_{A,0}}$
3	$-\frac{dc_A}{dt}=k_Ac_A^3$	$\frac{1}{2}\left(\frac{1}{c_A^2}-\frac{1}{c_{A,0}^2}\right)=k_At$	$c^{-2}\cdot t^{-1}$	$\frac{1}{c_A^2}\sim t$	$t_{\frac{1}{2}}\propto\frac{1}{c_{A,0}{}^2}$
n	$-\frac{dc_A}{dt}=k_Ac_A^n$	$\frac{1}{n-1}\left(\frac{1}{c_A^{n-1}}-\frac{1}{c_{A,0}^{n-1}}\right)=k_At$	$c^{1-n}\cdot t^{-1}$	$\frac{1}{c_A^{n-1}}\sim t$	$t_{\frac{1}{2}}\propto\frac{1}{c_{A,0}{}^{n-1}}$

c:表示浓度的单位(mol·m^{-3}),t 表示时间的单位(s,min,h,day)

4.反应级数的求算

(1)试差法

动力学实验通常测定反应组分的浓度(有气体组分时常用其分压)随时间的变化。

该方法对实验所得到的数据$\{t_i, c_{A,i}\}$,代入各级反应速率方程的积分式,进行尝试,看 k 是否相等。

(2)半衰期法

$$n=1-\frac{\ln(t''_{1/2}/t'_{1/2})}{\ln(c''_{A,0}/c'_{A,0})}$$

(3)隔离法

对速率方程 $v_A=-\frac{dc_A}{dt}=k_Ac_A^{n_A}c_B^{n_B}c_C^{n_C}\cdots$中的其他组分级数的确定,可以采用隔离法。比如要确定 A 的级数,则采用除 A 以外,其余组分大量过剩的方法,即 $c_{B,0}\gg c_{A,0}$,$c_{C,0}\gg c_{A,0}$等,因此在反应过程中可以认为这些组分的浓度为常数,从而得到假 n 级反应:

$$v_A=(k_Ac_{B,0}^{n_B}c_{C,0}^{n_C}\cdots)c_A^{n_A}=k'c_A^{n_A}$$

其反应级数可通过尝试法或半衰期法得到。利用同样的步骤就可以确定所有组分的分级数。

5.阿伦尼乌斯方程

(1)指数式：$k=Ae^{-E_a/RT}$

(2)对数式：$\ln k=-\frac{E_a}{RT}+\ln A$

(3)微分式：$\frac{d\ln k}{dT}=\frac{E_a}{RT^2}$

(4)积分式：$\ln\frac{k_2}{k_1}=-\frac{E_a}{R}\left(\frac{1}{T_2}-\frac{1}{T_1}\right)$

6.对行反应

(1)$-\frac{d\Delta c_A}{dt}=(k_1+k_{-1})\Delta c_A$（$\Delta c_A=c_A-c_{A,e}$称为反应物A的距平衡浓度差）

(2)$\ln\frac{\Delta c_{A,0}}{\Delta c_A}=(k_1+k_{-1})t$

(3)当对行一级反应完成了距平衡浓度差的一半时

$$\begin{cases}c_A=\frac{1}{2}(c_{A,0}+c_{A,e})\\ t_{\frac{1}{2}}=\frac{\ln 2}{k_1+k_{-1}}\end{cases}$$

(4)如何求算k_1与k_{-1}

$$\begin{cases}\ln(c_A-c_{A,e})\sim t\text{ 作图一直线}\\ \text{斜率 }m=-(k_1+k_{-1})\\ K_c=\frac{k_1}{k_{-1}}\end{cases}\Rightarrow\begin{cases}k_1\\ k_{-1}\end{cases}$$

7.平行反应

$$\begin{cases}\ln\frac{c_{A,o}}{c_A}=(k_1+k_2)\mathrm{t}\\ \frac{c_B}{c_C}=\frac{k_1}{k_2}\end{cases}\Rightarrow\begin{cases}k_1\\ k_2\end{cases}$$

8.连串反应

(1)$c_A=c_{A,0}e^{-k_1 t}$

(2)$c_B=\frac{k_1c_{A,0}}{k_2-k_1}(e^{-k_1 t}-e^{-k_2 t})$

(3)$c_C=c_{A,0}[1-\frac{1}{k_2-k_1}(k_2e^{-k_1t}-k_1e^{-k_2t})]$

(4)中间产物 B 的最佳时间 t_{max}和 B 的最大浓度 $c_{B,max}$：

$$\begin{cases} t_{max}=\frac{\ln(k_1/k_2)}{k_1-k_2} \\ c_{B,max}=c_{A,0}\left(\frac{k_1}{k_2}\right)^{\frac{k_2}{k_2-k_1}} \end{cases}$$

四、习题详解

9.1 化学计量反应式为 $aA+bB \to yY+zZ$，试写出 dc_A/dt，dc_B/dt，dc_Y/dt 和 dc_Z/dt 四者之间的等式关系。

解 $(1/a)(-dc_A/dt)=(1/b)(-dc_B/dt)=(1/y)dc_Y/dt=(1/z)dc_Z/dt$

9.2 某反应 $A+3B\to 2Y$，其经验速率方程为 $-dc_A/dt=k_A c_A c_B{}^2$。当 $c_{A,0}/c_{B,0}=1/3$时，速率方程可简化为$-dc_A/dt=k'c_A^3$，请推导 k'与 k_A的关系。

解 $k'=9k_A$

9.3 某一级反应在 40 min 内反应物 A 反应了 35%。试计算反应速率常数，并问 6 h 反应了多少？

解 $k=\frac{1}{t}\ln\frac{c_{A,0}}{c_A}=\frac{1}{40\times 60}\ln\frac{c_{A,0}}{c_{A,0}(1-0.35)}=1.8\times 10^{-4}(s^{-1})$

当 $t=6\times 3600$ s，A 反应了的摩尔分数为 x_A

$kt=\ln\frac{c_{A,0}}{c_{A,0}(1-x_A)}$

$\ln\frac{1}{1-x_A}=1.8\times 10^{-4}\times 6\times 3600=3.888$

$x_A=0.98$

9.4 乙烷裂解制取乙烯反应如下：

$$C_2H_6 \longrightarrow C_2H_4+H_2$$

已知 1000 ℃时的反应速率常数 $k=3.58\ s^{-1}$。问当乙烷转化率为 45%和 85%时分别需要多少时间？

解 因为 k 的单位是 s^{-1}，所以是一级反应。

乙烷转化 45%的时间：

$t_1=\frac{1}{k}\ln\frac{1}{(1-x_{A,1})}=\frac{1}{3.58}\ln\frac{1}{(1-0.45)}=0.167(s)$

乙烷转化 85%的时间：

$$t_2=\frac{1}{k}\ln\frac{1}{(1-x_{A,2})}=\frac{1}{3.58}\ln\frac{1}{(1-0.85)}=0.53(s)$$

9.5 三聚乙醛蒸气分解为乙醛蒸气是一级反应。

$$(CH_3CHO)_3 \longrightarrow 3CH_3CHO$$

在 281 ℃于密闭的容器中放入三聚乙醛，其初压为 10.26 kPa，当反应进行 1050 s 后总压力为 23.38 kPa，试求反应的速率常数。

解　$p_\infty=3p_0=30.78\ \text{kPa}$

$$k_A=\frac{1}{t}\ln\frac{c_{A,0}}{c_A}=\frac{1}{t}\ln\frac{p_\infty-p_0}{p_\infty-p_t}=\frac{1}{1050}\ln\frac{30.78-10.26}{30.78-23.38}=9.714\times10^{-4}(s^{-1})$$

9.6 二级反应 A+B→Y 在 A，B 初浓度相等时，经 550 s 后 A 有 25%反应掉，试问需多长时间才能反应掉 55%的 A。

解　$-dc_A/dt=kc_Ac_B=kc_A{}^2$

$$kt=\frac{1}{c_A}-\frac{1}{c_{A,0}}=\frac{x_A}{c_{A,0}(1-x_A)}$$

$$k=\frac{1}{550}\cdot\frac{0.25}{0.75c_{A,0}}=\frac{1}{1650c_{A,0}}$$

当 $x_A=0.55, t=2017(s)$

9.7 蔗糖在稀盐酸溶液中按照下式进行水解：

$C_{12}H_{22}O_{11}+H_2O \longrightarrow C_6H_{12}O_6$（葡萄糖）$+C_6H_{12}O_6$（果糖）

当温度与酸的浓度一定时，反应速率与蔗糖的浓度成正比，是一级反应。今有一溶液，1 dm^3 中含 0.350mol $C_{12}H_{22}O_{11}$，以 HCl 为催化剂，在 52 ℃时，20 min内有 $x(C_{12}H_{22}O_{11})=0.38$ 的 $C_{12}H_{22}O_{11}$水解。

(1)计算反应速率常数；

(2)计算反应开始时($t=0$)及 20 min 时的反应速率；

(3)问 35 min 后有多少蔗糖水解。

解　(1)$k_A=\frac{1}{t}\ln\frac{c_{A,0}}{c_A}=\frac{1}{20}\ln\frac{1}{1-0.38}=0.0239(min^{-1})$

(2)$t=0$ 时，

$$v=k_Ac_{A,0}=0.0239\times0.350$$
$$=8.4\times10^{-3}(mol\cdot dm^{-3}\ min^{-1})$$

$t=20$ min 时，

$$v=k_Ac_A=k_Ac_{A,0}(1-0.38)$$
$$=0.0239\times0.350(1-0.38)$$
$$=5.2\times10^{-3}(mol\cdot dm^{-3}\ min^{-1})$$

(3)$k_A=\frac{1}{t}\ln\frac{1}{1-x_A}$，即

$$0.0239=\frac{1}{35}\ln\frac{1}{1-x_A}\text{，解得：}x_A=56.7\%$$

9.8 已知气相反应 $2A+B\rightarrow 2Y$ 的速率方程为$-\frac{dp_A}{dt}=kp_Ap_B$。将气体A和B按物质的量比2∶1引入一抽空的反应器中，反应温度保持420 K。反应经10 min后测得系统压力为85 kPa，反应结束后系统压力为68 kPa。试求：

(1)气体A的初始压力 $p_{A,0}$ 及反应经10 min后A的分压力 p_A；

(2)反应速率常数 k_A；

(3)气体A的半衰期。

解 (1)

	2A	+ B	⟶ 2Y	
$t=0$	$p_{A,0}$	$p_{A,0}/2$	0	
$t=t$	p_A	$p_{A,0}/2-(p_{A,0}-p_A)/2$	$p_{A,0}-p_A$	$p_{(总)}=p_{A,0}+p_A/2$
$t=\infty$	0	0	$p_{A,0}$	$p_{(\infty)}=p_{A,0}=68$ kPa

$p_A=2[p_{(总)}-p_{A,0}]$

$t=10$ min　$p_A=2\times(85-68)=34(\text{kPa})$

(2)$\frac{p_{A,0}}{p_{B,0}}=\frac{v_A}{v_B}=\frac{p_A}{p_B}=\frac{2}{1}$

$$-\frac{dp_A}{dt}=k_Ap_A\frac{p_A}{2}=\left(\frac{k_A}{2}\right)p_A{}^2$$

$$k_A=\frac{2}{t}\left(\frac{1}{p_A}-\frac{1}{p_{A,0}}\right)=2.94\times10^{-3}(\text{kPa}^{-1}\cdot\text{min}^{-1})$$

(3)$t_{1/2}=\frac{1}{\left(\frac{k_A}{2}\right)\cdot p_{A,0}}=10(\text{min})$

9.9 反应 $2NO+2H_2\longrightarrow N_2+2H_2O$ 在700 ℃时测得如下动力学数据：

初始压力 p_0/kPa		初始反应速率 v_0/kPa·min^{-1}
NO	H_2	
50	20	0.48
50	10	0.24
25	20	0.12

设反应速率方程可写成：$v=k_pp_{NO}^{\alpha}[p(H_2)]^{\beta}$，求反应级数 α,β。

解 由动力学数据可看出：

当 p_{NO} 不变时，$\beta=\dfrac{\ln(v_{0,1}/v_{0,2})}{\ln(p_{0,1}/p_{0,2})}=\dfrac{\ln(0.48/0.24)}{\ln(20/10)}=1$

当 p_{H_2} 不变时，　$\alpha=\dfrac{\ln(v_{0,1}/v_{0,3})}{\ln(p_{0,1}/p_{0,3})}=\dfrac{\ln(0.48/0.12)}{\ln(50/25)}=2$

总反应级数 $n=\alpha+\beta=1+2=3$

$$k_p=\frac{-\mathrm{d}p/\mathrm{d}t}{p_{NO}^2 p_{H_2}}=\frac{0.48}{50^2\times 20}=9.6\times 10^{-6}(\mathrm{kPa^{-2}\cdot min^{-1}})$$

$$=9.6\times 10^{-12}(\mathrm{Pa^{-2}\cdot min^{-1}})$$

$$k_c=k_p(RT)^2=9.6\times 10^{-12}\times(8.314\times 973.15)^2$$

$$=628(\mathrm{dm^6\cdot mol^{-2}\cdot min^{-1}})$$

9.10 某催化反应 $\mathrm{A}\xrightarrow{\mathrm{B}}\mathrm{Y}$，其中 B 为催化剂，当 $c_B=1\times 10^{-5}\ \mathrm{mol\cdot dm^{-3}}$ 时，其半衰期 $t_{1/2}=10$ s；当 $c_B=1\times 10^{-4}\ \mathrm{mol\cdot dm^{-3}}$ 时，$t_{1/2}=1$ s，且知在 c_B 一定时，$t_{1/2}$ 与 $c_{A,0}$ 无关。试求反应动力学方程。

解　设 $-\dfrac{\mathrm{d}c_A}{\mathrm{d}t}=k_A c_A^{\alpha} c_B^{\beta}$

因为 B 为催化剂，所以

$$c_B=c_{B,0},-\frac{\mathrm{d}c_A}{\mathrm{d}t}=k'_A c_A^{\alpha},k'_A=k_A c_{B,0}=k_A c_B$$

因为 $t_{\frac{1}{2}}$ 与 $c_{A,0}$ 无关，所以

$$\alpha=1$$

所以 $k'_A=\dfrac{0.693}{t_{1/2}}$，则

$$\frac{(t_{1/2})_1}{(t_{1/2})_2}=\frac{k'_{A,2}}{k'_{A,1}}=\left(\frac{c_{B,2}}{c_{B,1}}\right)^{\beta}$$

代入数据　$\dfrac{10}{1}=\left(\dfrac{1\times 10^{-4}}{1\times 10^{-5}}\right)^{\beta}$

故　$\beta=1$，即

$$-\frac{\mathrm{d}c_A}{\mathrm{d}t}=k_A c_A c_B$$

9.11 某化合物的分解是一级反应。280℃的半衰期为 360 min，反应的活化能为 219.63 kJ·mol^{-1}。试求在 350 ℃条件下该反应完成 72%所需要的时间。

解　$k_1=\ln 2/t_{1/2}$

$=0.693/360$

$=1.925\times 10^{-3}(\mathrm{min^{-1}})$

根据　$\ln k_2/k_1 = E(T_2 - T_1)/RT_1T_2$

$= 219.63 \times 10^3(623.15 - 553.15)/8.314 \times 553.15 \times 623.15$

$= 5.36$

$k_2 = 0.409(\text{min}^{-1})$

所以　$t = (1/k_2)\ln[1/(1-0.72)]$

$= 3.11(\text{min})$

9.12　醋酸酐的分解反应是一级反应，该反应的活化能 $E = 151.32\ \text{kJ} \cdot \text{mol}^{-1}$。已知 569.15 K 这个反应的 $k = 3.4 \times 10^{-2}\ \text{s}^{-1}$，现要控制该反应在 12 min 内转化率达 92%，试确定反应温度应控制在多少？

解　$k = \dfrac{1}{t}\ln\dfrac{c_{A,0}}{c_A}$

则　$k = \dfrac{1}{12 \times 60}\ln\dfrac{1}{(1-0.92)} = 3.51 \times 10^{-3}(\text{s}^{-1})$

$$\ln\frac{k_2}{k_1} = -\frac{E_a}{R}\left(\frac{1}{T_2} - \frac{1}{T_1}\right)$$

$$\ln\frac{3.51 \times 10^{-3}}{3.4 \times 10^{-2}} = \frac{-151320}{8.314}\left(\frac{1}{T_2} - \frac{1}{569.15}\right)$$

$T_2 = 531.4(\text{K})$

9.13　75 ℃时，在气相中 N_2O_5 分解的速率常数为 $0.295\ \text{min}^{-1}$，活化能为 $101.85\ \text{kJ} \cdot \text{mol}^{-1}$，求 85 ℃时的 k 和 $t_{1/2}$。

解　根据 $\ln\dfrac{k_2}{k_1} = \dfrac{E_a}{R}\left(\dfrac{1}{T_1} - \dfrac{1}{T_2}\right)$

$$\ln k_2 = \ln k_1 + \frac{E_a}{R}\left(\frac{1}{T_1} - \frac{1}{T_2}\right)$$

$$= \ln 0.295 + \frac{101.85 \times 10^3}{8.314}\left(\frac{1}{348.15} - \frac{1}{358.15}\right)$$

$= -0.2383$

则　$k_2 = 0.788(\text{min}^{-1})$

$t_{1/2} = \ln 2/k = 0.693/0.788 = 0.879(\text{min})$

9.14　溴乙烷分解反应是一级反应，该反应的活化能为 $230.2\ \text{kJ} \cdot \text{mol}^{-1}$。已知该反应在 643 K 时其半衰期为 53.5 min，若要使反应在 10 min 内完成 91%，问温度应控制在多少？

解　$k(T_1) = \dfrac{\ln 2}{t_{1/2}} = \dfrac{\ln 2}{53.5} = 0.0130(\text{min}^{-1})$

$$k(T_2) = \frac{1}{t}\ln\frac{c_{A,0}}{c_A} = \frac{1}{10}\ln\frac{1}{1-0.91} = 0.2408(\text{min}^{-1})$$

$$\ln \frac{k(T_2)}{k(T_1)} = -\frac{E_a}{R}\left(\frac{1}{T_2} - \frac{1}{T_1}\right)$$

$$\frac{1}{T_2} = -\frac{R}{E_a}\ln \frac{k(T_2)}{k(T_1)} + \frac{1}{T_1} = \left(-\frac{8.314}{230.2\times 10^3}\ln \frac{0.2408}{0.0130}\right) + \frac{1}{643}$$

$$= 1.450\times 10^{-3}(\mathrm{K}^{-1})$$

$T_2 = 689.66\ \mathrm{K}$

9.15 气相反应 A→Y+Z 为一级反应。300 K 时将气体 A 引入一抽空的密闭容器中。开始反应 15 min 后，测得系统总压力为 33.6 kPa。反应终了时，测得系统总压力为 62.4 kPa。又 400 K 时测得该反应的半衰期为 0.46 min。试求：

(1)反应速率常数及半衰期；

(2)反应经历 1 h 后的总压力；

(3)反应的活化能。

解　(1)300 K　　A　⟶　Y　+　Z

$t=0$　　$p_{A,0}$　　0　　0

$t=t$　　p_A　　$p_{A,0}-p_A$　　$p_{A,0}-p_A$

$p(\text{总}) = 2p_{A,0} - p_A$

$t=\infty$时，$p_A=0$；　$p_{A,0} = p(\text{总})/2 = 31.2\ \mathrm{kPa}$

$t=15\ \mathrm{min}$　　$p_A = 2p_{A,0} - p(\text{总}) = 28.8\ \mathrm{kPa}$

$$k = \frac{1}{t}\ln \frac{p_{A,0}}{p_A} = 5.34\times 10^{-3}\ \mathrm{min}^{-1}$$

$t_{1/2} = \ln 2/k = 130\ \mathrm{min}$

(2)300K　　$t=60\ \mathrm{min}$　　$kt = \ln \frac{p_{A,0}}{p_A}$

$p_A = 22.6\ \mathrm{kPa}$；$p(\text{总}) = 39.8\ \mathrm{kPa}$

(3)$$E_a = \frac{RT_1T_2}{T_2-T_1}\ln\left(\frac{k(T_2)}{k(T_1)}\right) = \frac{RT_1T_2}{T_2-T_1}\ln\left(\frac{t_{1/2}(T_1)}{t_{1/2}(T_2)}\right) = 56.31\ \mathrm{kJ\cdot mol^{-1}}$$

9.16 在水溶液中，2-硝基丙烷与碱作用为二级反应，其反应速率常数与温度的关系为

$$\lg\left(\frac{k}{\mathrm{dm^3\cdot mol^{-1}\cdot min^{-1}}}\right) = 11.85 - \frac{3159}{(T/\mathrm{K})}$$

已知两个反应物的起始浓度均为 $0.009\ \mathrm{mol.dm^{-3}}$，试问：

(1)计算该反应的活化能；

(2)求 10 ℃时的半衰期；

(3)欲使此反应在 16 min 内使 2-硝基丙烷转化率达到 75％时，温度控制在多少？

解　(1)$\frac{\mathrm{d}\ln k}{\mathrm{d}T}=\frac{E_a}{RT^2}=\ln 10\cdot\frac{3159}{T^2}$

则　　$E_a=60.47\ \mathrm{kJ\cdot mol^{-1}}$

(2)$t=10$ ℃时，$\lg k=0.693$，　　$k=4.93\ \mathrm{dm^3\cdot mol^{-1}\cdot min^{-1}}$

$$t_{1/2}=\frac{1}{kc_{A,0}}=\left(\frac{1}{4.93\times0.009}\right)=22.5(\mathrm{min})$$

(3)$k=\frac{1}{tc_{A,0}}\cdot\frac{x_A}{1-x_A}=\left(\frac{1}{16\times0.009}\times\frac{0.75}{1-0.75}\right)=20.8(\mathrm{dm^3\cdot mol^{-1}\cdot min^{-1}})$

$$\lg 20.8=11.85-\frac{3159}{(T/\mathrm{K})}$$

$T=300\ \mathrm{K}$

9.17　气相反应 4A→Y+6Z 的反应速率系(常)数 k_A 与温度的关系为：$\ln(k_A/\mathrm{min^{-1}})=-\frac{22850}{T/\mathrm{K}}+22.00$，且反应速率与产物浓度无关。求：

(1)该反应的活化能 E_a；

(2)在 945 K 向真空恒容容器内充入 A，初始压力为 11.0 kPa，计算反应器内压力达 14.0 kPa 所需要的时间？

解　(1)$E_a=22850\times8.314=189.97(\mathrm{kJ\cdot mol^{-1}})$

(2)把 $T=945$ K，代入 $\ln(k_A/\mathrm{min^{-1}})\sim T$ 关系式中，得

$k_A=0.1130\ \mathrm{min^{-1}}$

由k_A的单位知，该反应为一级反应，故

$$\ln\frac{p_{A,0}}{p_A}=k_At\qquad(1)$$

由计量方程式，知：

	4A	⟶	Y	+	6Z
$t=0$	$p_{A,0}$		0		0
$t=t$	p_A		$\frac{p_{A,0}-p_A}{4}$		$\frac{6(p_{A,0}-p_A)}{4}$

则　$p_{A,0}=11.0\ \mathrm{kPa}$，$p_A+\frac{p_{A,0}-p_A+6(p_{A,0}-p_A)}{4}=14.0\ \mathrm{kPa}$

$p_A=7\ \mathrm{kPa}$

代入式(1)中，得

$t=4.0\ \mathrm{min}$

9.18　100 ℃时气相反应 A→Y+Z 为二级反应，若从纯 A 开始在恒容下进行反应，12 min 后系统总压力为 25.58 kPa，其中 A 的摩尔分数为 0.1185。求：

(1)10 min 时 A 的转化率;(2)反应的速率常数。

解　(1)　　A　→　Y　+　Z

$t=0$　　$p_{A,0}$　　0　　0

$t=t$　　$p_{A,0}-p_{A,x}$　　$p_{A,x}$　　$p_{A,x}$

$p=p_{A,0}+p_{A,x}$,即

$25.58=p_{A,0}+p_{A,x}$

$p_A=py_A=p_{A,0}-p_{A,x}$,即

$25.58\times0.1185=3.03=p_{A,0}-p_{A,x}$

则　$p_{A,x}=11.28\ \text{kPa}$,　$p_{A,0}=14.31\ \text{kPa}$

$x_A=p_{A,x}/p_{A,0}=11.28/14.31=0.788=78.8\%$;

(2)$c_{A,0}=p_{A,0}/RT=14.31\times1000/8.314\times373.15=4.61\times10^{-3}(\text{mol}\cdot\text{dm}^{-3})$

则
$$k_A=\frac{1}{tc_{A,0}}\cdot\frac{c_{A,0}-c_A}{c_A}=\frac{1}{tc_{A,0}}\cdot\frac{p_{A,x}}{p_A}$$
$$=1/12\times4.61\times10^{-3}\times(11.28/3.03)$$
$$=67.30(\text{dm}^3\cdot\text{mol}^{-1}\cdot\text{min}^{-1})$$

9.19　偶氮甲烷分解反应:$CH_3NNCH_3(g)\longrightarrow C_2H_6(g)+N_2(g)$为一级反应。在 384 ℃时,一密闭容器中 $CH_3NNCH_3(g)$初始压力为 21.312 kPa,1000 s 后总压力为 22.748 kPa,求 k 及 $t_{1/2}$。

解　设在 t 时刻 $CH_3NNCH_3(g)$的分压为 p,即有:

$CH_3NNCH_3(g)\longrightarrow C_2H_6(g)+N_2(g)$

p_0　　0　　0

p　　p_0-p　　p_0-p

1000 s 后,$2p_0-p=22.748$,即 $p=19.876$ kPa。

对于密闭容器中的气相反应的组成可用分压表示:

$$\ln\frac{p}{p_0}=-kt$$

$$k=-\frac{1}{t}\ln\frac{p}{p_0}=-\frac{1}{1000}\ln\frac{19.876}{21.312}=6.98\times10^{-5}(\text{s}^{-1})$$

$$t_{1/2}=\frac{\ln2}{k}=\frac{\ln2}{6.98\times10^{-5}}=9.93\times10^3(\text{s})$$

9.20　某抗生素施于人体后在血液中的反应呈现一级反应。如在人体中注射 0.55g 某抗生素,然后在不同时间测其在血液中的浓度,得到下列数据:

t/h	4	8	12	16
c_A(血液中药含量 mg/100 ml)	0.48	0.39	0.24	0.15

$\ln c_A - t$ 的直线斜率为-0.0979，$\ln c_{A,0}=-0.14$。求：

(1)反应速率常数；

(2)计算半衰期；

(3)若使血液中某抗生素浓度不低于 0.36mg/100mL，问需几小时后注射第二针。

解 设 $c_{A,0}$ 为抗生素开始浓度

(1)该反应速率方程积分形式 $\ln\dfrac{c_{A,0}}{c_A}=kt$，即 $\ln c_A=-kt+\ln c_{A,0}$

斜率为$-k=-0.0979$，则有 $k=0.0979\ (h^{-1})$

(2)$t_{1/2}=\dfrac{\ln 2}{k}=7.08\ (h)$

(3)$t=0$ 时，$\ln c_{A,0}=-0.14$

$t=\dfrac{1}{k}\ln\dfrac{c_{A,0}}{c_A}=(1/0.0979)\times\ln(0.87/0.36)=9.0\ (h)$

约需 9.0 小时后注射第二针。

9.21 设某化合物分解反应为一级反应，若此化合物分解 30% 则无效，今测得温度 423 K、433 K 时分解反应速率常数分别是 $7.09\times10^{-4}\ h^{-1}$ 与 $1.81\times10^{-3}\ h^{-1}$，计算这个反应的活化能，并求温度为 300 K 时此化合物有效期是多少？

解 Arrhenius 方程式：$\ln(k_2/k_1)=E(T_2-T_1)/RT_1T_2$

$E_a=RT_1T_2/(T_2-T_1)\cdot\ln(k_2/k_1)$

$=[8.314\times423\times433/(433-423)]\cdot\ln(1.81\times10^{-3}/7.09\times10^{-4})$

$=142.72\ kJ/mol$

设 300 K 时的速率常数为 k_3，$T_3=300\ K$

$\ln(k_1/k_3)=142.72\times10^3(423-300)/(8.314\times423\times300)=16.64$

$k_1/k_3=1.69\times10^7$

$k_3=7.09\times10^{-4}/1.69\times10^7=4.20\times10^{-11}\ h^{-1}$

一级反应：$\ln[1/(1-x_A)]=k_3t$，当 $x=0.30$

则有

$$t=1/k_3\cdot\ln[1/(1-x_A)]=(1/4.20\times10^{-11})\times\ln[1/(1-0.3)]$$
$$=8.50\times10^9\ h$$

9.22 下列平行反应，主、副反应都是一级反应：

$$A\xrightarrow{k_1}Y(\text{主反应})\qquad \text{已知}\ \lg(k_1/s^{-1})=-\frac{2500}{T/K}+4.00$$
$$A\xrightarrow{k_2}Z(\text{副反应})\qquad \lg(k_2/s^{-1})=-\frac{4500}{T/K}+8.00$$

(1)若开始只有 A,且 $c_{A,O}=0.2\ mol\cdot dm^{-3}$,计算 450 K 时,经 12 s 的反应,A 的转化率为多少？Y 和 Z 的浓度各为多少？

(2)用具体计算说明,该反应在 550 K 进行时,是否比 450 K 时更为有利？

解　(1)由 $\ln\dfrac{1}{1-x_A}=(k_1+k_2)t$ 代入已知条件：

$$k_1(450\ K)=0.0278\ s^{-1};\quad k_2(450\ K)=0.01\ s^{-1}$$

则　$$\ln\frac{1}{1-x_A}=(0.0278+0.01)\times 12$$

解得：　$x_A=0.365$

因为 $c_Y/c_Z=k_1/k_2, c_Y+c_Z+c_A=c_{A,0}$

$c_Y+c_Z=c_{A,0}x_A=0.073$

所以 $c_Y=0.0537\ mol\cdot dm^{-3}, c_Z=0.0193\ mol\cdot dm^{-3}$

(2)450 K 时,$c_Y/c_Z=\dfrac{k_1(450\ K)}{k_2(450\ K)}=2.78$

550 K 时,$c_Y/c_Z=\dfrac{k_1(550\ K)}{k_2(550\ K)}=0.285/0.658=0.43$

故在 450 K 反应对产物更有利。

9.23　在 359 ℃时,1,2-二甲基环丙烷的顺(A)$\rightleftharpoons$反(Y)同分异构反应为一级对行反应。反应混合物中顺式所占的分数与时间的关系如下：

t/min	0	90	225	270	360	495	585	∞
顺式所占的分数 x(A)	1.000	0.811	0.625	0.582	0.507	0.435	0.399	0.300

试求该反应的平衡常数及正、逆反应的反应速率常数。

解　$K_c=\dfrac{1.000-0.300}{0.300}=2.33$

$$k_1+k_{-1}=\frac{1}{t}\ln\frac{c_{A0}-c_{Ae}}{c_A-c_{Ae}}=\frac{1}{t}\ln\frac{0.7}{c_A-0.3}$$

t/min	90	225	270	360	495	585
$(k_1+k_{-1})/10^{-3}\cdot s^{-1}$	3.50	3.41	3.37	3.38	3.32	3.34

$$\overline{k_1+k_{-1}}=3.39\times 10^{-3}\ min^{-1}$$

$$K_c=\frac{k_1}{k_{-1}}=2.33$$

则　$k_1=2.37\times 10^{-3}\ min^{-1}$

$k_{-1}=1.02\times 10^{-3}\ min^{-1}$

9.24 在一体积为 25 dm^3，温度为 600 K 的反应器中有 12 mol A(g)进行下列由两个一级反应组成的平行反应：

$$A(g) \xrightarrow{k_1} Y(g)$$

$$A(g) \xrightarrow{k_2} Z(g)$$

在反应进行 115 s 时，测得 4 mol Y 和 2 mol Z 生成。

(1)试求 k_1 及 k_2；

(2)欲得到 6 mol Y(g)，反应需进行多长时间？

解 (1)$-dc_A/dt=(k_1+k_2)c_A$

$t_1=115\ s, n_{A,1}=n_{A,0}-n_{Y,1}-n_{Z,1}=6\ mol$

$c_{A,0}/c_{A,1}=n_{A,0}/n_{A,1}=12/6=2/1$

$$k_1+k_2=\frac{1}{t}\ln\frac{c_{A,0}}{c_{A,1}}=6.03\times10^{-3}\ s^{-1}$$

$k_1/k_2=c_{Y,1}/c_{Z,1}=n_{Y,1}/n_{Z,1}=4\ mol/2\ mol=2/1$

则 $k_1=4.02\times10^{-3}\ s^{-1}$

$k_2=2.01\times10^{-3}\ s^{-1}$

(2)$n_{Y,2}=6\ mol$

$n_Y/n_Z=2, n_{Z,2}=3\ mol$

$$t_2=\frac{1}{k_1+k_2}\ln\left(\frac{12\ mol}{3\ mol}\right)=230\ s$$

9.25 已知 $A \underset{k_{-1}}{\overset{k_1}{\rightleftharpoons}} Y$，正逆反应均为一级反应，已知：

$$\lg(k_1/s^{-1})=-\frac{5000}{T/K}+5.000$$

$$\lg K_c(\text{平衡常数})=\frac{3000}{T/K}-5.000$$

计算逆反应的活化能 E_{-1} 等于多少？

解 由阿仑尼乌斯方程，知：

$$\lg(k_1/s^{-1})=-\frac{E_1}{2.303RT}+B$$

对照所给 $\lg k_1\sim\frac{1}{T}$关系，得

$E_1=2.303\times5000\times8.314=95.74(kJ\cdot mol^{-1})$

由范特荷甫等容方程，应有：

$$\lg K_C=-\frac{\Delta_r U_m}{2.303RT}+B'$$

对照所给 $\lg K_C \sim \frac{1}{T}$ 关系，得

$\Delta_r U_m = -2.303 \times 3000 \times 8.314 = -57.44(\mathrm{kJ \cdot mol^{-1}})$

由 $\Delta_r U_m = E_1 - E_{-1}$，得

$E_{-1} = E_1 - \Delta_r U_m = 95.74 + 57.44 = 153.18(\mathrm{kJ \cdot mol^{-1}})$

9.26 测得 21 ℃时反应 β-葡萄糖 $\underset{k_{-1}}{\overset{k_1}{\rightleftharpoons}}$ α-葡萄糖 的 $k_1 + k_{-1} = 0.0118\ \mathrm{min^{-1}}$，又已知反应的平衡常数为 0.561，试求 k_1 和 k_{-1}。

解　$k_1 + k_{-1} = 0.0118\ \mathrm{min^{-1}}$

$$\frac{k_1}{k_{-1}} = 0.561$$

则
$$k_1 = \frac{0.561}{1.561} \times 0.0118\ \mathrm{min^{-1}} = 0.00424\ \mathrm{min^{-1}}$$

$$k_{-1} = 0.0118\ \mathrm{min^{-1}} - 0.00424\ \mathrm{min^{-1}} = 0.00756\ \mathrm{min^{-1}}$$

9.27 反应 $CH_3COCH_3 + Br_2 \longrightarrow CH_3COCH_2Br + H^+ + Br^-$ 在溶液中进行，反应机理如下：

$$CH_3COCH_3 + OH^- \xrightarrow{k_1} CH_3COCH_2^- + H_2O$$

$$CH_3COCH_2^- + H_2O \xrightarrow{k_{-1}} CH_3COCH_3 + OH^-$$

$$CH_3COCH_2^- + Br_2 \xrightarrow{k_2} CH_3COCH_2Br + Br^-$$

设 $CH_3COCH_2^-$ 处于稳定态，试推导以 $\frac{\mathrm{d}c(CH_3COCH_2Br)}{\mathrm{d}t}$ 表示的总反应速率方程式。

解
$$\frac{\mathrm{d}c(CH_3COCH_2^-)}{\mathrm{d}t} = k_1 c(CH_3COCH_3) \cdot c(OH^-) - k_{-1} c(CH_3COCH_2^-) c(H_2O) - k_2 c(CH_3COCH_2^-) \cdot c(Br_2) = 0$$

$$c(CH_3COCH_2^-) = \frac{k_1 c(CH_3COCH_3) c(OH^-)}{k_{-1} c(H_2O) + k_2 c(Br_2)}$$

$$\frac{\mathrm{d}c(CH_3COCH_2Br)}{\mathrm{d}t} = k_2 c(CH_3COCH_2^-) c(Br_2) = \frac{k_1 k_2 c(CH_3COCH_3) c(OH^-) c(Br_2)}{k_{-1} c(H_2O) + k_2 c(Br_2)}$$

9.28 在汞蒸气存在下，反应 $C_2H_4 + H_2 \longrightarrow C_2H_6$ 的反应机理如下：

$$Hg + H_2 \xrightarrow{k_1} Hg + 2\,H\cdot$$

$$H\cdot + C_2H_4 \xrightarrow{k_2} C_2H_5\cdot$$

$$C_2H_5\cdot + H_2 \xrightarrow{k_3} C_2H_6 + H\cdot$$

$$H\cdot + H\cdot \xrightarrow{k_4} H_2$$

假设中间产物 $H\cdot$ 及 $C_2H_5\cdot$ 的浓度很小，可应用稳态处理法，试用各基元反应的速率常数及 Hg，H_2，C_2H_4 的浓度表示 C_2H_6 的生成速率。

解 达稳定态时

$$\frac{dc(H\cdot)}{dt}=2k_1c(Hg)c(H_2)-k_2c(H\cdot)c(C_2H_4)$$
$$+k_3c(C_2H_5\cdot)c(H_2)-2k_4[c(H\cdot)]^2=0$$

$$\frac{dc(C_2H_5\cdot)}{dt}=k_2c(H\cdot)c(C_2H_4)-k_3c(C_2H_5\cdot)c(H_2)=0$$

以上两式相加，得

$$2k_1c(Hg)c(H_2)-2k_4[c(H\cdot)]^2=0$$

$$c(H\cdot)=\left(\frac{k_1}{k_4}c(Hg)c(H_2)\right)^{1/2}$$

$$\frac{dc(C_2H_6)}{dt}=k_3c(C_2H_5\cdot)c(H_2)=k_2c(H\cdot)c(C_2H_4)$$
$$=k_2\left(\frac{k_1}{k_4}c(Hg)c(H_2)\right)^{1/2}c(C_2H_4)$$
$$=k_2\left(\frac{k_1}{k_4}\right)^{1/2}[c(Hg)]^{1/2}[c(H_2)]^{1/2}c(C_2H_4)$$

9.29 反应 $A+2B \rightarrow P$ 的反应机理如下：

$$A+B\xrightarrow{k_1}Y$$

$$Y\xrightarrow{k_{-1}}A+B$$

$$Y+B\xrightarrow{k_2}P$$

设 Y 是不稳定中间产物，试用稳态法证明 P 的生成速率 $\frac{dc_P}{dt}=\frac{k_1k_2c_Ac_B^2}{k_{-1}+k_2c_B}$

证明 $\frac{dc_P}{dt}=k_2c_Yc_B \quad (1)$

因 Y 是不稳定中间产物，则 $\frac{dc_Y}{dt}=k_1c_Ac_B-k_{-1}c_Y-k_2c_Yc_B=0$

$$c_Y=\frac{k_1c_Ac_B}{k_{-1}+k_2c_B} \quad (2)$$

将(2)代入(1)得

$$\frac{dc_P}{dt}=k_2\frac{k_1c_Ac_B}{k_{-1}+k_2c_B}c_B=\frac{k_1k_2c_Ac_B^2}{k_{-1}+k_2c_B}$$

9.30 已知某反应 A+B→C 的反应机理为以下步骤，其中第 3 步是控制步骤：

(1)$A+B \underset{k_{-1}}{\overset{k_1}{\rightleftharpoons}} D$(快)

(2)$C+D \underset{k_{-2}}{\overset{k_2}{\rightleftharpoons}} E$(快)

(3)$E \xrightarrow{k_3} F$(慢)

(4)$F \xrightarrow{k_4} P$(快)

试证明速率方程$\frac{dc_p}{dt}=k_3\ \frac{k_2 k_1}{k_{-2}k_{-1}}c_A c_B c_C=kc_A c_B c_C$

证明　因为第 3 步是控制步骤

所以　$\frac{dc_p}{dt}=k_3 c_E$　　　　(1)

根据平衡浓度法：

$$c_E=\frac{k_2}{k_{-2}}c_c c_D \qquad (2)$$

$$c_D=\frac{k_1}{k_{-1}}c_A c_B \qquad (3)$$

将(2)(3)式代入(1)式得

$$\frac{dc_p}{dt}=k_3\ \frac{k_2 k_1}{k_{-2}k_{-1}}c_A c_B c_C=kc_A c_B c_C$$

9.31 N_2O_5气相分解反应 $N_2O_5 \longrightarrow 2NO_2+\frac{1}{2}O_2$的反应机理如下：

$N_2O_5 \xrightarrow{k_1} NO_2+NO_3$；

$NO_2+NO_3 \xrightarrow{k_{-1}} N_2O_5$；

$NO_2+NO_3 \xrightarrow{k_2} NO_2+O_2+NO$　；

$NO+NO_3 \xrightarrow{k_3} NO_2$。

设 NO_3和 NO 处于稳定态，试建立总反应的速率方程式。

解　$\frac{dc_{NO_3}}{dt}=k_1\ c(N_2O_5)-k_{-1}c(NO_2)c(NO_3)-k_2\ c(NO_2)c(NO_3)-$

$k_3\ c(NO)c(NO_3)=0$

$\frac{dc_{NO}}{dt}=k_2 c(NO_2)c(NO_3)-k_3\ c(NO)c(NO_3)=0$

以上两式相减，得

$k_1 c(N_2O_5)=(k_{-1}+2k_2)c(NO_2)c(NO_3)$

$$-\frac{\mathrm{d}c(N_2O_5)}{\mathrm{d}t}=k_1c(N_2O_5)-k_{-1}c(NO_2)c(NO_3)$$

$$=k_1c(N_2O_5)-k_{-1}\times\frac{k_1c(N_2O_5)}{k_{-1}+2k_2}=\frac{2k_1k_2}{k_{-1}+2k_2}\times c(N_2O_5)$$

$$=kc(N_2O_5)$$

9.32 反应 $C_2H_6+H_2\longrightarrow 2CH_4$的反应机理如下：

$C_2H_6\rightleftharpoons 2CH_3\cdot$；

$CH_3\cdot+H_2\overset{k_1}{\rightleftharpoons}CH_4+H\cdot$；

$H\cdot+C_2H_6\overset{k_2}{\rightleftharpoons}CH_4+CH_3\cdot$。

设第一个反应达到平衡，平衡常数为 K；设 $H\cdot$ 处于稳定态，试建立 CH_4生成速率的速率方程式。

解 $\frac{[c(CH_3\cdot)]^2}{c(C_2H_6)}=K$，　　$c(CH_3\cdot)=[K\,c(C_2H_6)]^{1/2}$

$$\frac{\mathrm{d}c(H\cdot)}{\mathrm{d}t}=k_1c(CH_3\cdot)c(H_2)-k_2c(H\cdot)c(C_2H_6)=0$$

$$\frac{\mathrm{d}c(CH_4)}{\mathrm{d}t}=k_1c(CH_3\cdot)c(H_2)+k_2c(H\cdot)c(C_2H_6)$$

$$=2k_1c(CH_3\cdot)c(H_2)$$

$$=2k_1K^{1/2}[c(C_2H_6)]^{1/2}c(H_2)$$

$$=k[c(C_2H_6)]^{1/2}c(H_2)$$

9.33 已知反应$A_2+B_2\longrightarrow 2AB$ 的反应机理如下：

$$B_2+M\xrightarrow{k_1}2B\cdot+M$$

$$B\cdot+A_2\xrightarrow{k_2}AB+A\cdot$$

$$A\cdot+B_2\xrightarrow{k_3}AB+B\cdot$$

$$2B\cdot+M\xrightarrow{k_{-1}}B_2+M$$

式中 M 为其他物质。设$A\cdot$和$B\cdot$处于稳定态，试导出总反应的速率方程式。

解 $\frac{\mathrm{d}c(B\cdot)}{\mathrm{d}t}=2k_1c(B_2)c(M)-k_2c(B\cdot)c(A_2)+k_3c(A\cdot)c(B_2)$

$$-2k_{-1}c(B\cdot)^2c(M)=0$$

$$\frac{\mathrm{d}c(A\cdot)}{\mathrm{d}t}=k_2c(B\cdot)c(A_2)-k_3c(A\cdot)c(B_2)=0$$

以上两式相加，得

$$2k_1c(B_2)c(M)=2\,k_{-1}c(B\cdot)^2c(M)$$

$$c(\mathrm{B}\cdot)=\left[\frac{k_1}{k_{-1}}c(\mathrm{B_2})\right]^{\frac{1}{2}}$$

$$\frac{\mathrm{d}c(\mathrm{AB})}{\mathrm{d}t}=k_2c(\mathrm{B}\cdot)c(\mathrm{A_2})+k_3c(\mathrm{A}\cdot)c(\mathrm{B_2})$$

$$=2\ k_2c(\mathrm{B}\cdot)c(\mathrm{A_2})=2k_2\left[\frac{k_1}{k_{-1}}c(\mathrm{B_2})\right]^{\frac{1}{2}}c(\mathrm{A_2})$$

$$=2k_2\left(\frac{k_1}{k_{-1}}\right)^{\frac{1}{2}}c(\mathrm{A_2})[c(\mathrm{B_2})]^{\frac{1}{2}}$$

$$=kc(\mathrm{A_2})[c(\mathrm{B_2})]^{\frac{1}{2}}$$

9.34 对于两平行反应，若总反应的活化能为 E，试证明：$E=\dfrac{k_1E_1+k_2E_2}{k_1+k_2}$。

$$\mathrm{A}\begin{cases}\xrightarrow{k_1}\mathrm{B}\\ \xrightarrow{k_2}\mathrm{C}\end{cases}$$

证明　设两反应均为 n 级反应，且指前因子相同，则反应速率方程为

$$-\frac{\mathrm{d}c_\mathrm{A}}{\mathrm{d}t}=(k_1+k_2)c_\mathrm{A}^n=kc_\mathrm{A}^n$$

$$k=(k_1+k_2)$$

$$A\exp\left(-\frac{E}{RT}\right)=A\left[\exp\left(-\frac{E_1}{RT}\right)+\exp\left(-\frac{E_2}{RT}\right)\right]$$

上式对 T 求导数：

$$\frac{E}{RT^2}\exp\left(-\frac{E}{RT}\right)=\frac{1}{RT^2}\left[E_1\exp\left(-\frac{E_1}{RT}\right)+E_2\exp\left(-\frac{E_2}{RT}\right)\right]$$

$$kE=k_1E_1+k_2E_2$$

$$E=\frac{k_1E_1+k_2E_2}{k}$$

9.35 若某反应速率常数与各基元反应速率常数间有关系式为

$k=k_2(k_1/k_4)^{1/2}$，求证该反应的表观活化能与各基元反应活化能间必有关系式为

$E_\mathrm{a}=E_2+(1/2)(E_1-E_4)$。

证明　对原等式两边取对数有，$\ln k=\ln k_2+1/2\ (\ln k_1-\ln k_4)$

且有　　$\mathrm{d}\ln k/\mathrm{d}T=\mathrm{d}\ln k_2/\mathrm{d}T+1/2\ \mathrm{d}\ln k_1/\mathrm{d}T-1/2\ \mathrm{d}\ln k_4/\mathrm{d}T$

代入　　$\mathrm{d}\ln k/\mathrm{d}T=E_\mathrm{a}/RT^2$（Arrhenius 方程）

故　　$E_\mathrm{a}=E_2+1/2(E_1-E_4)$

五、测验题

(一)选择题

1. 在下列各速率方程所描述的反应中,哪一个无法定义其反应级数。(　　)

(1)$\frac{\mathrm{d}c(\mathrm{HI})}{\mathrm{d}t}=kc(\mathrm{H_2})\cdot c(\mathrm{I_2})$;

(2)$\frac{\mathrm{d}c(\mathrm{HCl})}{\mathrm{d}t}=kc(\mathrm{H_2})\cdot\{c(\mathrm{Cl_2})\}^{\frac{1}{2}}$;

(3)$\frac{\mathrm{d}c(\mathrm{HBr})}{\mathrm{d}t}=\frac{kc(\mathrm{H_2})\cdot\{c(\mathrm{Br_2})\}^{\frac{1}{2}}}{1+k\frac{c(\mathrm{HBr})}{c(\mathrm{Br_2})}}$

(4)$\frac{\mathrm{d}c(\mathrm{CH_4})}{\mathrm{d}t}=k\ \{c(\mathrm{C_2H_6})\}^{\frac{1}{2}}\cdot c(\mathrm{H_2})$

2. 对于反应 A→Y,如果反应物 A 的浓度减少一半,A 的半衰期也缩短一半,则该反应的级数为(　　)。

(1)零级　　(2)一级　　(3)二级　　(4)三级

3. 若某反应的活化能为 80 $\mathrm{kJ\cdot mol^{-1}}$,则反应温度由 20 ℃增加到 30 ℃,其反应速率常数约为原来的(　　)。

(1)2 倍　　(2)3 倍　　(3)4 倍　　(4)5 倍

4. 某一级反应的半衰期在 27 ℃时为 5000 s,在 37 ℃时为 1000 s,则此反应的活化能为(　　)。

(1)125 $\mathrm{kJ\cdot mol^{-1}}$　　(2)519 $\mathrm{kJ\cdot mol^{-1}}$

(3)53.9 $\mathrm{kJ\cdot mol^{-1}}$　　(4)62 $\mathrm{kJ\cdot mol^{-1}}$

5. 低温下,反应 $\mathrm{CO(g)+NO_2(g)=\!=\!=CO_2(g)+NO(g)}$的速率方程是 $v=k\{c(\mathrm{NO_2})\}^2$。试问下列机理中,哪个反应机理与此速率方程一致(　　)。

(1)　$\mathrm{CO+NO_2\longrightarrow CO_2+NO}$

(2)　$\mathrm{2NO_2\rightleftharpoons N_2O_4}$(快),$\mathrm{N_2O_4+2CO\longrightarrow 2CO_2+2NO}$(慢)

(3)　$\mathrm{2NO_2\longrightarrow 2NO+O_2}$(慢),$\mathrm{2CO+O_2\longrightarrow 2CO_2}$(快)

6. 已知某复合反应的反应历程为 $\mathrm{A}\underset{k_{-1}}{\overset{k_1}{\rightleftharpoons}}\mathrm{B}$;$\mathrm{B+D}\xrightarrow{k_2}\mathrm{Z}$,则 B 的浓度随时间的变化率$\frac{\mathrm{d}c_\mathrm{B}}{\mathrm{d}t}$是(　　)。

(1)$k_1c_\mathrm{A}-k_2c_\mathrm{D}c_\mathrm{B}$

(2)$k_1c_\mathrm{A}-k_{-1}c_\mathrm{B}-k_2c_\mathrm{D}c_\mathrm{B}$

(3)$k_1c_A-k_{-1}c_B+k_2c_Dc_B$

(4)$-k_1c_A+k_{-1}c_B+k_2c_Dc_B$

7. 光气$COCl_2$热分解的总反应为：$COCl_2 \longrightarrow CO+Cl_2$该反应分以下三步完成：

$Cl_2 \rightleftharpoons 2Cl\cdot$　快速平衡

$Cl\cdot+COCl_2 \longrightarrow CO+Cl_3$　慢

$Cl_3 \rightleftharpoons Cl_2+Cl\cdot$　快速平衡

总反应的速率方程为：$-dc(COCl_2)/dt=kc(COCl_2)\cdot\{c(Cl_2)\}^{\frac{1}{2}}$　此总反应为(　　)。

(1)1.5 级反应，双分子反应

(2)1.5 级反应，不存在反应分子数

(3)1.5 级反应，单分子反应

(4)不存在反应级数与反应分子数

8. 对于任意给定的化学反应 $A+B \longrightarrow 2Y$，则在动力学研究中(　　)。

(1)表明它为二级反应

(2)表明了它是双分子反应

(3)表明了反应物与产物分子间的计量关系

(4)表明它为基元反应

9. 二级反应 $2A \longrightarrow Y$ 其半衰期(　　)。

(1)与 A 的起始浓度无关

(2)与 A 的起始浓度成正比

(3)与 A 的起始浓度成反比

(4)与 A 的起始浓度平方成反比

10. 反应 $2O_3 \longrightarrow 3O_2$ 的速率方程为 $-dc(O_3)/dt=k[c(O_3)]^2[c(O_2)]^{-1}$ 或者 $dc(O_2)/dt=k'[c(O_3)]^2[c(O_2)]^{-1}$，速率常数 k 与 k' 的关系是(　　)。

(1)$2k=3k'$　　(2)$k=k'$

(3)$3k=2k'$　　(4)$-k/2=k'/3$

11. 某反应 $A \longrightarrow Y$，其速率常数 $k_A=6.93\ min^{-1}$，则该反应物 A 的浓度从 0.1 $mol\cdot dm^{-3}$变到 0.05 $mol\cdot dm^{-3}$所需时间是(　　)。

(1)0.2 min　(2)0.1 min　(3)1 min　(4)0.5 min。

12. 某放射性同位素的半衰期为 5 天，则经 15 天后所剩的同位素的物质的量是原来同位素的物质的量的(　　)。

(1)1/3　(2)1/4　(3)1/8　(4)1/16

(二)填空题

1. 连串反应 $A \xrightarrow{k_1} Y \xrightarrow{k_2} Z$,它的两个反应均为一级反应,$t$ 时刻 A,Y,Z 三种物质的浓度分别为 c_A, c_Y, c_Z,则 $\frac{dc_Y}{dt}=$______。

2. 对反应 $A \longrightarrow P$,实验测得反应物的半衰期与初始浓度 $c_{A,0}$ 成反比,则该反应为________级反应。

3. 质量作用定律只适用于________反应。

4. 气相反应 $2H_2+2NO \longrightarrow N_2+2H_2O$ 不可能是基元反应,因为________。

5. 反应系统体积恒定时,反应速率 v 与 v_B 的关系是 $v=$________。

6. 反应 $A+3B \rightarrow 2Y$ 各组分的反应速率常数关系为 $k_A=$________k_B =________k_Y。

7. 反应 $A+B \rightarrow Y$ 的速率方程为:$-dc_A/dt=k_A c_A c_B/c_Y$,则该反应的总级数是________级。若浓度以 $mol \cdot dm^{-3}$、时间以 s 为单位,则反应速率常数 k_A 的单位是________。

8. 对基元反应 $A \xrightarrow{k} 2Y$,则 $dc_Y/dt=$______,$-dc_A/dt=$________。

9. 反应 $A+2B \longrightarrow P$ 的反应机理如下:

$$A+B \underset{k_{-1}}{\overset{k_1}{\rightleftharpoons}} Y;\ Y+B \xrightarrow{k_2} P$$

其中 A 和 B 是反应物,P 是产物,Y 是高活性的中间产物,则 P 的生成速率为:$\frac{dc_P}{dt}=$________。

10. 已知 $CH_3\underset{(A)}{CH}=CH_2+\underset{(B)}{HCl} \longrightarrow \underset{(Y)}{CH_3CHClCH_3}$,其反应机理为:

$\underset{(B)}{2HCl} \rightleftharpoons \underset{(B_2)}{(HCl)_2}$(平衡常数 K_1,快);

$\underset{(B)}{HCl}+\underset{(A)}{CH_3CH=CH_2} \rightleftharpoons \underset{(AB)}{配合物}$(平衡常数 K_2,快);

$\underset{(B_2)}{(HCl)_2}+\underset{(AB)}{配合物} \xrightarrow{k_3} \underset{(Y)}{CH_3CHClCH_3}+2HCl$ (慢);

则 $\frac{dc_Y}{dt}=$________。

11. 某反应速率常数为 $0.107\ min^{-1}$,则反应物浓度从 $1.0\ mol \cdot dm^{-3}$ 变到 $0.7\ mol \cdot dm^{-3}$ 与浓度从 $0.01\ mol \cdot dm^{-3}$ 变到 $0.007\ mol \cdot dm^{-3}$ 所需时间之比为________。

12. 零级反应 $A \longrightarrow P$ 的半衰期 $t_{1/2}$ 与反应物 A 的初始浓度 $c_{A,0}$ 及反应速率常数 k_A 的关系是 $t_{1/2}=$________。

13. 对反应 A $\longrightarrow$ P,实验测得反应物的半衰期与初始浓度 $c_{A,0}$ 成正比,则该反应为________级反应。

14. 反应 A $\longrightarrow$ P 是二级反应。当 A 的初始浓度为 0.200 $mol \cdot dm^{-3}$ 时,半衰期为 40 s,则该反应的速率常数=________。

15. 对反应 A $\longrightarrow$ P,反应物浓度的倒数 $1/c_A$ 与时间 t 成线性关系,则该反应为________级反应。

(三)是非题

1. 对于反应 $2NO+Cl_2 \longrightarrow 2NOCl$,只有其速率方程为:$v=k\{c(NO)\}^2 c(Cl_2)$,该反应才有可能为基元反应。其他的任何形式,都表明该反应不是基元反应。是不是?(　　)

2. 质量作用定律不能适用于非元反应。是不是?(　　)

3. 反应级数不可能为负值。是不是?(　　)

4. 活化能数据在判断反应机理时的作用之一是,在两状态之间若有几条能峰不同的途径,从统计意义上来讲,过程总是沿着能峰最小的途径进行。是不是?(　　)

5. 对所有的化学反应,都可以指出它的反应级数。是不是?(　　)

6. 反应速率常数 k_A 与反应物 A 的浓度有关。是不是?(　　)

7. 对反应 A+B $\longrightarrow$ P,实验测得其动力学方程为 $-\frac{dc_A}{dt}=k_A c_A c_B$,则该反应必为双分子反应。是不是?(　　)

8. 设反应 $2A \rightleftharpoons Y+Z$,其正向反应速率方程为:$-\frac{dc_A}{dt}=kc_A$,则其逆向反应速率方程一定为 $v=k' c_Y c_Z$。是不是?(　　)

9. 阿仑尼乌斯活化能是反应物中活化分子的平均摩尔能量与反应物分子的平均摩尔能量之差。是不是?(　　)

10. 若反应 A+B $\longrightarrow$ Y+Z 的速率方程为 $v=kc_A^{1.5}c_B^{0.5}$,则该反应为二级反应,且肯定不是双分子反应。是不是?(　　)

(四)计算题

1. 在 30 ℃、初始浓度为 0.44 $mol \cdot dm^{-3}$ 的蔗糖水溶液中含有 2.5 $mol \cdot dm^{-3}$ 的甲酸,实验测得蔗糖水解时旋光度 α 随时间变化的数据如下:

t/h	0	8	15	35	46	85	∞
α/(°)	57.90	40.50	28.90	6.75	−0.40	−11.25	−15.45

试求此一级反应的反应速率常数。

2. 气相反应 A ⟶ Y＋Z 为一级反应。在 675 ℃下，若 A 的转化率为 0.05，则反应时间为 19.34 min，试计算此温度下的反应速率常数及 A 的转化率为 50%的反应时间。又 527 ℃时反应速率常数为 $7.78\times10^{-5}\ \text{min}^{-1}$，试计算该反应的活化能。

3. 乙烯热分解反应 $C_2H_4 \longrightarrow C_2H_2 + H_2$ 为一级反应，在 1073 K 时反应经过 10 h 有转化率为 50%的乙烯分解，已知该反应的活化能为 250.8 kJ・mol^{-1}，若该反应在 1573 K 进行，分解转化率为 50%的乙烯需要多长时间？

4. 某化合物在溶液中分解，57.4 ℃时测得半衰期 $t_{1/2}$ 随初始浓度 $c_{A,0}$ 的变化如下：

$c_{A,0}/\text{mol}\cdot\text{dm}^{-3}$	0.50	1.10	2.48
$t_{1/2}/\text{s}$	4280	885	174

试求反应级数及反应速率常数。

六、测验题答案

(一)选择题

1.(3)　**2.**(1)　**3.**(2)　**4.**(1)　**5.**(3)　**6.**(2)　**7.**(2)　**8.**(3)　**9.**(3)　**10.**(3)　**11.**(2)　**12.**(3)

(二)填空题

1. $k_1c_A - k_2c_Y$

2. 二

3. 基元

4. 四分子反应的概率几乎为零

5. $\dfrac{v_B}{|\nu_B|}$

6. 1/3；1/2

7. 一级；s^{-1}

8. $2kc_A$；kc_A

9. $\dfrac{k_1k_2c_Ac_B^2}{k_{-1}+k_2c_B}$

10. $k_3K_1K_2c_Ac_B{}^3$

11. 1

12. $c_{A,0}/2k_A$

13. 零

14. 0.125 $dm^3 \cdot mol^{-1} \cdot s^{-1}$

15. 二

(三)是非题

1. √　**2.** √　**3.** ×　**4.** √　**5.** ×　**6.** ×　**7.** ×　**8.** ×　**9.** √　**10.** √

(四)计算题

1. 解　$k_A = \frac{1}{t}\ln\frac{c_{A,0}}{c_A} = \frac{1}{t}\ln\frac{\alpha_0 - \alpha_\infty}{\alpha_t - \alpha_\infty}$

t/h	8	15	35	46	85
$k_A/10^{-2}\ h^{-1}$	3.38	3.35	3.41	3.44	3.36

$\overline{k_A} = 3.39 \times 10^{-2}\ h^{-1}$

2. 解　675 ℃时　$k = \frac{1}{t}\ln\frac{1}{1-x_A} = \frac{1}{19.34}\ln\frac{1}{1-0.05}$

$= 2.65 \times 10^{-3}(min^{-1})$

$x_A = 0.50, t = \frac{1}{k}\ln\frac{1}{1-x_A} = \frac{1}{2.652\times10^{-3}}\ln\frac{1}{1-0.50}$

$= 261.4(min)$

$T_1 = (527+273)K = 800\ K, k(T_1) = 7.78\times10^{-5}\ min^{-1}$

$T_2 = (675+273)K = 948\ K, k(T_2) = 2.65\times10^{-3}\ min^{-1}$

$$E_a = \frac{RT_2T_1}{T_2-T_1}\ln\frac{k(T_2)}{k(T_1)}$$

$$= \left[\frac{8.314\times948\times800}{(948-800)}\ln\frac{2.65\times10^{-3}}{7.78\times10^{-5}}\right]$$

$$= 150.3(kJ \cdot mol^{-1})$$

3. 解　$t_{1/2} = \ln2/k$

$$\ln\frac{k(T_2)}{k(T_1)} = \ln\frac{t_{1/2}(T_1)}{t_{1/2}(T_2)} = \frac{E_a}{R}\left(\frac{1}{T_1} - \frac{1}{T_2}\right)$$

$$\ln\{t_{1/2}(1573\ K)\} = \ln\{t_{1/2}(1073\ K)\} + \frac{E_a}{R}\left(\frac{1}{1573} - \frac{1}{1073}\right)$$

$$= -6.6337$$

$t(1573\ K) = 1.315\times10^{-3}\ h = 4.7(s)$

4. 解　$n = 1 + \frac{\lg\left(\frac{t'_{\frac{1}{2}}}{t''_{\frac{1}{2}}}\right)}{\lg\left(\frac{c''_{A,0}}{c'_{A,0}}\right)}, n = 1 + \frac{\lg\left(\frac{4280}{880}\right)}{\lg\left(\frac{1.10}{0.50}\right)} = 3, n = 1 + \frac{\lg\left(\frac{4280}{174}\right)}{\lg\left(\frac{2.48}{0.50}\right)} = 3$

即为三级反应。

$$k_{\mathrm{A}}=\frac{2^{n-1}-1}{(n-1)t_{1/2}c_{\mathrm{A},0}^{n-1}}=\frac{3}{2t_{1/2}c_{\mathrm{A},0}^{2}}=\frac{3}{2\times 4280\times(0.50)^{2}}$$

$$=0.00140(\mathrm{dm^{6}\cdot mol^{-2}\cdot s^{-1}})$$

第十章　统计热力学
(Chapter 10　Statistical Thermodynamics)

学习目标

通过本章的学习，要求掌握：

1. 统计热力学的分类与基本概念；
2. 玻耳兹曼分布的意义和应用；
3. 粒子配分函数的物理意义和析因子性质；
4. 配分函数与热力学函数间的关系；
5. 平动、转动、振动对热力学函数的贡献；
6. 利用物质的吉布斯自由能函数、焓函数计算化学反应的平衡常数与热效应。

一、知识结构

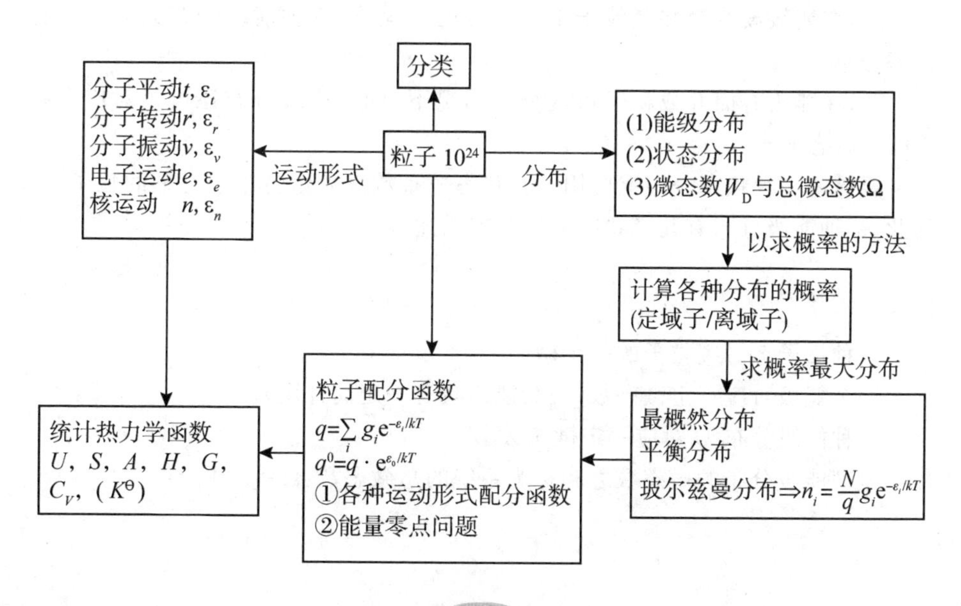

二、基本概念

1.系统的分类

(1)按照运动情况不同,将系统分为:

离域子系统(即全同粒子系统):其粒子处于混乱运动状态,各粒子没有固定位置,彼此无法分辨,如气体、液体。

定域子系统(即可辨粒子系统):其粒子有固定的平衡位置,运动定域化,对不同位置粒子可以编号加以区别,如固体。

(2)由粒子间相互作用情况分:

独立子系统:粒子间相互作用可忽略的系统,如理想气体。

相依子系统:粒子相互作用不能忽略的系统,如真实气体、液体等。

2.能级分布

将 N 个粒子如何分布在各个能级上,称为能级分布。要说明一种能级分布就需要一套各能级上的粒子分布数。系统可以有好多种能级分布。

3.状态分布

状态分布是指粒子如何分布在各量子态上。

(1)在能级没有简并及粒子不可区分的情况下,一种能级分布只对应一种状态分布。

(2)在能级有简并或粒子可区分的情况下,同一能级分布还可以对应多种不同的状态分布。

要描述一种状态分布就要用一套状态分布数来表示各量子态上的粒子数。因此,一种能级分布有几套状态分布数来描述。

4.微态数

一种量子态对应粒子的一个微态。

一个能级对应一定微态数(因为能级具有一定简并度)。

一种能级分布 D 对应一定微态数 W_D。

全部能级分布的微态数之和称为系统的总微态数:$\Omega=\sum_{D}W_D$

定区域子系统的任一能级微态数：$W_{\mathrm{D}}=N!\ \prod_{i}\frac{g_i^{n_i}}{n_i!}$

离域子系统的任一能级微态数：$W_{\mathrm{D}}\approx\prod_{i}\frac{g_i^{n_i}}{n_i!}$

$\frac{(W_{\mathrm{D}})_{定域子}}{(W_{\mathrm{D}})_{定域子}}=N!$

5. 状态

(1)系统的宏观状态：p,V,T,n。

(2)粒子的微观状态：指一个量子态，如电子在核外运动状态由四个量子数 n,l,m,m_s。

(3)系统的微观状态：对应于粒子的一种分布(状态分布)，指各粒子如何分布在各个量子态上。

(4)能级分布：N 个粒子如何分布在各个能级上，能级 ε_i，对应粒子数 n_i。

(5)状态分布：N 个粒子如何分布在各个量子态上，能级 ε_j，对应粒子数 n_j。

(6)能级简并度：又称统计权重，符号 g。指某一能级所对应的所有不同量子态的数目。

6. 能级分布与状态分布

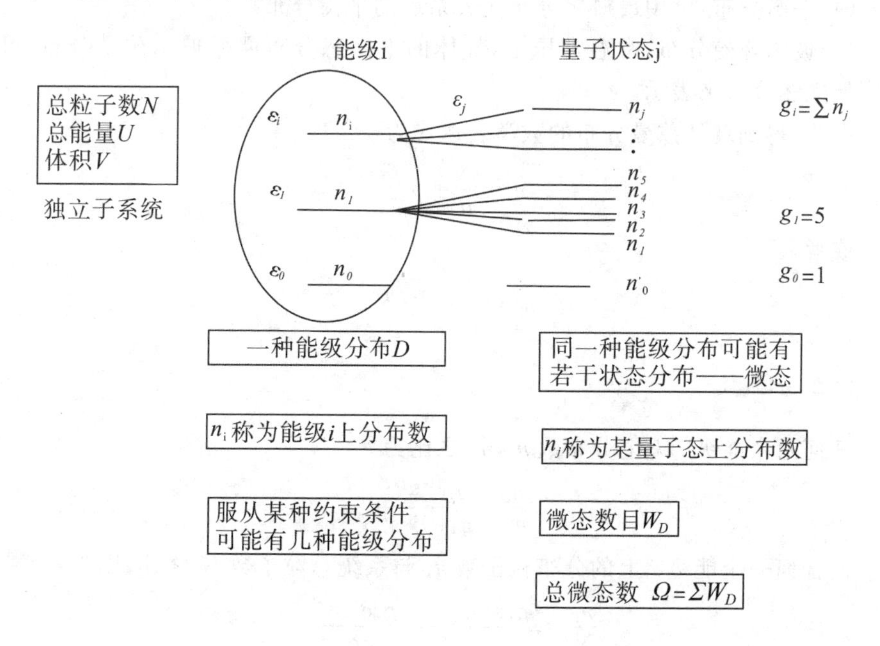

7. 最概然分布、玻尔兹曼分布、平衡分布等

(1)在指定 N,U,V 条件下，微观状态数最大的分布出现的概率最大，该种分布即称为最概然分布。

(2)N,U,V 确定的系统达到平衡时，粒子分布方式几乎将不随时间变化，这种分布就称为平衡分布。平衡分布即为最概然分布所能代表的那些分布。

8. 微观状态分布(用求概率的方法)

(1)概率：某一微观状态出现的可能性，以 p 表示。

$$p=\frac{1}{\Omega}$$

(2)等概率定理：系统中各微态出现的概率相等。

某一分布 D 出现的概率：

$$p_{\mathrm{D}}=\frac{W_{\mathrm{D}}}{\Omega}$$

(3)最概然分布：微态数最大的分布出现的概率最大，称为最概然分布

$$p_{\mathrm{B}}=\frac{W_{\mathrm{B}}}{\Omega}$$

(4)平衡分布：可用最概然分布代表系统的平衡分布。

(5)玻尔兹曼分布：常温常压下，气体的平衡态分布遵循玻尔兹曼分布，可以用最概然分布来表示。

由此，得到玻耳兹曼分布的数学表达式为

$$n_j=\frac{N}{q}\mathrm{e}^{-\varepsilon_j/kT}$$

或者

$$n_i=\frac{N}{q}g_i\mathrm{e}^{-\varepsilon_i/kT}$$

9. 配分函数

任何两个能级 i,k 上分布数 $n_{\mathrm{i}},n_{\mathrm{k}}$ 之比为

$$\frac{n_i}{n_k}=\frac{g_i\mathrm{e}^{-\varepsilon_i/kT}}{g_k\mathrm{e}^{-\varepsilon_k/kT}}$$

而任何一个能级 i 上的分布粒子数 n_i 与系统总粒子数 N 之比，则为

$$\frac{n_i}{N}=\frac{g_i\mathrm{e}^{-\varepsilon_i/kT}}{\sum_{\mathrm{i}}g_i\mathrm{e}^{-\varepsilon_i/kT}}=\frac{g_i\mathrm{e}^{-\varepsilon_i/kT}}{q}$$

g_i 是能级 i 的量子态数目，用其乘以小于 1 的玻耳兹曼因子 $e^{-\varepsilon_i/kT}$ 得到的 $g_i e^{-\varepsilon_i/kT}$，常常被称为能级 i 的有效状态数，或有效容量。因为 q 决定了粒子在各能级上的分布情况，所以 q 被称为配分函数。

10. 粒子配分函数的析因子性质

粒子的(全)配分函数 q 可表示为平动、转动、振动、电子运动及核运动这五种运动的配分函数的连乘积：

$$q=q_t \cdot q_r \cdot q_v \cdot q_e \cdot q_n$$

此式说明，粒子的配分函数可用各独立运动的配分函数的积表示，这常被称为配分函数的析因子性质。

11. 能量零点问题

(1)热力学函数与能量零点问题：

q,U,H,A,G 都与能量零点有关。

S,C_V,n_i,n_j 与能量零点无关。

(2)离域子与定域子的 U,H,C_V 是相同。离域子与定域子的 S,A,G 是不同的。

三、主要公式

1. 自由度的计算公式

$f_{总}=3n$

$f_t=3$

$f_r+f_v=3n-3$

单原子分子(He)	双原子分子(H_2)	非线性多原子分子
$n=1$	$n=2$	n
$f_{总}=3$	$f_{总}=3n=6$	$f_{总}=3n$
$f_t=3$	$f_t=3$	$f_t=3$
$f_r+f_v=0$	$f_r+f_v=3n-3=3$	$f_r+f_v=3n-3$
$f_r=0$	$f_r=2$	$f_r=3$
$f_v=0$	$f_v=3-2=1$	$f_v=3n-3-3=3n-6$

2. 粒子各运动形式的能级公式

$\varepsilon=\varepsilon_t+\varepsilon_r+\varepsilon_v+\varepsilon_e+\varepsilon_n$

$$\varepsilon_t=\frac{h^2}{8m}\left(\frac{x^2}{a^2}+\frac{y^2}{b^2}+\frac{z^2}{c^2}\right)=\frac{h^2}{8mV^{\frac{2}{3}}}(x^2+y^2+z^2)$$

$$\varepsilon_r=\frac{J(J+1)h^2}{8\pi^2 I},J=0,1,2,3\cdots;g_r=2J+1$$

$$\varepsilon_\upsilon=\left(\upsilon+\frac{1}{2}\right)h\nu,\upsilon=0,1,2,3\cdots;g_{\upsilon,i}=1$$

3.微态数的计算公式

定域子系统的任一能级微态数：$W_D=N!\ \prod_i\frac{g_i^{n_i}}{n_i!}$

离域子系统的任一能级微态数：$W_D\approx\prod_i\frac{g_i^{n_i}}{n_i!}$

$$\frac{(W_D)_{定域子}}{(W_D)_{定域子}}=N!$$

$$\Omega=\sum_D W_D$$

4.玻耳兹曼分布公式

$$n_i=\frac{N}{q}g_i e^{-\varepsilon_i/kT}$$

$$n_j=\frac{N}{q}e^{-\varepsilon_j/kT}$$

$$q\xlongequal{\text{def}}\sum_j e^{-\varepsilon_j/kT}\xlongequal{\text{def}}\sum_i g_i e^{-\varepsilon_i/kT}$$

$$\frac{n_i}{n_k}=\frac{g_i e^{-\varepsilon_i/kT}}{g_k e^{-\varepsilon_k/kT}}$$

$$\frac{n_i}{N}=\frac{g_i e^{-\varepsilon_i/kT}}{\sum_i g_i e^{-\varepsilon_i/kT}}=\frac{g_i e^{-\varepsilon_i/kT}}{q}$$

5.粒子配分函数的计算公式

(1) 配分函数的定义

$$q=\sum_i g_i e^{-\varepsilon_i/kT}$$

$$q=\sum_j e^{-\varepsilon_j/kT}$$

(2)配分函数的析因子性质

$q=q_t\cdot q_r\cdot q_\upsilon\cdot q_e\cdot q_n$，$q^0=e^{\frac{\varepsilon_0}{kT}}q$

(3)平动配分函数 $q_t=\left(\frac{2\pi mkT}{h^2}\right)^{3/2}\cdot V\approx q_t^o$

平动自由度的配分函数 $f_t=q_t^{\frac{1}{3}}$

$q_t=8.2052\times10^7\ \frac{N\cdot M^{3/2}\cdot T^{5/2}}{p}$(理想气体)

(4)转动配分函数 $q_r=\frac{T}{\Theta_r\sigma}=\frac{8\pi^2 IkT}{h^2\sigma}=q_r^o$

转动特征温度 $\Theta_r=\frac{h^2}{8\pi^2 Ik}$

转动自由度的配分函数 $f_r=q_r^{1/2}$

$q_r=2.483\times10^{45}\frac{I.T}{\sigma}$

(5)振动配分函数 $q_v=\frac{1}{e^{\frac{\Theta_v}{2T}}-e^{\frac{-\Theta_v}{2T}}}=\frac{1}{e^{\frac{h\nu}{2kT}}-e^{\frac{-h\nu}{2kT}}}$

振动自由度的配分函数 $f_v=q_v$

振动特征温度 $\Theta_v=\frac{h\nu}{k}$

$q_v^o=\frac{1}{1-e^{\frac{-\Theta_v}{T}}}=\frac{1}{1-e^{\frac{-h\nu}{kT}}}$

电子配分函数 $q_e=g_{e,o}\cdot e^{\frac{-\varepsilon_{e,o}}{kT}}$

$q_e^o=g_{e,o}=$常数

原子核配分函数 $q_n=g_{n,o}\cdot e^{\frac{-\varepsilon_{n,o}}{kT}}$

$q_n^o=g_{n,o}=$常数

6.配分函数计算热力学能 U

(1)热力学能

$U=NkT^2\left(\frac{\partial\ln q}{\partial T}\right)_v$

$U=U_t+U_r+U_v+U_e+U_n$

$U^o=U-N\varepsilon_O=U-U_O$

$U_t^o\approx U_t$

$U_r^o=U_r$

$U_v^o=U_v-\frac{Nh\nu}{2}$

$U_e^\circ = 0$

$U_n^\circ = 0$

(2)$U_t^\circ = \frac{3}{2}NkT \xrightarrow{1\ \text{mol}} \frac{3}{2}RT$

(3)$U_r^\circ = NkT \xrightarrow{1\ \text{mol}} RT$

$$(4)U_v^\circ = \begin{cases} \text{高温}\frac{\Theta_v}{T} << 1, U_v^\circ = NkT \xrightarrow{1\ \text{mol}} RT \\ \text{低温}\frac{\Theta_v}{T} >> 1, U_v^\circ\ \text{约等于}\ 0(\text{量子效应明显}) \end{cases}$$

(5)单原子气体：$U_m = \frac{3}{2}RT + U_{o,m}$

$$(6)\text{双原子气体}:U_m = \begin{cases} \frac{5}{2}RT + U_{o,m}(U_v^\circ = 0) \\ \frac{7}{2}RT + U_{o,m}(U_v^\circ = RT) \end{cases}$$

系统的热力学与能量零点选择有关。

7. 摩尔恒容热容 $C_{V,m}$ 计算公式

$$C_{V,m} = \left\{\frac{\partial}{\partial T}\left[RT^2\left(\frac{\partial \ln q}{\partial T}\right)_v\right]\right\}_v$$

(1)$C_{V,t} = \frac{3}{2}R$

(2)$C_{V,r} = R$(双原子分子)

(3)$C_{V,v} = R\left(\frac{\Theta_v}{T}\right)^2 \cdot e^{\Theta_v}/T(e^{\Theta_v}/T - 1)^{-2}$

$$\begin{cases} \text{高温}, \frac{\Theta_v}{T} << 1, C_{v,v} = R \\ \text{低温}, \frac{\Theta_v}{T} >> 1, C_{v,v} \approx 0(\text{量子效应明显}) \end{cases}$$

单原子分子：$C_{V,m} = C_{v,t} = \frac{3}{2}R$

$$\text{双原子分子}:\begin{cases} (\text{低温}):C_{V,m} = C_{V,t} + C_{V,r} + C_{V,v} = \frac{5}{2}R \\ (\text{高温}):C_{V,m} = C_{V,t} + C_{V,r} + C_{V,v} = \frac{7}{2}R \end{cases}$$

物质的 $C_{V,m}$ 与能量零点的选择无关。

8. 熵 S 的计算公式

$S=k\ln\Omega=k\ln W_B$

$S=Nk\ln\frac{q^\circ}{N}+\frac{U^\circ}{T}+Nk$(离域子系统)

$S=Nk\ln q^\circ+\frac{U^\circ}{T}$(定域子系统)

1 mol 理想气体：

$S_{m,t}=R\left(\frac{3}{2}\ln M+\frac{5}{2}\ln T-\ln p+20.723\right)$

$S_{m,r}=R\ \ln\left(\frac{T}{\Theta_r\cdot\sigma}\right)+R$

$S_{m,v}=R\ \ln(1-e^{\frac{-\Theta_v}{T}})^{-1}+R\cdot\frac{\Theta_v}{T}(e^{\frac{\Theta_v}{T}})-1)^{-1}$

离域子系统	定域子系统
$S_t=Nk\ln\frac{q_t^\circ}{N}+\frac{U_t^\circ}{T}+Nk$	$S_t=Nk\ln q_t^\circ+\frac{U_t^\circ}{T}$
$S_r=Nk\ln q_r^\circ+\frac{U_r^\circ}{T}$	$S_r=Nk\ln q_r^\circ+\frac{U_r^\circ}{T}$
$S_v=Nk\ln q_v^\circ+\frac{U_v^\circ}{T}$	$S_v=Nk\ln q_v^\circ+\frac{U_n^v}{T}$
$S_e=Nk\ln q_e^\circ+\frac{U_e^\circ}{T}$	$S_e=Nk\ln q_e^\circ+\frac{U_e^\circ}{T}$
$S_n=Nk\ln q_n^\circ+\frac{U_n^\circ}{T}$	$S_n=Nk\ln q_n^\circ+\frac{U_n^\circ}{T}$

系统的熵与能量零点选择无关。

9. 配分函数计算 A,G,H,p

$A=-kT\ln\left(\frac{q^N}{N!}\right)$(离域子系统)

$A=-kT\ln q^N$(定域子系统)

$G=-kT\ln\left(\frac{q^N}{N!}\right)+NkTV\left(\frac{\partial\ln q}{\partial V}\right)_T$(离域子系统)

$G=-kT\ln q^N+NkTV\left(\frac{\partial\ln q}{\partial V}\right)_T$(定域子系统)

$H=NkT^2\left(\frac{\partial\ln q}{\partial V}\right)_V+NkTV\left(\frac{\partial\ln q}{\partial V}\right)_T$

$p=NkT\left(\frac{\partial \ln q}{\partial V}\right)_T$

(1)复合函数与能量零点选择有关,因为它们均含有热力学能项;

(2)因为 A 与 G 含有熵,离域子体系与定域子体系有不同函数关系。

四、习题详解

10.1 设有一个由 3 个定位的单维简谐振子组成的系统,这 3 个振子分别在各自的位置上振动,系统的总能量为 $\frac{11}{2}h\nu$。试求系统的全部可能的微观状态数。

解 对振动 $\varepsilon_v=\left(\upsilon+\frac{1}{2}\right)h\nu$,在总能量 $\varepsilon_v=\frac{11}{2}h\nu$ 时,三个一维简谐振子可能有以下四种分布方式:

(1) $N_0=2, N_4=1, \varepsilon_{\nu,0}=2\times\frac{1}{2}h\nu, \varepsilon_{\nu,4}=\frac{9}{2}h\nu,\quad t_1=\frac{3!}{1!\ 2!}=3$

(2) $N_0=1, N_2=2, \varepsilon_{\nu,0}=1\times\frac{1}{2}h\nu, \varepsilon_{\nu,2}=2\times\frac{5}{2}h\nu, t_2=\frac{3!}{1!\ 2!}=3$

(3) $N_0=1, N_1=1, N_3=1, \varepsilon_{\nu,0}=\frac{1}{2}h\nu, \varepsilon_{\nu,1}=\frac{3}{2}h\nu, \varepsilon_{\nu,3}=\frac{7}{2}h\nu,$

$t_3=\frac{3!}{1!\ 1!\ 1!}=6$

(4) $N_1=2, N_2=1, \varepsilon_{\nu,1}=2\times\frac{3}{2}h\nu, \varepsilon_{\nu,2}=\frac{5}{2}h\nu, t_4=\frac{3!}{1!\ 2!}=3$

$\Omega=t_1+t_2+t_3+t_4=3+3+6+3=15$

10.2 一个系统中有 4 个可分辨的粒子,这些粒子许可的能级为 $\varepsilon_0=0, \varepsilon_1=\omega, \varepsilon_2=2\omega, \varepsilon_3=3\omega$,其中 ω 为某种能量单位。当系统的总量为 2ω 时,试计算:(1)若各能级非简并,则系统可能的微观状态数为多少?(2)如果各能级的简并度分别为 $g_0=1, g_1=3, g_2=3$,则系统可能的微观状态数又为多少?

解 (1)许可的分布{2,2,0,0}、{3,0,1,0},微观状态数为 $C_4^2+C_4^1=10$

(2)微观状态数为 $g_0g_1C_4^2+g_1g_3C_4^1=2\times3\times6+3\times3\times4=66$

10.3 若有一个热力学系统,当其熵值增加 1.00 $J\cdot K^{-1}$ 时,试求系统微观状态的增加数占原有微观状态数的比值。

解 $S_1=k\ln\Omega_1, S_2=k\ln\Omega_2,\quad S_2-S_1=k\ln(\Omega_2/\Omega_1)$

$\ln(\Omega_2/\Omega_1)=(S_2-S_1)/k=1.00/1.38\times10^{-23}$

$$=7.25\times10^{22}$$

$$\Delta\Omega/\Omega_1=(\Omega_2-\Omega_1)/\Omega_1=(\Omega_2/\Omega_1)-1\approx\Omega_2/\Omega_1=\exp(7.25\times10^{22})$$

10.4 对于双原子气体分子，设基态振动能为零，$e^x\approx1+x$。试证明：(1)$U_r=NkT$；(2)$U_v=NkT$。

解　$q_r=\dfrac{8\pi I^2kT}{\sigma h^2}$

$$U_r=NkT^2\left(\frac{\partial\ln q_r}{\partial T}\right)_{V,N}=NkT^2\left[\frac{\partial}{\partial T}\left(\ln\frac{8\pi I^2kT}{\sigma h^2}\right)\right]_{V,N}=NkT$$

$$q_V=\frac{1}{1-\exp\left(-\frac{h\nu}{kT}\right)}\text{（取基态振动能级能量为零）}$$

$$U_V=NkT^2\left(\frac{\partial\ln q_v}{\partial T}\right)_{V,N}=NkT^2\left\{\frac{\partial}{\partial T}\left[\ln\frac{1}{1-\exp\left(-\frac{h\nu}{kT}\right)}\right]\right\}_{V,N}$$

$$=\frac{Nh\nu}{e^{h\nu/kT}-1}$$

当温度很高时，$\dfrac{h\nu}{kT}\ll1$，则 $e^{h\nu/kT}\approx1+\dfrac{h\nu}{kT}$，$U_V=NkT$

10.5 设某分子的一个能级的能量和简并度分别为 $\varepsilon_1=6.1\times10^{-21}$ J，$g_1=3$，另一个能级的能量和简并度分别为 $\varepsilon_2=8.4\times10^{-21}$ J，$g_2=5$。请分别计算在 400 K 和 4000 K 时，这两个能级上分布的粒子数之比（N_1/N_2）。

解　(1)400 K 条件下

$$\frac{N_1}{N_2}=\frac{g_1e^{-\varepsilon_1/kT}}{g_2e^{-\varepsilon_2/kT}}=\frac{g_1}{g_2}\exp[-(\varepsilon_1-\varepsilon_2)/kT]$$

$$=\frac{3}{5}\exp[-(6.1-8.4)\times10^{-21}/(1.38\times10^{-23}\times400)]$$

$$=0.910$$

(2)4000 K 下

$$\frac{N_1}{N_2}=\frac{g_1}{g_2}\exp[-(\varepsilon_1-\varepsilon_2)/kT]$$

$$=\frac{3}{5}\exp[-(6.1-8.4)\times10^{-21}/(1.38\times10^{-23}\times4000)]$$

$$=0.625$$

10.6 设有一个由极大数目的三维平动子组成的粒子系统，运动于边长为 a 的立方容器内，系统的体积、粒子质量和温度的关系为 $\dfrac{h^2}{8ma^2}=0.10kT$。现有两个能级的能量分别为 $\varepsilon_1=\frac{9h^2}{4ma^2}$，$\varepsilon_2=\frac{27h^2}{8ma^2}$，试求处于这两个能级上粒子数的比值（$N_1/N_2$）。

解 $$\frac{N_1}{N_2}=\frac{g_1\exp\left(-\frac{\varepsilon_1}{kT}\right)}{g_2\exp\left(-\frac{\varepsilon_2}{kT}\right)}$$

$$\varepsilon_1=\frac{9h^2}{8ma^2}=1.8kT$$

$$g_1=3\quad(n_x^2+n_y^2+n_z^2=18)$$

$$\varepsilon_2=\frac{27h^2}{8ma^2}=2.7kT$$

$$g_2=4\quad(n_x^2+n_y^2+n_z^2=27)$$

$$\frac{N_1}{N_2}=\frac{3\mathrm{e}^{-1.8}}{4\mathrm{e}^{-2.7}}=\frac{3}{4}\mathrm{e}^{0.9}=1.84$$

10.7 将 N_2(g)在电弧中加热。从光谱中观察到，处于振动量子数 $v=1$ 的第一激发态的分子数 $N_{v=1}$ 与处于振动量子数 $v=0$ 的基态上的分子数 $N_{v=0}$ 之比为 $N_{v=1}/N_{v=0}=0.35$，已知 N_2(g)的振动频率为 $6.99\times10^{13}\ \mathrm{s}^{-1}$。试计算：

(1) N_2(g)的温度；

(2)振动能量在总能量中所占的分数。

解 (1)根据 Boltzmann 分布有

$$\frac{N_{v=1}}{N_{v=0}}=\frac{\exp\left(-\frac{3}{2}\frac{h\nu}{kT}\right)}{\exp\left(-\frac{1}{2}\frac{h\nu}{kT}\right)}=\exp\left(-\frac{h\nu}{kT}\right)=0.35$$

$$T=3195\ \mathrm{K}$$

(2)因为平动、转动为经典自由度，服从能量均分原理，故

$$U_{\mathrm{t}}=\frac{3}{2}RT,U_{\mathrm{r}}=RT$$

$$U_{\mathrm{v}}=RT^2\left(\frac{\partial\ln q_{\mathrm{v}}}{\partial T}\right)_{V,N}$$

$$=RT^2\left\{\frac{\partial\ln\left[\frac{\exp\left(-\frac{h\nu}{2kT}\right)}{1-\exp\left(-\frac{h\nu}{kT}\right)}\right]}{\partial T}\right\}_{V,N}$$

$$=R\cdot\frac{h\nu}{k}\cdot\frac{\exp\left(-\frac{h\nu}{kT}\right)}{1-\exp\left(-\frac{h\nu}{kT}\right)}+\frac{1}{2}\cdot R\cdot\frac{h\nu}{k}=2857\ \mathrm{K}\times R$$

$$\frac{U_v}{U_t+U_r+U_v}=\frac{2857\times R}{\frac{3}{2}\times 3195\times R+3195\times R+2857\times R}\times 100\%=26.4\%$$

10.8 设有一个由极大数目三维平动子组成的粒子系统，运动于边长为 a 的立方容器内，系统的体积、粒子质量和温度的关系为 $\frac{h^2}{8ma^2}=0.1k_BT$。试计算平动量子数为1,2,3和1,1,1两个状态上粒子分布数的比值。

解　由 Boltzmann 分布得

$$\frac{N_1}{N_2}=\frac{g_1\exp\left(-\frac{\varepsilon_1}{kT}\right)}{g_2\exp\left(-\frac{\varepsilon_2}{kT}\right)}$$

由平动能的能量公式：

$$\varepsilon_t=\frac{h^2}{8m}\left(\frac{n_x^2}{a^2}+\frac{n_y^2}{b^2}+\frac{n_z^2}{c^2}\right)$$

$$\varepsilon_1=\frac{14h^2}{8ma^2}=1.4k_BT$$

$g_2=6$，对应为：(1,2,3)；(1,3,2)；(2,3,1)；(2,1,3)；(3,1,2)；(3,2,1)

$$\varepsilon_2=\frac{3h^2}{8ma^2}=0.3k_BT$$

$g_2=1$，对应为(1,1,1)

$$\frac{N_1}{N_2}=\frac{6\mathrm{e}^{-1.4}}{1\mathrm{e}^{-0.3}}=6\mathrm{e}^{-1.1}=2.0$$

10.9 设某理想气体A，其分子的最低能级是非简并的，取分子的基态作为能量零点，相邻能级的能量为 ε，其简并度为2，忽略最高能级。请回答：(1)写出A分子的总配分函数的表达式；(2)设 $\varepsilon=kT$，求出相邻两能级上最概然分子数之比 N_1/N_2 的值；(3)设 $\varepsilon=kT$，试计算在298 K时，1 mol A分子气体的平均能量。

解　(1) $q=\sum_i g_i\mathrm{e}^{-\varepsilon_i/kT}=g_0\mathrm{e}^{-\varepsilon_0/kT}+g_1\mathrm{e}^{-\varepsilon_1/kT}=1+2\mathrm{e}^{-\varepsilon_1/kT}$

(2) $\frac{N_1}{N_2}=2\mathrm{e}^{-\varepsilon_1/kT}=2\mathrm{e}^{-1}=0.736$

(3) $U=RT^2\left(\frac{\partial\ln q}{\partial T}\right)_{V,N}=RT^2\cdot\frac{2\mathrm{e}^{-\varepsilon/kT}}{1+2\mathrm{e}^{-\varepsilon/kT}}\cdot\frac{\varepsilon}{kT^2}$

$$=RT\frac{2e^{-1}}{1+2e^{-1}}=\frac{0.736}{1+0.736}RT=0.424RT=1050.5(\text{J}\cdot\text{mol}^{-1})$$

10.10 (1)某单原子理想气体的配分函数 q 具有的函数形式为 $q=Vf(T)$,试导出理想气体的状态方程;(2)若该单原子理想气体的配分函数 q 的函数形式为 $q=\left(\frac{2\pi mkT}{h^2}\right)^{\frac{3}{2}}V$,试导出压力 p 和热力学能 U 的表达式,以及理想气体的状态方程。

解 (1) $p=NkT\left(\frac{\partial \ln q}{\partial V}\right)_{N,T}=NkT\frac{1}{Vf(T)}\cdot f(T)=\frac{NkT}{V}$

对 1 mol 气体,$pV_m=RT$。

(2) $p=NkT\left(\frac{\partial \ln q}{\partial V}\right)_{N,T}$

$$=NkT\left(\frac{h^2}{2\pi mkT}\right)^{3/2}\cdot\frac{1}{V}\cdot\left(\frac{2\pi mkT}{h^2}\right)^{3/2}=\frac{NkT}{V}$$

$U=NkT^2\left(\frac{\partial \ln q}{\partial V}\right)_{N,V}$

$$=NkT^2\left(\frac{h^2}{2\pi mkT}\right)^{3/2}\frac{1}{V}\cdot\frac{3}{2}\left(\frac{2\pi mk}{h^2}\right)^{3/2}VT^{1/2}=\frac{3}{2}NkT$$

10.11 某气体的第一电子激发态比基态能量高 500 kJ·mol^{-1},试计算:

(1)在 400 K 时,第一电子激发态分子所占的分数;

(2)若要使激发态分子所占的分数为 10%,则这时的温度为多少?

解 (1) $\frac{N_1}{N}=\frac{e^{-\varepsilon_1/kT}}{e^{-\varepsilon_0/kT}+e^{-\varepsilon_1/kT}}=\frac{e^{-(\varepsilon_1-\varepsilon_0)/kT}}{1+e^{-(\varepsilon_1-\varepsilon_0)/kT}}=0$

(2) $T=\frac{\Delta\varepsilon}{R\ln[(1-0.1)/0.1]}=\frac{500\times10^3}{8.314\cdot\ln9}=2.74\times10^4(\text{K})$

10.12 在 300 K 时,已知 F 原子的电子配分函数 $q_e=4.288$,试求:

(1)标准压力下的总配分函数(忽略核配分函数的贡献);

(2)标准压力下的摩尔熵值。已知 F 原子的摩尔质量为 $M=18.998\text{g}\cdot\text{mol}^{-1}$。

解 (1) $q_t=\left(\frac{2\pi mkT}{h^2}\right)^{3/2}V$

$$m=\frac{18.998\times10^{-3}}{6.02\times10^{23}}=3.1558\times10^{-26}(\text{kg})$$

$$V_m=\frac{RT}{p^{\ominus}}=\frac{8.314\times300}{100\times10^3}=2.4942\times10^{-2}(\text{m}^3\cdot\text{mol}^{-1})$$

$$q_t=\frac{(2\times3.14\times3.1558\times10^{-26}\times1.38\times10^{-23}\times300)^{3/2}}{(6.626\times10^{-34})^3}\times(2.4942\times10^{-2})$$

$=2.0\times10^{30}$

$q_{总}=q_e\cdot q_t=8.576\times10^{30}$

(2)$S_{m,t}^{\ominus}=R\left(\ln\frac{q_t}{L}+\frac{5}{2}\right)=R\left\{\ln\left[\frac{(2\pi mkT)^{3/2}}{Lh^3}\cdot V_m\right]+\frac{5}{2}\right\}$

$=145.68(J\cdot mol^{-1}\cdot K^{-1})$

(也可用公式 $S_{m,t}^{\ominus}=R\left[\frac{3}{2}\ln M_r+\frac{5}{2}\ln(T/K)-1.153\right]$计算)

$S_{m,t}^{\ominus}=R\ln q_e=12.1\ J\cdot mol^{-1}\cdot K^{-1}$

$S_m^{\ominus}=S_{m,t}^{\ominus}+S_{m,e}^{\ominus}=157.78(J\cdot mol^{-1}\cdot K^{-1})$

10.13　零族元素氩(Ar)可看作理想气体,相对分子质量为40,取分子的基态(设其简并度为1)作为能量零点,第一激发态(设其简并度为2)与基态的能量差为ε,忽略其他高能级。请回答:

(1)写出Ar分子的总的配分函数表达式;

(2)设 $\varepsilon=5kT$,求在第一激发态上最概然分布的分子数占总分子数的百分数;

(3)计算1 mol Ar(g)在298 K下的统计熵值。设Ar分子的核和电子的简并度均等于1。

解　(1)$q=\sum_i g_i e^{-\varepsilon_i/kT}=g_0e^{-\varepsilon_0/kT}+g_1e^{-\varepsilon_1/kT}=1+2e^{-\varepsilon/kT}$

(2)$\frac{N_1}{N}=\frac{g_1e^{-\varepsilon_1/kT}}{q}=\frac{2e^{-\varepsilon/kT}}{1+2e^{-\varepsilon/kT}}=\frac{2e^{-5}}{1+2e^{-5}}=0.0133=1.33\%$

(3)$S_m^{\ominus}=S_{m,t}^{\ominus}=R\left[\frac{3}{2}\ln M_r+\frac{5}{2}\ln(T/K)-1.153\right]$

$=154.8(J\cdot mol^{-1}\cdot K^{-1})$

10.14　试分别计算转动、振动和电子能级间隔的Boltzmann因子 $\exp\left(-\frac{\Delta\varepsilon}{kT}\right)$各为多少?已知各能级间隔的值:电子能级间隔约为100 kT,振动能级间隔约为10 kT,转动能级间隔约为0.01 kT。

解　对转动　$\exp\left(-\frac{\Delta\varepsilon_r}{kT}\right)=e^{-0.01}=0.99$

对振动　$\exp\left(-\frac{\Delta\varepsilon_v}{kT}\right)=e^{-10}=4.54\times10^{-5}$

对电子　$\exp\left(-\frac{\Delta\varepsilon_e}{kT}\right)=e^{-100}=3.72\times10^{-44}$

10.15　设 J 为转动量子数,转动简并度为 $2J+1$。在240 K时,CO(g)的转动特征温度为 $\Theta_r=2.8$ K,则对应的转动量子数是多少。

解 根据近 Boltzmann 分布有

$$N_i=N\frac{g_i e^{-\varepsilon_i/kT}}{q}=N\frac{(2J+1)e^{-J(J+1)\Theta_r/T}}{q}$$

当$\frac{dN_i}{dJ}=\frac{N}{q}\left[2e^{-J(J+1)\Theta_r/T}-(2J+1)^2 e^{-J(J+1)\Theta_r/T}\cdot\frac{\Theta_r}{T}\right]=0$

即 $2-(2J+1)^2\frac{\Theta_r}{T}=0$

$$J=(\sqrt{\frac{2T}{\Theta_r}}-1)\times\frac{1}{2}=6$$

10.16 HCN 气体的转动光谱呈现在远红外区，其中一部分如下：2.96 cm^{-1}，5.92 cm^{-1}，8.87 cm^{-1}，11.83 cm^{-1}。试求：

(1)300 K 时该分子的转动配分函数；

(2)转动运动对摩尔定容的贡献是多少？

解 (1)转动配分函数公式为

$$q_r=\frac{8\pi^2 IkT}{\sigma h^2}$$

HCN 的 $\sigma=1$，公式中π，k，h 和温度 T 均已知，关键在于如何利用已知条件获得转动惯量 I。

转动能级的能量公式为

$$\varepsilon_r=J(J+1)\frac{h^2}{8\pi^2 I}$$

转动光谱跃迁条件为 $\Delta J=\pm1$，跃迁时吸收光的波数为

$$\sigma=\frac{\Delta\varepsilon_r}{hc}=\frac{\varepsilon_r(J+1)-\varepsilon_r(J)}{hc}=\frac{1}{hc}[(J+1)(J+2)-J(J+1)]\frac{h^2}{8\pi^2 I}$$

$$=2(J+1)\frac{h^2}{8\pi^2 Ic}=2(J+1)B$$

($B=\frac{h}{8\pi^2 Ic}$，称为转动常数，它表征了分子的特性)

$$\Delta\sigma=\sigma_1-\sigma_2=2B\{[(J+1)+1]-(J+1)\}=2B=\frac{h}{4\pi^2 Ic}$$

$$I=\frac{h}{4\pi^2 c\Delta\sigma}$$

根据题意条件，$\Delta\sigma$ 取平均值：

$$\Delta\sigma=\frac{1}{3}(\Delta\sigma_1+\Delta\sigma_2+\Delta\sigma_3)=$$

$$\frac{1}{3}[(5.92-2.96)+(8.87-5.92)+(11.83-8.87)]$$

$=2.96(\text{cm}^{-1})=296(\text{m}^{-1})$

将这些结果代入 q_r 公式，便可得

$$q_r=\frac{8\pi^2 kT}{h^2}\times\frac{h}{4\pi^2 c\Delta\sigma}=\frac{2kT}{hc\Delta\sigma}$$

$$=\frac{2\times1.381\times10^{-23}\times300}{6.626\times10^{-34}\times3\times10^8\times296}=140.8$$

(2)配分函数为 q 时，对热力学能的贡献为

$$U=NkT^2\left(\frac{\partial\ln q}{\partial T}\right)_{V,N}$$

对于 1 mol 物质，$N=L$，$Nk=R$。转动配分函数 $q_r=\dfrac{8\pi^2 IkT}{\sigma h^2}$代入上式后，得

$$U_m=RT^2\left[\frac{\partial\ln(8\pi^2 IkT/\sigma h^2)}{\partial T}\right]_{V,N}=RT^2\frac{1}{T}=RT$$

$$C_{V,m}=\left(\frac{\partial U_m}{\partial T}\right)_V=R$$

10.17 HBr 分子的核间平衡距离 $r=0.1414$ nm，试计算：(1)HBr 的转动特征温度；(2)在 298 K 时，HBr 分子占据转动量子数 $J=1$ 的能级上的百分数；(3)在 298 K 时，HBr 理想气体的摩尔转动熵。

解　(1)HBr 的转动惯量 $I=\mu r^2$，则

$$I=\frac{m_H m_{Br}}{m_H+m_{Br}}\cdot r^2=\frac{\frac{M_H}{L}\cdot\frac{M_{Br}}{L}}{\frac{M_H}{L}+\frac{M_{Br}}{L}}\cdot r^2$$

$$=\left(\frac{1\times79.9}{80.9}\times10^{-3}\times\frac{1}{6.02\times10^{23}}\right)\times(1.414\times10^{-10})^2$$

$$=3.28\times10^{-47}(\text{kg}\cdot\text{m}^2)$$

$$\Theta_r=\frac{h^2}{8\pi^2 Ik}=(6.626\times10^{-34})^2/$$

$$[8\times3.14^2\times(3.28\times10^{-47}\times1.38\times10^{-23})]=12.3(\text{K})$$

(2)在 298 K 时，HBr 分子的配分函数 q_r 为

$$q_r=\frac{8\pi^2 IkT}{h^2}=\frac{T}{\Theta_r}=\frac{298}{12.3}=24.23$$

$$\frac{N_1}{N}=\frac{(2J+1)e^{-J(J+1)\Theta_r/T}}{q_r}=\frac{3e^{-2\Theta_r/T}}{q_r}=\frac{3e^{-0.08255}}{24.23}=11.4\%$$

(3)$S_{m,r}=R(\ln\dfrac{IT}{\sigma}+105.54)=34.95(\text{J}\cdot\text{mol}^{-1}\cdot\text{K}^{-1})$

10.18 已知 H_2 和 I_2 的摩尔质量、转动特征温度和振动特征温度分别为：

物质	M/(kg·mol^{-1})	Θ_r/K	Θ_V/K
H_2	2.0×10^{-3}	85.4	6100
I_2	253.8×10^{-3}	0.054	310

试求在 298 K 时：

(1) H_2 和 I_2 分子的平动摩尔热力学能、转动摩尔热力学能和振动热力学能；

(2) H_2 和 I_2 分子的平动定容摩尔热容、转动定容摩尔热容和振动定容摩尔热容(忽略电子和核运动对热容的贡献)。

解 (1) $U_m = RT^2\left(\dfrac{\partial \ln q}{\partial T}\right)_{V,N}$

$$q_t = \left(\frac{2\pi mkT}{h^2}\right)^{3/2} V$$

$$q_r = \frac{8\pi^2 IkT}{\sigma h^2} = \frac{T}{\sigma\Theta_r}$$

$$q_v = \frac{\exp\left(-\dfrac{h\nu}{2kT}\right)}{1-\exp\left(-\dfrac{h\nu}{kT}\right)} = \frac{\exp\left(-\dfrac{\Theta_v}{2T}\right)}{1-\exp\left(-\dfrac{\Theta_v}{T}\right)}$$

对 H_2：

$$U_{t,m} = RT^2\left(\frac{\partial \ln q_t}{\partial T}\right)_{V,N} = \frac{3}{2}RT = 3716.36\ \text{J}\cdot\text{mol}^{-1}$$

$$U_{r,m} = RT^2\left(\frac{\partial \ln q_r}{\partial T}\right)_{V,N} = RT = 2477.57\ \text{J}\cdot\text{mol}^{-1}$$

$$U_{V,m} = RT^2\left(\frac{\partial \ln q_v}{\partial T}\right)_{V,N} = R\cdot\Theta_v\cdot\frac{\exp\left(-\dfrac{\Theta_v}{T}\right)}{1-\exp\left(-\dfrac{\Theta_v}{T}\right)} + \frac{1}{2}R\Theta_v$$

$$= 25357.7\ \text{J}\cdot\text{mol}^{-1}$$

同理，对 I_2：

$$U_{t,m} = \frac{3}{2}RT = 3716.36\ \text{J}\cdot\text{mol}^{-1}$$

$$U_{r,m} = RT = 2477.57\ \text{J}\cdot\text{mol}^{-1}$$

$$U_{v,m} = 2697.1\ \text{J}\cdot\text{mol}^{-1}$$

(2) $C_{V,m} = \left(\dfrac{\partial U_m}{\partial T}\right)_V$

对 H_2：

$$C_{V,t,m}=\frac{3}{2}R=12.47\ J\cdot mol^{-1}\cdot K^{-1}$$

$$C_{V,r,m}=R=8.314\ J\cdot mol^{-1}\cdot K^{-1}$$

$$C_{V,v,m}=R\cdot\left(\frac{\Theta_v}{T}\right)^2\cdot\frac{e^{\Theta_v/T}}{(e^{\Theta_v/T}-1)^2}=4.49\times10^{-6}\ J\cdot mol^{-1}\cdot K^{-1}$$

同理，对 I_2：

$$C_{V,t,m}=\frac{3}{2}R=12.47\ J\cdot mol^{-1}\cdot K^{-1}$$

$$C_{V,r,m}=R=8.314\ J\cdot mol^{-1}\cdot K^{-1}$$

$$C_{V,v,m}=7.6\ J\cdot mol^{-1}\cdot K^{-1}$$

10.19 在 298 K 和 100 kPa 时，1 mol O_2(g)(设为理想气体)放在体积为 V 的容器中，试计算：

(1)O_2(g)的平动配分函数 q_t；

(2)O_2(g)的转动配分函数 q_r，已知其核间距为 0.1207 nm；

(3)O_2(g)的电子配分函数 q_e，已知电子基态的简并度为 3，忽略电子激发态和振动激发态的贡献；

(4)O_2(g)的标准摩尔熵值。

解　(1)$m=\dfrac{16\times2\times10^{-3}}{6.022\times10^{23}}=5.314\times10^{-26}(kg)$

$$V_m=\frac{RT}{p^\ominus}=\frac{8.314\times298}{100\times10^3}=0.02478(m^3\cdot mol^{-1})$$

$$q_t=\frac{(2\times3.14\times5.314\times10^{-26}\times1.38\times10^{-23}\times298)^{\frac{3}{2}}}{(6.626\times10^{-34})^3}\times0.02478$$

$$=4.32\times10^{30}$$

$$(2)I=\mu r^2=\frac{m_0}{2}r^2=1.33\times10^{-26}\times(1.207\times10^{-10})^2$$

$$=1.938\times10^{-46}(kg\cdot m^2)$$

$$q_r=\frac{8\pi^2IkT}{2h^2}=71.6$$

$$(3)q_e=g_{e,0}=3$$

$$(4)S_m^\ominus(O_2,g)=S_{m,t}^\ominus+S_{m,r}^\ominus+S_{m,e}^\ominus$$

$$S_{m,t}^\ominus=R\left[\frac{3}{2}\ln M_r+\frac{5}{2}\ln(T/K)-1.153\right]=152.05(J\cdot mol^{-1}\cdot K^{-1})$$

$$S_{m,r}^\ominus=R(\ln\frac{IT}{\sigma}+105.54)=43.95(J\cdot mol^{-1}\cdot K^{-1})$$

$S_{m,e}^{\ominus}=R\ln g_{e,0}=9.13\ J\cdot mol^{-1}\cdot K^{-1}$

$S_m^{\ominus}(O_2,g)=205.13\ J\cdot mol^{-1}\cdot K^{-1}$

10.20 在 298 K 和 100 kPa 时，求 1 mol NO(g)（设为理想气体）的标准摩尔熵值。已知 NO(g)的转动特征温度为 2.42 K，振动特征温度为 2690 K，电子基态与第一激发态的简并度均为 2，两能级间的能量差为 $\Delta\varepsilon=2.473\times10^{-21}$ J。

解 $S_m^{\ominus}(NO,g)=S_{m,t}^{\ominus}+S_{m,r}^{\ominus}+S_{m,v}^{\ominus}+S_{m,e}^{\ominus}$

$$S_{m,t}^{\ominus}=R\left[\frac{3}{2}\ln M_r+\frac{5}{2}\ln(T/K)-1.153\right]=151.24(J\cdot mol^{-1}\cdot K^{-1})$$

$$S_{m,r}^{\ominus}=R(\ln\frac{T}{\sigma\Theta_r}+1)=48.33(J\cdot mol^{-1}\cdot K^{-1})$$

$$S_{m,v}^{\ominus}=-R\ln(1-e^{-\Theta_v/T})+\frac{R\Theta_v}{T(e^{\Theta_v/T}-1)}=0.01(J\cdot mol^{-1}\cdot K^{-1})$$

$$q_e=2+2e^{-\Delta\varepsilon/kT}=2+2e^{-179.1/T}=3.0965$$

$$S_{m,e}^{\ominus}=R\ln q_e+RT\left(\frac{\partial\ln q_e}{\partial T}\right)_{V,N}=R\ln(2+2e^{-179.1/T})+R\,\frac{2e^{-179.1/t}\times179.1}{2(1+e^{-179.1/T})T}$$

$$=R(1.130+0.213)=11.166(J\cdot mol^{-1}\cdot K^{-1})$$

$$S_m^{\ominus}(NO,g)=210.75(J\cdot mol^{-1}\cdot K^{-1})$$

10.21 计算 298 K 时 HI，H_2，I_2的标准 Gibbs 自由能函数。已知 HI 的转动特征温度为 9.0 K，振动特征温度为 3200 K，摩尔质量为 $M_{HI}=127.9\times10^{-3}$ $kg\cdot mol^{-1}$。I_2在零点时的总配分函数为 $q_0(I_2)=q_{t,0}q_{r,0}q_{v,0}=4.143\times10^{35}$，$H_2$在零点时的总配分函数为 $q_0(H_2)=q_{t,0}q_{r,0}q_{v,0}=1.185\times10^{29}$。

解 $\dfrac{G_m^{\ominus}(T)-H_m^{\ominus}(0)}{T}=-R\ln\dfrac{q}{L}$

对 HI：

$$q_t=\frac{(2\pi mkT)^{3/2}}{h^3}V$$

$$=\frac{\left(2\times3.14\times\frac{127.9\times10^{-3}}{6.022\times10^{23}}\times1.38\times10^{-23}\times298\right)^{3/2}}{(6.626\times10^{-34})^3}\times\frac{8.314\times298}{10^5}$$

$$=3.46\times10^{31}$$

$$q_r=\frac{T}{\Theta_r}=33.11$$

$$q_v=\frac{1}{1-\exp\left(-\frac{\Theta_v}{T}\right)}\approx1$$

$$q=q_t\cdot q_r\cdot q_v=114.56\times10^{31}$$

$$\frac{G_m^\ominus(T)-H_m^\ominus(0)}{T}=-R\ln\frac{q}{L}=-8.314\times\ln\frac{114.56\times10^{31}}{6.022\times10^{23}}$$

$$=-177.64(\mathrm{J\cdot mol^{-1}\cdot K^{-1}})$$

对 I_2：

$$\frac{G_m^\ominus(T)-H_m^\ominus(0)}{T}=-R\ln\frac{q}{L}=-8.314\times\ln\frac{4.143\times10^{35}}{6.022\times10^{23}}$$

$$=-226.61(\mathrm{J\cdot mol^{-1}\cdot K^{-1}})$$

同理，对 H_2：

$$\frac{G_m^\ominus(T)-H_m^\ominus(0)}{T}=-R\ln\frac{q}{L}=-8.314\times\ln\frac{1.185\times10^{29}}{6.022\times10^{23}}$$

$$=-101.35(\mathrm{J\cdot mol^{-1}\cdot K^{-1}})$$

10.22 计算 298 K 时，HI，H_2，I_2 的标准热焓函数。已知 HI，H_2，I_2 的振动转动特征温度分别为 3200 K，6100 K 和 610 K。

解 $$\frac{H_m^\ominus(T)-U_m^\ominus(0)}{T}=RT\left(\frac{\partial\ln q}{\partial T}\right)_{V,N}+R$$

$$q=q_t\cdot q_r\cdot q_v$$

$$\left(\frac{\partial\ln q}{\partial T}\right)_{V,N}=\left(\frac{\partial\ln q_t}{\partial T}\right)_{V,N}+\left(\frac{\partial\ln q_r}{\partial T}\right)_{V,N}+\left(\frac{\partial\ln q_v}{\partial T}\right)_{V,N}$$

$$q_t=\left(\frac{2\pi mkT}{h^2}\right)^{3/2}V$$

$$\left(\frac{\partial\ln q_t}{\partial T}\right)_{V,N}=\frac{3}{2T}$$

$$q_r=\frac{8\pi^2IkT}{\sigma h^2}$$

$$\left(\frac{\partial\ln q_r}{\partial T}\right)_{V,N}=\frac{1}{T}$$

$$q_V=\frac{1}{1-e^{-\Theta_v/T}}$$

$$\left(\frac{\partial\ln q_v}{\partial T}\right)_{V,N}=\frac{\Theta_v}{T^2}\cdot\frac{1}{e^{\Theta_v/T}-1}$$

对 HI：

$$\frac{H_m^\ominus(T)-U_m^\ominus(0)}{T}=\frac{3}{2}R+R+R\cdot\frac{\Theta_V}{T}\cdot\frac{1}{e^{\Theta_V/T}-1}+R$$

$$=29.101(\mathrm{J\cdot mol^{-1}\cdot K^{-1}})$$

对 H_2：

$$\frac{H_m^\ominus(T)-U_m^\ominus(0)}{T}=29.099(\mathrm{J\cdot mol^{-1}\cdot K^{-1}})$$

对 I_2：

$$\frac{H_m^{\ominus}(T)-U_m^{\ominus}(0)}{T}=31.622(\mathrm{J\cdot mol^{-1}\cdot K^{-1}})$$

10.23 计算 298 K 时，反应 $H_2(g)+I_2(g)=\!=\!=2HI(g)$的标准摩尔 Gibbs 自由能变化值和标准平衡常数。已知 298 K 时，HI，H_2，I_2 的有关数据如下：

物质	$\frac{[G_m^{\ominus}(T)-H_m(0)]/T}{\mathrm{J\cdot mol^{-1}\cdot K^{-1}}}$	$\frac{[H_m^{\ominus}(T)-H_m(0)]/T}{\mathrm{J\cdot mol^{-1}\cdot K^{-1}}}$	$\frac{\Delta_f H_m^{\ominus}(T)}{\mathrm{kJ\cdot mol^{-1}}}$
$H_2(g)$	−101.34	29.099	0
$I_2(g)$	−226.61	33.827	62.438
HI(g)	−177.67	29.101	26

解 $\Delta_r H_m^{\ominus}(T)=\sum_B \nu_B \Delta_f H_m^{\ominus}(B)=-10.438\ \mathrm{kJ\cdot mol^{-1}}$

又 $$\Delta_r H_m^{\ominus}(T)=T\sum_B \nu_B\left[\frac{H_m^{\ominus}(T)-H_m^{\ominus}(0)}{T}\right]_B+\Delta_r H_m^{\ominus}(0)$$

故 $$\Delta_r H_m^{\ominus}(0)=\Delta_r H_m^{\ominus}(T)-T\sum_B \nu_B\left[\frac{H_m^{\ominus}(T)-H_m^{\ominus}(0)}{T}\right]_B$$

$$=-10.438-298\times(-4.724)$$

$$=-9.03(\mathrm{kJ\cdot mol^{-1}})$$

$$\Delta_r G_m^{\ominus}(T)=T\sum_B \nu_B\left[\frac{G_m^{\ominus}(T)-H_m^{\ominus}(0)}{T}\right]_B+\Delta_r H_m^{\ominus}(0)$$

$$=298\times(-27.39)-9.03$$

$$=-17.192(\mathrm{kJ\cdot mol^{-1}})$$

$$K^{\ominus}=\exp\left[-\frac{\Delta_r G_m^{\ominus}(T)}{RT}\right]=1031.8$$

五、测验题

(一)选择题

1. 一定量纯理想气体，恒温变压时(　　)。

(1)转动配分函数 q_r 变化

(2)振动配分函数 q_v 变化

(3)平动配分函数 q_t 变化

2. 对定域子系统,某种分布所拥有的微观状态数 Ω 为(　　)。

(1)$W_D=N!\prod_i \frac{g_i^{n_i}}{n_i!}$　　　　(2)$W_D=N!\prod_i \frac{n_i^{g_i}}{n_i!}$

(3)$W_D=\prod_i \frac{n_i^{g_i}}{n_i!}$　　　　(4)$W_D=\prod_i \frac{g_i^{n_i}}{n_i!}$

3. O_2 与 HI 的转动特征温度 Θ_r 分别为 2.07 K 及 9.00 K。在相同温度下,O_2 与 HI 的转动配分函数之比为(　　)。

(1)0.12∶1　　　　(2)2.2∶1

(3)0.23∶1　　　　(4)4.4∶1

4. N_2 与 CO 的转动特征温度 Θ_r 分别为 2.86 K 及 2.77 K,在相同温度下,N_2 与 CO 的转动配分函数之比为(　　)。

(1)1.03∶1　　　　(2)0.97∶1

(3)0.48∶1　　　　(4)1.94∶1

5. 不同运动状态的能级间隔不同,对于分子其平动、转动和振动的能级间隔大小顺序为(　　)。

(1)$\Delta\varepsilon_v>\Delta\varepsilon_t>\Delta\varepsilon_r$　　　　(2)$\Delta\varepsilon_v>\Delta\varepsilon_r>\Delta\varepsilon_t$

(3)$\Delta\varepsilon_t>\Delta\varepsilon_v>\Delta\varepsilon_r$　　　　(4)$\Delta\varepsilon_r>\Delta\varepsilon_t>\Delta\varepsilon_v$

6. 与分子运动空间有关的分子运动配分函数是(　　)。

(1)振动配分函数 q_v

(2)平动配分函数 q_t

(3)转动配分函数 q_r

7. 玻耳兹曼分布(　　)。

(1)就是最概然分布,也是平衡分布

(2)不是最概然分布,也不是平衡分布

(3)只是最概然分布,但不是平衡分布

(4)不是最概然分布,但是平衡分布

(二)填空题

1. 气体是________系统,晶体是________系统。(选填:定域子,离域子)

2. 一维简谐振子的振动能 $\varepsilon_v=\left(v+\frac{1}{2}\right)h\nu$。一定温度下已知处于振动第二激发能级的分子数与基态分子数之比为 0.01,则处于振动第一激发能级的分子数与基态分子数之比=________。

3. 独立子系统的热力学能 U 与配分函数 q 的关系式是 $U=$________。

4. N 个分子组成的理想气体,分子的能级 $\varepsilon_1=6.0\times10^{-21}$ J,$\varepsilon_2=8.4\times$

10^{-21} J,相应的简并度是 $g_1=1,g_2=3$。已知玻耳兹曼常数 $k=1.38\times10^{-23}$ J・K^{-1},在 300 K 时,这两个能级上的分子数之比$\dfrac{N_1}{N_2}=$________。

5. 当系统的粒子数 N、体积 V 及总能量 E 确定后,则每个粒子的能级________,相应简并度________,该宏观状态所拥有的总微观状态数________。(选填确定,不确定)

6. 温度越高,配分函数之值越________。(选填大,小)在相同温度下,粒子________的配分函数之值最大,粒子________的配分函数之值最小(选填平动、转动、振动)

7. 有 9 个独立的定域粒子分布在 $\varepsilon_0,\varepsilon_1,\varepsilon_2$ 三个能级上,在 ε_0 能级上有 5 个粒子,在 ε_1 能级上有 3 个粒子,在 ε_2 能级上有 1 个粒子。这三个能级的简并度分别为 $g_0=1,g_1=3,g_2=2$。这一分布的微观状态数为________。

8. N_2 与 CO 的转动特征温度分别为 2.89 K 与 2.78 K,则同温下 N_2 与 CO 的转动配分函数之比为________。

9. 在统计热力学中,通过________把微观结构与宏观性质联系起来。

10. 线形刚体转子转动能级的简并度为________,一维简谐振子振动能级的简并度为________。

11. 用统计热力学计算得到 N_2O 气体在 25 ℃时的标准摩尔熵为 220.0 J・K^{-1}・mol^{-1},由热力学第三定律得到的是 215.2 J・K^{-1}・mol^{-1}。作为热力学数据使用,较为可靠的是________,两者之差称为________。

12. 玻耳兹曼分布公式的形式为 $n_j=$________,该式的应用条件是________。

13. 理想气体是________系统。(选填独立子,非独立子,定域子,非定域子)

14. 双原子分子的振动配分函数 $q_v=$________。

15. 实际气体是________系统。(选填独立子,非独立子,定域子,非定域子)

16. 假设晶体上被吸附的气体分子间无相互作用,则可把该系统视为________系统。

17. 按粒子之间有无相互作用,统计系统可分为________系,即子之间________相互作用及________系,即子之间________相互作用。

18. 气体是________系统,晶体是________系统。(选填:定域子,离域子)

(三)是非题

1. 玻耳兹曼分布是最概然分布,也是平衡分布。(　　)

2. 简并度是同一能级上的不同量子状态的数目。是不是?(　　)

3. 由气体组成的统计系统是定域子系统。是不是?(　　)

4. 转动配分函数与体积无关。是不是?(　　)

5. 对定域子系统，某种分布所拥有的微观状态数为 Ω，则 $\Omega=\prod_i \frac{g_i^{n_i}}{n_i!}$。(　　)

6. 对非定域的独立子系统，热力学函数熵 S 与分子配分函数 q 的关系为：$S=\frac{U}{T}+k\ln\frac{q^N}{N!}$。是不是？(　　)

7. 由晶体组成的统计系统是定域子系统。是不是？(　　)

8. 设分子的平动、振动、转动、电子等配分函数分别以 q_t,q_v,q_r,q_e 等表示，则分子配分函数 q 的因子分解性质可表示为：$\ln q=\ln q_t+\ln q_v+\ln q_r+\ln q_e$ 是不是？(　　)。

9. 对定域子系统，某种分布所拥有的微观状态数为 Ω，则 $\Omega=N!\prod_i \frac{g_i^{n_i}}{n_i!}$。

(　　)

10. 能量标度零点选择不同，粒子配分函数值不同。是不是？(　　)

11. 由晶体组成的统计系统是非定域子系统。是不是？(　　)

12. 对于非定域的独立子系统，热力学能 U 与分子配分函数 q 的关系可表示为 $U=NkT^2\left(\frac{\partial \ln q}{\partial T}\right)_{V,N}$。是不是？(　　)

(四)计算题

1. 已知 HI 的转动惯量为 42.70×10^{-48} kg·m²，谐振频率为 66.85×10^{12} s^{-1}，试计算 100 ℃时 HI 分子的转动配分函数 q_r 和振动配分函数 q_v。(已知 $h=6.626\times10^{-34}$ J·s，$k=1.38\times10^{-23}$ J·K^{-1}。)

2. 已知 O_2 的振动波数为 1580.36 cm^{-1}，求：

(1)振动特征温度；

(2)3000 K 时的振动配分函数 q_v 和 q_v^0。

(已知光速 $c=2.997925\times10^8$ m·s^{-1}，$h=6.626\times10^{-34}$ J·s，$k=1.38\times10^{-23}$ J·K^{-1})

3. HCl 分子的振动能级间隔 $\Delta\varepsilon_V=5.94\times10^{-20}$ J，计算 298 K 时某一能级和其较低一能级上的分子数之比。对于 I_2 分子 $\Delta\varepsilon_v=0.43\times10^{-20}$ J，请作同样计算。(已知玻耳兹曼常数 $k=1.38\times10^{-23}$ J·K^{-1})

4. I_2 分子的振动能级间隔是 0.414×10^{-20} J，计算在 27 ℃时，粒子在某一能级和其较低一能级上平衡分布的分子数之比。(已知玻耳兹曼常数 $k=1.38\times10^{-23}$ J·K^{-1})

5. 由 N 个分子(N 很大)组成的理想气体系统，若分子能级 $\varepsilon_1=6.0\times10^{-21}$ J，$\varepsilon_2=8.4\times10^{-21}$ J，相应的能级简并度 $g_1=1$，$g_2=3$，计算 300 K 时，在这

两个能级上分布的分子数之比$\frac{n_1}{n_2}$=？（已知 $k=1.38\times10^{-23}\ \mathrm{J\cdot K^{-1}}$）

六、测验题答案

(一)选择题

1.(3)　**2.**(1)　**3.**(2)　**4.**(3)　**5.**(2)　**6.**(2)　**7.**(1)

(二)填空题

1. 非定域子;定域子

2. 0.1

3. $NkT^2\left(\frac{\partial \ln q}{\partial T}\right)_{\mathrm{v}}$

4. 0.595

5. 确定;确定;确定

6. 大;平动;振动

7. 27216

8. 0.481

9. 配分函数

10. $2J+1$；1

11. 前者;残余熵

12. $\frac{N\mathrm{e}^{\frac{-\varepsilon_j}{kT}}}{\sum_j g_j \mathrm{e}^{\frac{-\varepsilon_j}{kT}}}$;平衡的独立粒子系统

13. 独立的非定域子

14. $q_{\mathrm{v}}=\frac{\mathrm{e}^{\frac{-\Theta_{\mathrm{v}}}{2T}}}{1-\mathrm{e}^{\frac{-\Theta_{\mathrm{v}}}{T}}}$

15. 非独立的非定域子

16. 定域的独立子

17. 独立子;无;非独立子;有

18. 非定域子;定域子

(三)是非题

1. √;**2.** √;**3.** ×;**4.** √;**5.** ×;**6.** √;**7.** √;**8.** √;**9.** √;**10.** √;**11.** ×;**12.** √;

(四)计算题

1. 解　$\Theta_{\mathrm{r}}=\frac{h^2}{8\pi^2 Ik}$

$$=\frac{(6.626\times10^{-34})^2}{8\times3.14^2\times(42.70\times10^{-48})\times(1.38\times10^{-23})}$$

$$=9.446(\mathrm{K})$$

$$q_r=T/(\sigma\Theta_r)=\frac{373.15}{1\times9.446}=39.5$$

$$\Theta_V=\frac{h\nu}{k}=\frac{(6.626\times10^{-34})\times(66.85\times10^{12})}{1.38\times10^{-23}}=3209.8(\mathrm{K})$$

$$q_v=\frac{e^{\frac{-\Theta_v}{2T}}}{1-e^{\frac{-\Theta_V}{T}}}=\frac{e^{-3209.8/2\times373.15}}{1-e^{-3209.8/373.15}}=0.0136$$

$$q_v^0=(1-e^{-3209.8/373.15})^{-1}=1.0002$$

2. 解　(1)$\Theta_V=\frac{hc\tilde{\omega}}{k}$

$$=\frac{6.626\times10^{-34}\times2.997925\times10^8\times158.036}{1.38\times10^{-23}}$$

$$=2273.2(\mathrm{K})$$

$$(2)q_v=e^{\frac{-\Theta_V}{2T}}(1-e^{\frac{-\Theta_v}{T}})^{-1}=e^{-2273.2/2\times3000}(1-e^{-2273.2/3000})^{-1}=1.289$$

$$q_v^0=(1-e^{-2273.2/3000})^{-1}=1.882$$

3. 解　(1)对于振动，$g_i=1$

$$\frac{n_i}{n_j}=\frac{e^{\frac{-\varepsilon_i}{kT}}}{e^{\frac{-\varepsilon_j}{kT}}}=e^{\frac{-\Delta\varepsilon_v}{kT}}=e^{-5.94\times10^{-20}/(1.38\times10^{-23}\times298)}=e^{-14.44}=5.33\times10^{-7}\approx0$$

(2)对于 I_2 分子，同理有：

$$\frac{n_i}{n_j}=e^{-0.43\times10^{-20}/(1.38\times10^{-23}\times298)}=0.351$$

4. 解　双原子分子的振动可当做一个独立一维简谐振子，因为振动能级是非简并的，$g_v=1$。

$$\frac{n_i}{n_j}=\frac{g_i e^{\frac{-\varepsilon_i}{kT}}}{g_j e^{\frac{-\varepsilon_j}{kT}}}=e^{\frac{-(\varepsilon_i-\varepsilon_j)}{kT}}=e^{-0.414\times10^{-20}/(1.38\times10^{-23}\times300)}=e^{-1}=0.368$$

5. 解　$\frac{n_1}{n_2}=\frac{-g_1}{g_2}e^{-(\varepsilon_2-\varepsilon_1)/kT}$

$$=\frac{1}{3}e^{-(8.40-6.00)\times10^{-21}/(1.38\times10^{-23}\times300)}=0.595$$

第十一章　胶体化学
(Chapter 11　Colloidal Chemistry)

学习目标

通过本章的学习，要求掌握：

1. 分散系统的定义及分类；
2. 胶体的制备方法；
3. 胶体的光学性质与动力学性质；
4. 胶体的电学性质及其结构书写方式；
5. 胶体的稳定性及聚沉方法；
6. 乳状液、悬浮液和泡沫的特征和用途。

一、知识结构

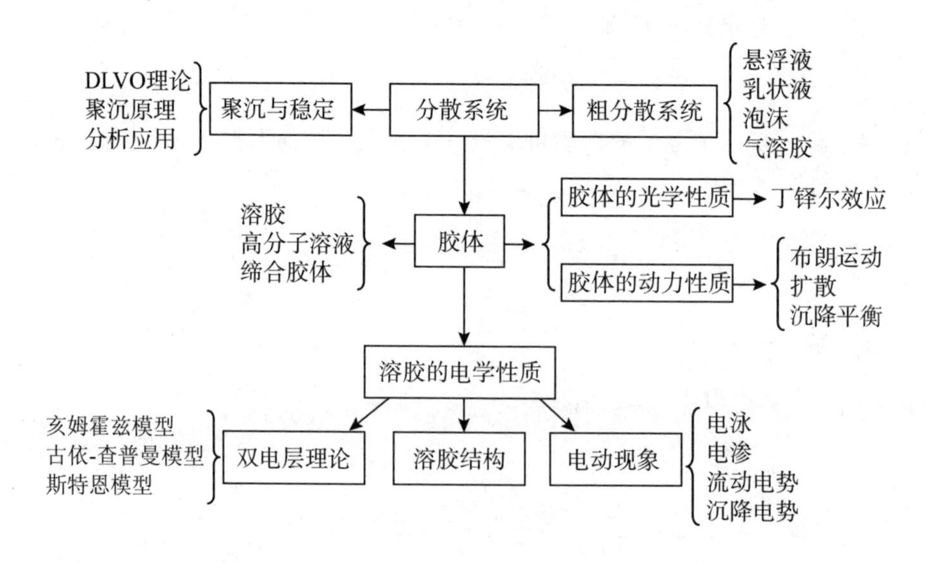

二、基本概念

1. 分散系统与胶体系统

(1)分散系统:一种或数种物质分散在另一种物质中所形成的系统。被分散的物质称为分散相,另一种呈连续分布的物质称分散介质。

真溶液:$d<1$ nm

胶体系统:1 nm$<d<$1000 nm

粗分散系统:$d>$1000 nm

(2)胶体系统:

溶胶:高度分散的多相系统,是热力学不稳定系统。

高分子溶液:均相的热力学稳定系统。传统上又称亲液溶胶。

缔合胶体:表面活性物质缔合形成的胶束分散于介质中得到的胶束溶液。是均相分散的热力学稳定系统。

(3)粗分散系统:包括悬浮液、乳状液、泡沫、气溶胶等。是多相分散的热力学不稳定系统。

2. 胶体系统的光学性质

溶胶系统中,由于光的散射作用产生丁铎尔(Tyndall)效应,又称乳光效应。

散射光的强度可用瑞利(Rayleigh)公式计算。

$$I=\frac{9\pi^2 V^2 C}{2\lambda^4 l^2}\left(\frac{n^2-n_0^2}{n^2+2n_0^2}\right)(1+\cos^2\alpha)I_0$$

3. 胶体系统的动力性质

(1)布朗运动:胶体粒子不停的、无规则的热运动称布朗(Brown)运动,布朗运动是分子热运动的必然结果,布朗运动的平均位移可用爱因斯坦(Einstein-Brown)公式计算。

(2)扩散:胶体系统中,存在浓度梯度时,胶体粒子因布朗运动而发生宏观上的定向迁移现象称为扩散。

(3)沉降平衡:当胶体粒子密度比分散介质大时,在重力的作用下粒子沉降,使下部浓度高于上部,形成浓度梯度,这一梯度又使粒子由下往上扩散。当重力作用和扩散作用相互抗衡,达到稳定状态,称为沉降平衡。

4.溶胶的电学性质

(1)扩散双电层和胶团结构:

溶胶粒子

①选择性吸附溶液中某种离子;

②电离使溶胶粒子表面带电。

同时吸引反离子,形成扩散双电层。

根据溶胶粒子的吸附和扩散双电层特征,写出胶团结构。

注意胶团是电中性的。

(2)电动电势(ζ电势):粒子与分散介质产生相对滑移时,紧密吸附的水化离子将与溶胶粒子一起移动,滑移面与分散介质体相间的电势差称电动电势或ζ电势。

由于ζ电势,使运动着的溶胶粒子互相排斥,胶体系统得以稳定。

用ζ电势来解释静电稳定胶体的稳定与失稳,与DLVO理论完全一致。

(3)电动现象:由于溶胶粒子表面带电,在外电场作用下产生相对运动,称电动现象。

电动现象说明,溶胶粒子表面带有电荷。而溶胶粒子带有电荷也正是它能长期存在的原因。

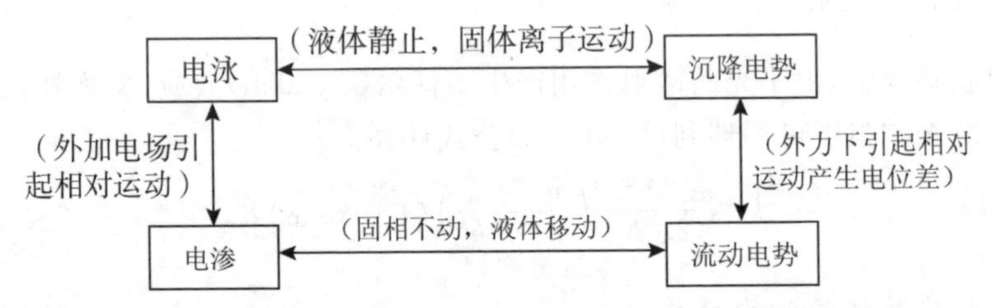

电动现象有电泳、电渗、沉降电势与流动电势,四种电动现象的相互关系总结如下:

5.双电层理论(斯特恩理论)

(1)亥姆霍兹平板电容器模型

1879年,亥姆霍兹首先提出在固液两相之间的界面上形成双电层的概念:

①正负电荷如平板电容器那样分布;

②两层距离与离子半径相当;

③在外加电场下,带电质点与溶液中反离子分别向相反方向移动。

(2)扩散双电层理论

1910 年,古依和查普曼提出了扩散双电层理论:

①反电荷的离子不是整齐排列在一个平面上,而是扩散分布在溶液中。静电力,使反离子趋向表面;热运动,使反离子趋于均匀分布。总结果:反离子平衡分布。

②离固体表面越远,反离子浓度越小,形成一个反离子的扩散层。

③当离开固体表面足够远时,溶液中正负离子所带电量大小相等,对应电势为零。

(3)斯特恩(Stern)双电层模型

1924 年,斯特恩提出扩散双电层模型。他认为:

①离子有一定的大小。

②质点与表面除静电作用外还有范德华作用,所以表面可形成一固定吸附层(或称为 Stern 层)。其余反离子扩散分布在溶液中,构成扩散部分。

③在 Stern 面内,电势变化与亥姆霍兹平板模型相似,电势由表面的 φ_0 降到斯特恩面的 φ_δ(Stern 电势)。

(4)在扩散层中,电势由 φ_δ 降到零,可用古依-查普曼的公式描述,只需将式中的 φ_0 换成 φ_δ:

$$\boxed{\varphi=\varphi_\delta \exp(-\kappa x)}$$

斯特恩(Stern)双电层模型如图所示:

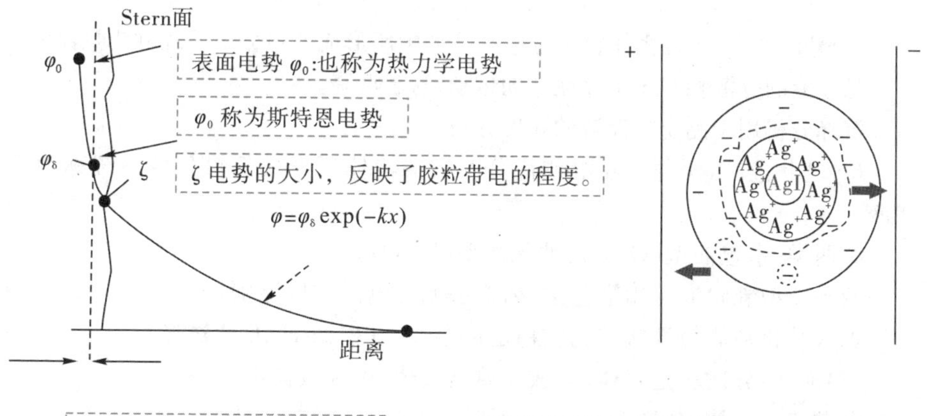

Stern模型:固定层+扩散层

ζ 为滑动面与溶液本体之间的电位差

6. 胶体系统的制备、稳定和破坏

(1)胶体系统的制备:主要有两大类方法,一是分散法,二是凝聚法。

(2)胶体系统的稳定机制：

溶胶是高度分散的多相系统，是热力学不稳定系统。

高分子溶液和缔合胶体中，是高度分散的均相系统，都是热力学稳定系统。

静电稳定胶体的稳定机制可以用胶团相互作用的DLVO理论解释，主要考虑分散粒子间范德华引力和静电斥力。

(3)胶体系统的破坏：溶胶中分散相粒子失稳后，颗粒絮凝或聚结，进而发生沉淀，成为聚沉。加热、辐射或加入电解质皆可导致溶胶的聚沉。

(4)对于静电稳定胶体，电解质是最敏感的因素。

使溶胶发生明显聚沉所需电解质的最少浓度称为该电解质的聚沉值，电解质的聚沉值越小，表明其聚沉能力越大。

①确定溶胶的正负性，然后确定反离子。

②看反离子的价态，价态越高，聚沉能力越大。

③同一价态，正离子，半径越小，聚沉能力越小。

负离子，半径越小，聚沉能力越大。

④反离子相同，看同号离子，价态越高，削弱反离子的能力越强。

在溶胶中加入高分子化合物既可使溶胶稳定，也可能使溶胶聚沉。好的聚沉剂往往是相对分子质量很大的线型聚合物，通过(1)搭桥效应；(2)脱水效应；(3)电中和效应，对溶胶起到聚沉作用。

7.其他分散系统

(1)悬浮液：不溶性固体粒子分散在液体中所形成的粗分散系统称为悬浮液。

悬浮液的分散相粒子不存在布朗运动，易于沉降。

沉降分析用于测定悬浮液的粒度分布。

(2)乳状液：由两种不互溶或部分互溶的液体所形成的粗分散系统称为乳状液。

有两类：水包油型(O/W)，油包水型(W/O)。

两种类型乳状液可用染色法、稀释法或导电法加以鉴别。

加入乳化剂能使乳状液比较稳定地存在。(根据HLB值选择)

(3)泡沫：分散相是气体，分散介质是液体，称为液体泡沫。

分散相是气体，分散介质是熔融体，称为固体泡沫。

(4)气溶胶：气体为分散介质，固体或液体为分散相，所形成的胶体系统，称气溶胶。

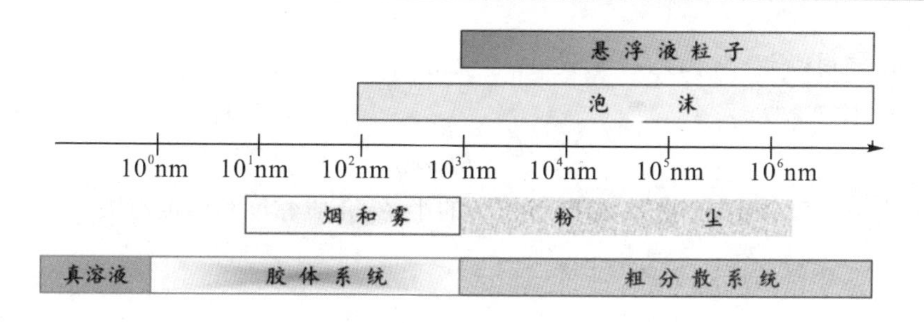

三、主要公式

1. 瑞利公式

1871 年，瑞利(Rayleigh)经过假设，采用经典的电磁波理论，导出了适用于稀薄气溶胶散射光强度的计算式，后经推广可应用于稀的液溶胶系统。当入射光为非偏振光时，可通过下列公式计算单位体积液溶胶的散射光强度 I：

$$I=\frac{9\pi^2 V^2 C}{2\lambda^4 l^2}\left(\frac{n^2-n_0^2}{n^2+2n_0^2}\right)(1+\cos^2\alpha)I_0$$

公式中符号的意义为：I_0 及 λ 分别为入射光的强度及波长；V 为单个分散相粒子的体积；C 为数浓度，即单位体积中的粒子数；n 及 n_0 分别为分散相及分散介质的折射率；α 为散射角，即观察的方向与入射光方向之间的夹角；l 为观察者与散射中心的距离。

2. 爱因斯坦-布朗平均位移公式

1905 年前后，爱因斯坦用概率的概念和分子运动论的观点，创立了布朗运动的理论，推导出爱因斯坦-布朗平均位移公式：

$$\bar{x}=\left(\frac{RTt}{3L\pi r\eta}\right)^{1/2}$$

式中 $\bar{x}$ 为在时间 t 间隔内粒子的平均位移；r 为粒子的半径；η 为分散介质的黏度；T 为热力学温度；R 为摩尔气体常数；L 为阿伏伽德罗常数。

3. 费克 (Fick)扩散第一定律

$$\frac{\mathrm{d}n}{\mathrm{d}t}=-DA_s\frac{\mathrm{d}c}{\mathrm{d}x}$$

式中的负号源于扩散方向与浓度梯度方向相反。该式表示单位时间通过某一截面的物质的量 $\mathrm{d}n/\mathrm{d}t$ 与该处的浓度梯度 $\mathrm{d}c/\mathrm{d}x$ 及截面面积大小 A_s成正比。

4. 爱因斯坦-斯托克斯方程

$$D=\frac{RT}{6L\pi r\eta}$$

式中可以看出，扩散系数 D 与粒子的半径、介质黏度和温度有关。

5. 贝林(Perrin)方程

对于微小粒子在重力场中的沉降平衡，贝林(Perrin)曾推导出平衡时粒子数浓度随高度的分布定律：

$$\ln\frac{C_2}{C_1}=-\frac{Mg}{RT}\left(1-\frac{\rho_0}{\rho}\right)(h_2-h_1)$$

式中 C_1 和 C_2 分别为在高度 h_1 和 h_2 处粒子的数浓度(或数密度)；M 为粒子的摩尔质量；g 为重力加速度；ρ 和 ρ_0 分别为粒子和分散介质的密度。

四、习题详解

11.1 某溶胶中粒子平均直径为 5.8×10^{-9} m，设 25 ℃时其胶粒的扩散系数 $D=8.37\times10^{-11}\ \mathrm{m^2\cdot s^{-1}}$。计算：

(1)该溶胶的黏度 η；

(2)25 ℃时，胶粒因布朗运动在 1 s 内沿 x 轴方向的平均位移。

解 (1)$r=\frac{d}{2}=\frac{5.8\times10^{-9}}{2}=2.9\times10^{-9}$ m

$$\eta=\frac{RT}{6L\pi rD}=\frac{8.314\times298}{6\times6.022\times10^{23}\times3.14\times2.9\times10^{-9}\times8.37\times10^{-11}}$$

$$=9.0\times10^{-4}(\mathrm{Pa\cdot s})$$

$$(2)\bar{x}=\left(\frac{RTt}{3L\pi r\eta}\right)^{1/2}$$

$$=\left(\frac{8.314\times298\times1}{3\times6.022\times10^{23}\times3.14\times2.9\times10^{-9}\times0.9\times10^{-3}}\right)^{1/2}$$

$$=1.29\times10^{-5}(\mathrm{m})$$

11.2 一 Ag 溶胶粒子的平均直径为 83.2 nm，20 ℃时，在某高度及高出 0.100 mm处每立方厘米中分别含胶粒为 386 个和 193 个。已知在此温度下，水的密度为 $0.998\times10^3\ \mathrm{kg\cdot m^{-3}}$，Ag 的密度为 $10.5\times10^3\ \mathrm{kg\cdot m^{-3}}$，试计算阿伏伽德罗常数。

解 根据贝林分布定律：$\ln\frac{C_2}{C_1}=-\frac{Mg}{RT}\left(1-\frac{\rho_0}{\rho}\right)(h_2-h_1)$

$$\ln\frac{386}{193}=-\frac{M\times9.8}{8.314\times293}\left(1-\frac{0.998\times10^{3}}{10.5\times10^{3}}\right)\times1\times10^{-4}$$

$M=1.904\times10^{6}\ \mathrm{kg\cdot mol^{-1}}$

$d=8.32\times10^{-8}\ \mathrm{m}$

$r=4.16\times10^{-8}\ \mathrm{m}$

$$M=\frac{4}{3}\pi r^{3}\rho L$$

$$L=\frac{3M}{4\pi r^{3}\rho}=\frac{3\times1.904\times10^{6}}{4\times3.14\times(4.16\times10^{-8})^{3}\times10.5\times10^{3}}=6.016\times10^{23}$$

11.3 由电泳实验测得 AgI 溶胶在电压为 220 V,两极间距离为 26.0 cm 时,通电 3624 s,引起溶胶界面向正极移动 4.16 cm,已知介质的介电常数为 $8.89\times10^{-9}\ \mathrm{F\cdot m^{-1}}$,黏度 $\eta=1.00\times10^{-3}\ \mathrm{Pa\cdot s}$,求该溶胶的 ζ 电势。

解　$$\zeta=\frac{\eta v}{\varepsilon_r\varepsilon_0 E}=\frac{1.00\times10^{-3}\times\frac{4.16\times10^{-2}}{3624}}{8.89\times10^{-9}\times\frac{220}{0.26}}=1.52\times10^{-3}(\mathrm{V})$$

11.4 向沸水中滴加一定量的 $FeCl_3$ 溶液制备 $Fe(OH)_3$ 溶胶,未反应的 $FeCl_3$ 可水解出 FeO^+ 被吸附而使溶胶稳定。(1)写出胶团结构式;(2)判断 $Fe(OH)_3$ 胶粒的电性和在电泳时的移动方向。

答　(1)$Fe(OH)_3$ 溶胶的结构式:

$[(Fe(OH)_3)_m\cdot n(FeO^+)\cdot(n-x)Cl^-]^{x+}\cdot xCl^-$;

(2)胶粒带正电,在电场作用下,向负极(阴极)移动。

11.5 在两个充有 $0.100\ \mathrm{mol\cdot dm^{-3}}$ $AgNO_3$ 溶液的容器之间连接一个 AgBr 多孔塞,塞中细孔内充满了 $AgNO_3$ 溶液,在多孔塞两侧放两个电极接以直流电源。问:

(1)溶液将向什么方向移动?

(2)当以 $0.001\ \mathrm{mol\cdot dm^{-3}}$ $AgNO_3$ 代替 $0.100\ \mathrm{mol\cdot dm^{-3}}$ $AgNO_3$ 溶液时,溶液在相同电压之下流动速率变快还是变慢?

(3)如果用 KBr 溶液代替 $AgNO_3$ 溶液,液体流动方向又怎样?

答　(1)AgBr 多孔塞充满 $AgNO_3$ 溶液,优先吸附 Ag^+ 离子,使 $AgNO_3$ 溶液带负电。在电场作用下,带负电的 $AgNO_3$ 溶液向正极移动。

(2)当 $AgNO_3$ 溶液浓度下降,ζ 电势上升,在相同的电场下,介质移动速率上升。

(3)如果用 KBr 溶液代替 $AgNO_3$ 溶液,AgBr 多孔塞优先吸附 Br^- 离子,使 KBr 溶液带正电。在电场作用下,介质向正极移动。

11.6 下列电解质对某溶胶的聚沉值(单位为 mol · dm^{-3})分别为:

[KCl]=5,[KNO_3]=11,[$MgSO_4$]=0.081,[$Al(NO_3)_3$]=0.0095

问此溶胶的电荷是正还是负?

答 对比 KNO_3、$MgSO_4$ 和 $Al(NO_3)_3$ 的聚沉值,可以知道该阳离子的价态增加,聚沉值下降很快,所以溶胶带负电。

11.7 在 H_3AsO_3 的稀溶液中通入过量 H_2S 气体,生成 As_2S_3 溶胶。已知 H_2S 能电离生成 H^+ 和 HS^-。

(1)写出 As_2S_3 胶团的结构式;

(2)比较电解质 $Al(NO_3)_3$、$MgSO_4$ 和 $K_3Fe(CN)_6$ 对该溶胶聚沉能力大小。

答 (1)As_2S_3 胶团的结构式:$[(As_2S_3)_m \cdot nHS^- \cdot (n-x)H^+]^{x-} \cdot xH^+$;

(2)由于胶粒带负电,电解质的阳离子价态对其聚沉能力影响大,所以聚沉能力顺序为

$$Al(NO_3)_3 > MgSO_4 > K_3Fe(CN)_6$$

11.8 以等体积的 0.08 mol · dm^{-3} $AgNO_3$ 溶液和 0.05 mol · dm^{-3} KBr 溶液制备 AgBr 溶胶。

(1)写出胶团结构式,指出在电场中胶体粒子的移动方向;

(2)加入电解质 $ZnSO_4$,NaCl 和 K_3PO_4 使上述溶胶发生聚沉,则电解质聚沉能力大小顺序是什么?

答:(1)由于 $AgNO_3$ 溶液过量,所以 AgBr 溶胶优先吸附 Ag^+ 离子而带正电。

AgBr 溶胶的胶团结构式:$[(AgBr)_m \cdot nAg^+ \cdot (n-x)NO_3^-]^{x+} \cdot xNO_3^-$;

胶粒吸附 Ag^+,带正电,在电场中胶体粒子向负极移动;

(2)由于胶粒带正电,电解质的阴离子价态对其聚沉能力影响大,所以聚沉能力顺序为

$K_3PO_4 > ZnSO_4 > NaCl$

11.9 有一金溶胶,(1)先加琼脂溶液再加电解质溶液,(2)先加电解质溶液再加琼脂溶液,比较其结果有何不同?

答 (1)先加琼脂溶液后,琼脂对金溶胶有保护作用,再加电解质溶液,金溶胶不聚沉;

(2)先加电解质溶液后,电解质溶液对金溶胶有聚沉作用,沉降后再加琼脂溶液,金溶胶不分散。

11.10 在 3 个烧瓶中分别盛有 0.020 dm^3 的 $Fe(OH)_3$ 溶胶,分别加入 Na_2SO_4、$MgSO_4$ 及 $Al_2(SO_4)_3$ 溶液使溶胶发生聚沉,最少需要加入:0.50 mol · dm^{-3}

的 Na_2SO_4溶液 0.045 dm^3；0.01 $mol \cdot dm^{-3}$的 $MgSO_4$溶液 0.123 dm^3；0.01 $mol \cdot dm^{-3}$的 $Al_2(SO_4)_3$溶液 0.0018 dm^3。

(1)试计算各电解质的聚沉值；

(2)聚沉能力之比；

(3)并指出胶体粒子的带电符号。

答　(1)聚沉值是使溶胶聚沉时最少加入的电解质浓度，所以 Na_2SO_4溶液的聚沉值是 Na_2SO_4的物质的量除以总体积：$\frac{0.5\times 0.045}{0.045+0.020}=0.346(mol \cdot dm^{-3})$；

同理 $MgSO_4$、$Al_2(SO_4)_3$的聚沉值分别为：8.60×10^{-3}和 8.26×10^{-4} $(mol \cdot dm^{-3})$；

(2)三者聚沉能力之比：1∶40∶419；

(3)从聚沉能力之比可以看出，阳离子价态的影响较大，所以溶胶带负电荷。

11.11　已知 AgI 密度为 5.683×10^3 $kg \cdot m^{-3}$，20 ℃时蒸馏水的黏度 $\eta=1.00\times 10^{-3}$ $Pa \cdot s$，试求 20 ℃时直径为 2.0×10^{-5} m 的 AgI 溶胶粒子在水中下降 20 cm 所需时间。

解　AgI 溶胶粒子在水中下降速度为

$$u=\frac{2r^2}{9\eta}(\rho-\rho_0)g=\frac{2\times(1.0\times 10^{-5})^2}{9\times 1.00\times 10^{-3}}\times(5.683-1.00)\times 10^3\times 9.8$$

$$=1.02\times 10^{-3}(m \cdot s^{-1})$$

AgI 溶胶粒子在水中下降 20 cm 所需时间 $=\frac{0.2}{1.02\times 10^{-3}}=196(s)$

五、测验题

(一)选择题

1. 下列分散系统中丁铎尔效应最强的是(　　)，其次是(　　)。

(1)空气　　(2)蔗糖水溶液

(3)大分子溶液　　(4)硅胶溶胶

2. 通常所说胶体带正电或负电是指(　　)而言。

(1)胶核　　(2)胶粒　　(3)胶团

3. 高分子溶液分散质的粒子尺寸为：(　　)。

(1)$>1\ \mu m$　　(2)<1 nm　　(3)1 nm～1 μm

4. 溶胶和大分子溶液：(　　)。

(1)都是单相多组分系统

(2)都是多相多组分系统

(3)大分子溶液是单相多组分系统,溶胶是多相多组分系统

(4)大分子溶液是多相多组分系统,溶液是单相多组分系统

5. 下面属于溶胶光学性质的是(　　)。

(1)沉降平衡

(2)丁铎尔(Tyndall)效应

(3)电泳

6. 向碘化银正溶胶中滴加过量的KI溶液,则所生成的新溶胶在外加直流电场中的移动方向为:(　　)。

(1)向正极移动　　(2)向负极移动　　(3)不移动

7. 在等电点上,两性电解质(如蛋白质、血浆、血清等)和溶胶在电场中:(　　)。

(1)不移动　　(2)移向正极　　(3)移向负极

8. 将12 cm^3 0.02 $mol \cdot dm^{-3}$ 的NaCl溶液和100 cm^3 0.005 $mol \cdot dm^{-3}$ 的 $AgNO_3$ 溶液混合以制备AgCl溶胶,胶粒所带电荷的符号为:(　　)。

(1)正　　(2)负　　(3)不带电

9. 下面属于水包油型乳状液(O/W型)基本性质之一的是:(　　)。

(1)易于分散在油中

(2)有导电性

(3)无导电性

(二)填空题

1. 泡沫是以________为分散相的分散系统。

2. 氢氧化铁溶胶显红色。由于胶体粒子吸附正电荷,当把直流电源的两极插入该溶胶时,在________极附近颜色逐渐变深,这是________现象的结果。

3. 溶胶的动力学性质包括:________、________、________。

4. 胶体分散系统的粒子尺寸为________之间,属于胶体分散系统的有(1)________;(2)________;(3)________。

5. 胶体粒子在电场中的运动现象称为________。胶体粒子不动,而分散介质在电场中的运动现象称为________。

6. 在外电场下,胶体粒子的定向移动称为________。

7. 丁铎尔效应是________。

8. 使溶胶完全聚沉所需________电解质的量,称为电解质对溶胶的________。

(三)是非题

1. 溶胶粒子因带有相同符号的电荷而相互排斥,因而在一定时间内能稳定存在。(　　)

2. 在外加直流电场中,AgI 正溶胶的胶粒向负电极移动,而其扩散层向正电极移动。(　　)

3. 乳状液必须有乳化剂存在才能稳定。(　　)

4. 溶胶是亲液胶体,而大分子溶液是憎液胶体。(　　)

5. 长时间渗析,有利于溶胶的净化与稳定。(　　)

6. 电解质对溶胶的聚沉值的定义与聚沉能力的定义是等价的。(　　)

7. 新生成的 $Fe(OH)_3$ 沉淀中加入少量稀 $FeCl_3$ 溶液,沉淀会溶解。再加入一定量的硫酸盐溶液则又会析出沉淀。(　　)

8. 电解质对溶胶的聚沉值与反离子价数的六次方成正比。(　　)

9. 亲液溶胶的丁铎尔效应比憎液溶胶强。(　　)

10. 有无丁铎尔效应是溶胶和分子分散系统的主要区别之一。(　　)

11. 由瑞利公式可知,入射光的波长越短,散射越弱。(　　)

12. 同号离子对溶胶的聚沉起主要作用。(　　)

13. 大大过量电解质的存在对溶胶起稳定作用,少量电解质的存在对溶胶起破坏作用。(　　)

14. 溶胶是均相系统,在热力学上是稳定的。(　　)

(四)问答题

1. 试比较溶胶(憎液胶体)与大分子溶液(亲液胶体)的异同。

2. 将 KI 溶液滴加到过量的 $AgNO_3$ 溶液中形成 AgI 溶胶,试画出该溶胶的胶团结构式。

3. 将 KI 溶液滴加到过量的 $AgNO_3$ 溶液中形成 AgI 溶胶,将该 AgI 溶胶置于外加直流电场中,胶粒将向哪个电极移动?

4. 为什么在新生成的 $Fe(OH)_3$ 沉淀中加入少量 $FeCl_3$ 溶液,沉淀会溶解?如再加入一定量的硫酸盐溶液又会析出沉淀?

5. 对于以等体积的 $0.008\ mol \cdot dm^{-3}$ $AgNO_3$ 溶液和 $0.01\ mol \cdot dm^{-3}$ KI 溶液混合制得的 AgI 溶胶,用下列电解质使其聚沉时,其聚沉能力的强弱顺序如何?

(1) $MgCl_2$;(2) NaCl;(3) $MgSO_4$;(4) Na_2SO_4。

6. $NaNO_3$, $Mg(NO_3)_2$, $Al(NO_3)_3$ 对 AgI 水溶胶的聚沉值分别为 $140\ mol \cdot dm^{-3}$, $2.60\ mol \cdot dm^{-3}$, $0.067\ mol \cdot dm^{-3}$,试判断该溶胶是正溶胶还是负溶胶?

六、测验题答案

(一)选择题

1. (4),(3) **2.** (2) **3.** (3) **4.** (3) **5.** (2) **6.** (1) **7.** (1) **8.** (1) **9.** (2)

(二)填空题

1. 气体

2. 负;电泳

3. 布朗运动;扩散作用;沉降作用

4. 1～1000 nm;溶胶(憎液胶体);大分子溶液(亲液胶体);缔合胶体(胶体电解质)

5. 电动现象;电渗

6. 电泳

7. 令一束强光通过溶胶,从与光束垂直的侧面可看到一个发光的圆柱体。

8. 最少;聚沉值

(三)是非题

1. √ **2.** √ **3.** √ **4.** × **5.** × **6.** × **7.** √ **8.** ×

9. × **10.** √ **11.** × **12.** × **13.** × **14.** ×

(四)问答题

1. 解 溶胶与大分子溶液的异同点列表如下:

	溶胶(憎液胶体)	大分子溶液(亲液胶体)
相同点	分散相大小:1～1000 nm 不能透过半透膜 扩散缓慢	大分子的尺寸:1～1000 nm 不能透过半透膜 扩散缓慢
不同点	黏度小 多相系统 对电解质敏感 丁铎尔效应强烈 热力学不稳定系统	黏度大 均相系统 对电解质不敏感 丁铎尔效应微弱 热力学稳定系统

2. 解

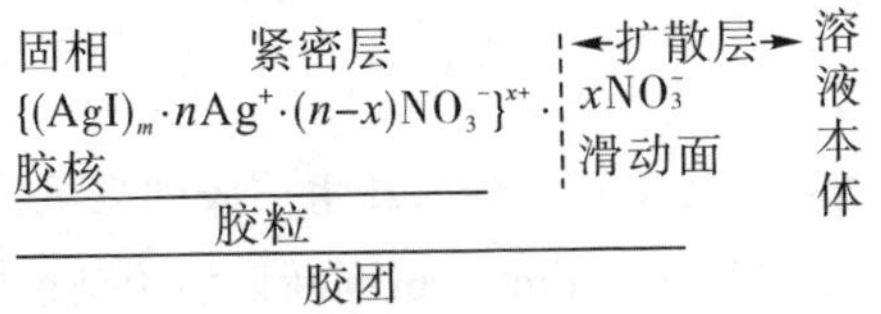

固相　紧密层　←扩散层→　溶液本体

$\{(AgI)_m \cdot nAg^+ \cdot (n-x)NO_3^-\}^{x+} \cdot xNO_3^-$

胶核　滑动面

胶粒

胶团

3. 解　该 AgI 胶粒带正电，所以在外加直流电场中它将向负极移动。

4. 解　少量 $FeCl_3$ 的加入有助于 $Fe(OH)_3$ 溶胶的形成，$FeCl_3$ 充当了溶胶的稳定剂。再加入硫酸盐后，溶胶的动电电势降低，导致溶胶聚沉。

5. 解　$MgCl_2 > MgSO_4 > NaCl > Na_2SO_4$

6. 解　使正溶胶聚沉的反离子是负离子，而使负溶胶聚沉的是正离子。三种电解质的负离子同为NO_3^- 离子，而正离子分别为 Na^+，Mg^{2+} 和 Al^{3+}，价态之比为 1∶2∶3。若题中所给的 AgI 水溶胶为正溶胶，则引起聚沉的反离子必为NO_3^- 离子，此种情况下，三种电解质的聚沉值，差别应该不十分明显；若所给的 AgI 水溶胶为负溶胶，则引起聚沉的反离子必为正离子，即 Na^+，Mg^{2+} 和 Al^{3+} 离子。此种情况下，三种电解质的聚沉值应该有较大的差别。故被聚沉的 AgI 溶胶为负溶胶。

参考文献

[1]傅献彩,沈文霞,姚天扬,等. 物理化学[M].5 版. 北京:高等教育出版社,2005.

[2]沈文霞,王喜章,许波连. 物理化学核心教程[M].3 版. 北京:科学出版社,2016.

[3]印永嘉,王雪琳,奚正楷. 物理化学简明教程[M].2 版. 北京:高等教育出版社,2009.

[4]印永嘉,王雪琳,奚正楷. 物理化学简明教程例题与习题[M].2 版. 北京:高等教育出版社,2009.

[5]天津大学. 物理化学[M].6 版. 北京:高等教育出版社,2017.

[6]冯霞,陈丽,朱荣娇. 物理化学解题指南[M].3 版. 北京:高等教育出版社,2018.

[7]胡英. 物理化学[M]. 6 版. 北京:高等教育出版社,2014.

[8]孙仁义,孙茜. 物理化学[M]. 北京:化学工业出版社,2014.

[9]吕德义,李小年,唐浩东. 物理化学[M]. 北京:化学工业出版社,2014.

[10]王文清,高宏成. 物理化学习题精解(上)[M].2 版. 北京:科学出版社,2017.

[11]王文清,沈兴海. 物理化学习题精解(下)[M].2 版. 北京:科学出版社,2017.

[12]万洪文,詹正坤. 物理化学[M].2 版. 北京:高等教育出版社,2010

[13]孙德坤,沈文霞,姚天扬,侯文华. 物理化学学习指导[M].5 版. 北京:高等教育出版社,2007

[14]于文静,王智强,张志丽. 物理化学全程导学及习题全解[M]. 北京:中国

时代经济出版社,2006
[15]范崇正,杭瑚,蒋淮渭. 物理化学概念辨析解题方法应用实例[M]. 合肥:中国科学技术大学出版社,2016
[16]印永嘉,奚正楷,张树永,等. 物理化学简明教程.[M].4 版.北京:高等教育出版社,2007.
[17]周公度,段连运. 结构化学基础. [M].5 版.北京:北京大学出版社,2017.
[18]周公度,段连运. 结构化学基础习题解析. [M].4 版.北京:北京大学出版社,2015.
[19]张立庆,成忠,姜华昌,李音. 物理化学[M].杭州:浙江大学出版社,2021.
[20]范康年,物理化学.[M].6 版.北京:高等教育出版社,2005.
[21]刘国杰,黑恩成. 物理化学导读[M]. 北京:科学出版社,2008.
[22]吕瑞东.物理化学教学与学习指南[M]. 上海:华东理工大学出版社,2008.
[23]高盘良.物理化学学习指南[M]. 北京:高等教育出版社,2002.
[24]边文思,孟祥曦. 物理化学同步辅导及习题全解[M].5 版. 北京:中国水利水电出版社,2010.